- ふろくの「がんばり表」に使おう！
- はじめに、キミのおとも犬を選んで、がんばり表にはろう！
- 学習が終わったら、がんばり表に「はなまるシール」をはろう！
- 余ったシールは自由に使ってね。

キミのおとも犬

はなまるシール

ごほうびシール

教科書ぴったりトレーニング

理科 4 年 がんばり表

いつも見えるところに、この「がんばり表」をはっておこう。
この「ぴたトレ」を学習したら、シールをはろう！
どこまでがんばったかわかるよ。

4. とじこめた空気や水

❶ とじこめた空気
❷ とじこめた水

20〜21ページ ぴったり3 できたらシールをはろう
18〜19ページ ぴったり1 2 できたらシールをはろう

3. 電池のはたらき

❶ かん電池のはたらき
❷ かん電池のつなぎ方

16〜17ページ ぴったり3 できたらシールをはろう
14〜15ページ ぴったり1 2 できたらシールをはろう
12〜13ページ ぴったり1 2 できたらシールをはろう

★夏

❷ 夏の生物のようす

22〜23ページ ぴったり1 2 できたらシールをはろう
24〜25ページ ぴったり3 できたらシールをはろう

★星の明るさや色

26〜27ページ ぴったり1 2 できたらシールをはろう

★夏の終わり

生物の夏の終わりのようす

28〜29ページ ぴったり1 2 できたらシールをはろう

5. 雨水のゆく

❶ 流れる水のゆくえ
❷ 土のつぶの大きさと

30〜31ページ ぴったり1 2 できたらシールをはろう

★冬

❹ 冬の生物のようす
❺ 1年間をふり返って

66〜67ページ ぴったり3 できたらシールをはろう
64〜65ページ ぴったり1 2 できたらシールをはろう
62〜63ページ ぴったり1 2 できたらシールをはろう

★冬の星

冬の星

60〜61ページ ぴったり1 2 できたらシールをはろう

8. ものの温度と体積

❶ 空気の温度と体積 ❸ 金ぞくの
❷ 水の温度と体積

58〜59ページ ぴったり3 できたらシールをはろう
56〜57ページ ぴったり1 2 できたらシールをはろう

9. もののあたたまり方

❶ 金ぞくのあたたまり方
❷ 水と空気のあたたまり方

68〜69ページ ぴったり1 2 できたらシールをはろう
70〜71ページ ぴったり1 2 できたらシールをはろう
72〜73ページ ぴったり3 できたらシールをはろう

10. すがたを変える水

❶ 熱したときの水のようす
❷ 冷やしたときの水のようす

74〜75ページ ぴったり1 2 できたらシールをはろう
76〜77ページ ぴったり1 2 できたらシールをはろう

（キリトリ線）
教科書ぴったりトレーニング 理科 4年 大日本図書版 折込①（オモテ）

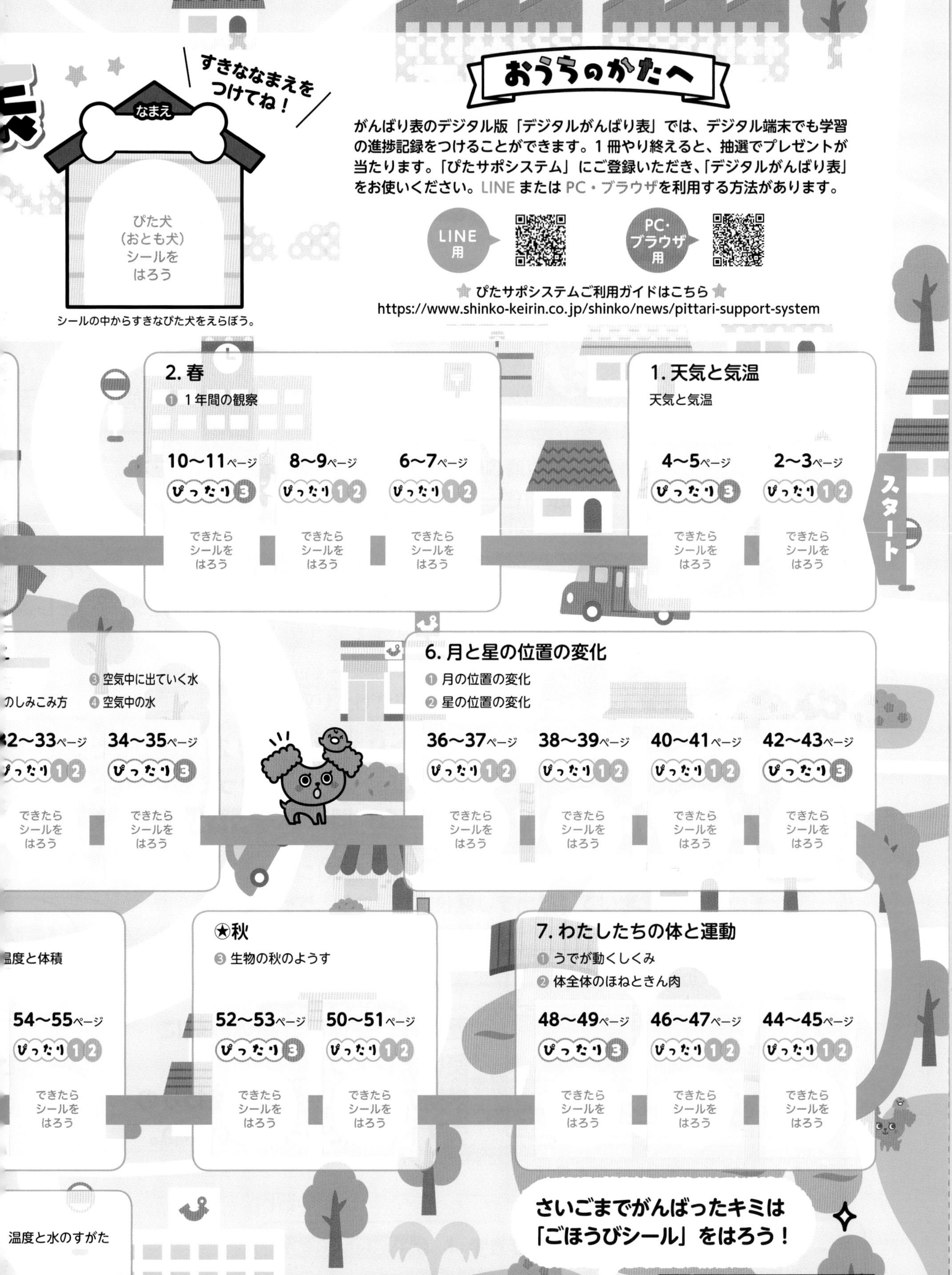

おうちのかたへ

がんばり表のデジタル版「デジタルがんばり表」では、デジタル端末でも学習の進捗記録をつけることができます。1冊やり終えると、抽選でプレゼントが当たります。「ぴたサポシステム」にご登録いただき、「デジタルがんばり表」をお使いください。LINE または PC・ブラウザを利用する方法があります。

LINE用　PC・ブラウザ用

★ ぴたサポシステムご利用ガイドはこちら ★
https://www.shinko-keirin.co.jp/shinko/news/pittari-support-system

（キリトリ線）

バッチリポスター

自由研究にチャレンジ！

「自由研究はやりたい，でもテーマが決まらない…。」
そんなときは，この付録を参考に，自由研究を進めてみよう。
この付録では，『豆電球２この直列つなぎとへい列つなぎ』というテーマを例に，説明していきます。

①研究のテーマを決める

「小学校で，かん電池２こを直列つなぎにしたときと，へい列つなぎにしたときのちがいを調べた。それでは，豆電球２こを直列つなぎにしたときとへい列つなぎにしたときで，明るさはどうなるか調べたいと思った。」など，学習したことや身近なぎもんから，テーマを決めよう。

②予想・計画を立てる

「豆電球，かん電池，どう線，スイッチを用意する。豆電球１ことかん電池をつないで明かりをつけて，明るさを調べたあと，豆電球２こを直列つなぎやへい列つなぎにして，明るさをくらべる。」など，テーマに合わせて調べる方法とじゅんびするものを考え，計画を立てよう。わからないことは，本やコンピュータで調べよう。

③調べたりつくったりする

計画をもとに，調べたりつくったりしよう。結果だけでなく，気づいたことや考えたことも記録しておこう。

④まとめよう

「豆電球２こを直列つなぎにしたときは，明るさは～だった。豆電球２こをへい列つなぎにしたときは，明るさは～だった。」など，調べたりつくったりした結果から，どんなことがわかったかをまとめよう。

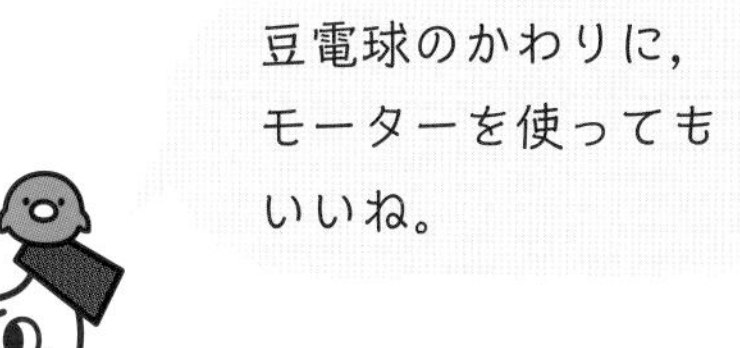
豆電球のかわりに，
モーターを使っても
いいね。

右は自由研究を
まとめた例だよ。
自分なりに
まとめてみよう。

豆電球２この直列つなぎとへい列つなぎ

年　　組

研究のきっかけ

学校で，かん電池２こを直列つなぎにしたときと，へい列つなぎにしたとき

がいを調べた。それでは，豆電球２こを直列つなぎにしたときと，へい列つ

にしたときで，明るさはどうなるか調べたいと思った。

調べ方

電球（２こ），かん電池，どう線，スイッチを用意する。

電球｜ことかん電池をどう線でつないで，豆電球の明るさを調べる。

電球２こを直列つなぎにして，

電球の明るさを調べる。

電球２こをへい列つなぎに変えて，

電球の明るさを調べる。

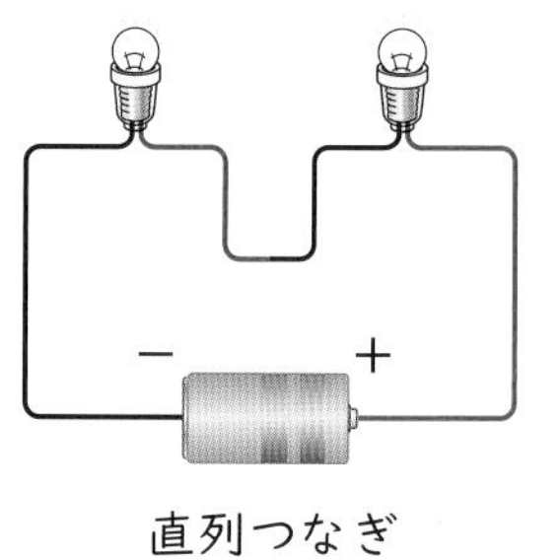

直列つなぎ

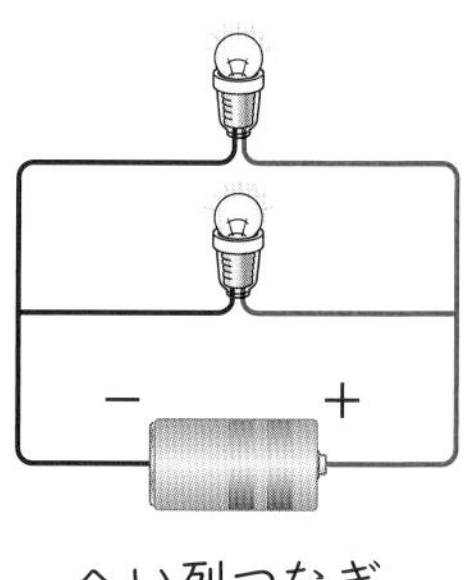

へい列つなぎ

結果

電球２こを直列つなぎにしたときは，豆電球｜このときとくらべて，

さは，～だった。

電球２こをへい列つなぎにしたときは，豆電球｜このときとくらべて，

さは，～だった。

わかったこと

電球２こを直列つなぎにしたときと，へい列つなぎにしたときでは，

さがちがって，～だった。

きょうみを広げる・深める!

観察・実験カード

4年

生き物

どの季節のようすかな?

生き物

どの季節のようすかな?

生き物

どの季節のようすかな?

生き物

どの季節のようすかな?

生き物

どの季節のようすかな?

生き物

どの季節のようすかな?

生き物

どの季節のようすかな?

生き物

どの季節のようすかな?

星

図の大きい三角形を何というかな?

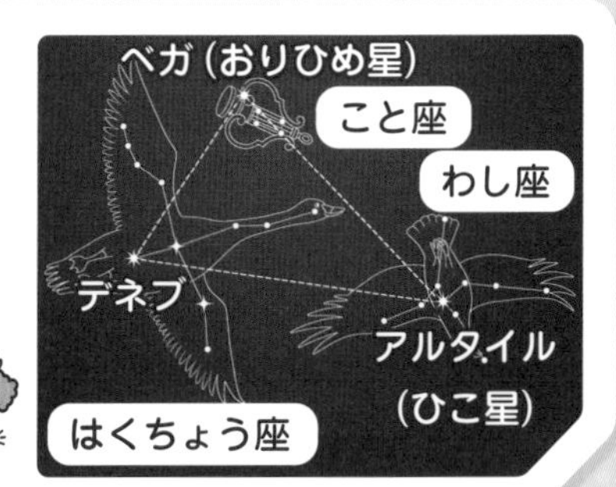

星

図の大きい三角形を何というかな?

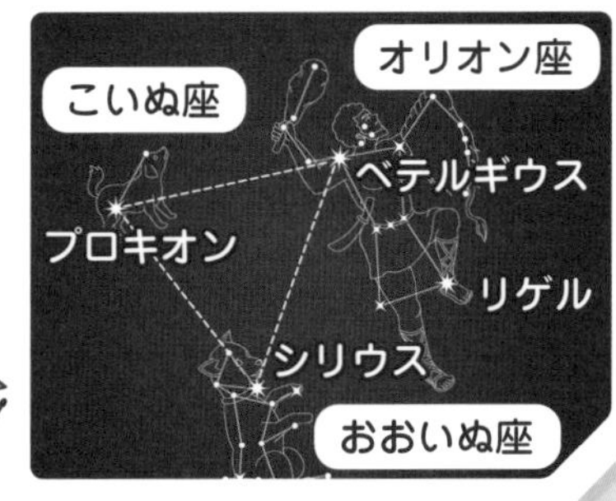

星

何という星座かな?

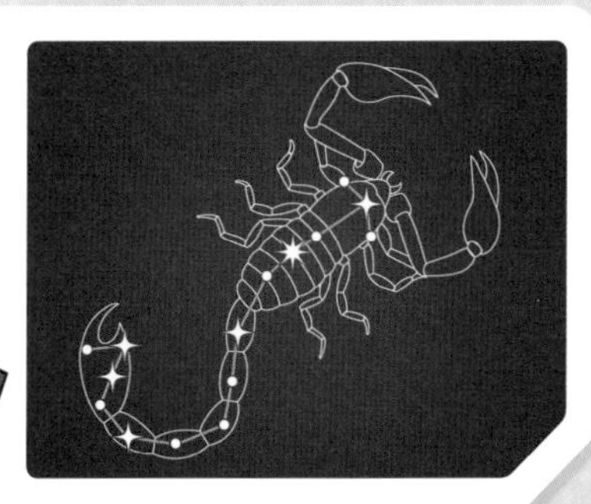

春

春になると、植物が芽を出したり、花をさかせたりする。
サクラは、その代表の一つ。

使い方

- 切り取り線にそって切りはなしましょう。

説明

- 「生き物」「星」「器具等」の答えはうら面に書いてあります。

夏

夏になると、植物は大きく成長する。
ヒマワリは、花をさかせる。

春

春になると、ツバメのようなわたり鳥が南の方から日本へやってくる。ツバメは、春から夏にかけて、たくさんの虫を自分やひなの食べ物にする。

秋

秋になると、実をつける木がたくさんある。その代表がどんぐり（カシやコナラなどの実）で、日本には約20種類のどんぐりがある。

夏

夏になり、気温が高くなると、生き物の動きや成長が活発になる。セミは、種類によって鳴き声や鳴く時こくにちがいがある。

冬

冬になると、植物は葉がかれたり、くきがかれたりする。
ナズナは、葉を残して冬ごしする。

秋

秋になると、コオロギなどの鳴き声が聞こえてくるようになる。鳴くのはおすだけで、めすに自分のいる場所を知らせている。

夏の大三角

こと座のベガ（おりひめ星）、わし座のアルタイル（ひこ星）、はくちょう座のデネブの３つの一等星をつないでできる三角形を、夏の大三角という。

冬

気温が低くなると、北の方からわたり鳥が日本へやってくる。その一つであるオオハクチョウは、おもに北海道や東北地方で冬をこす。

さそり座

夏に南の空に見られる。
さそり座の赤い一等星をアンタレスという。

冬の大三角

オリオン座のベテルギウス、おおいぬ座のシリウス、こいぬ座のプロキオンの３つの一等星をつないでできる三角形を、冬の大三角という。

星

何という星のならびかな？

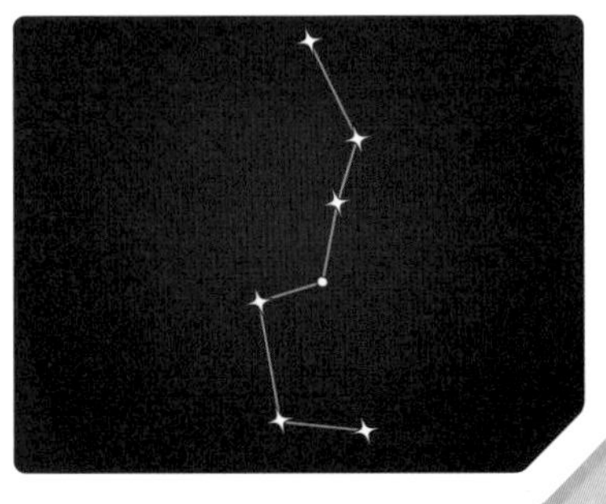

器具等

何というものかな？

器具等

何という器具かな？

器具等

何という器具かな？

器具等

写真の上側にある器具は何かな？

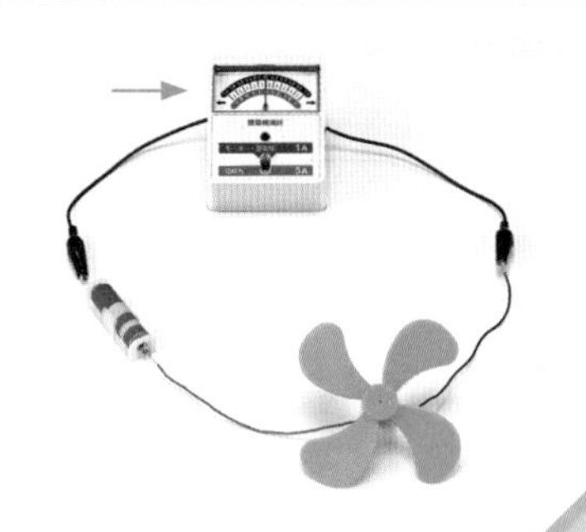

器具等

それぞれ何の電気用図記号かな。

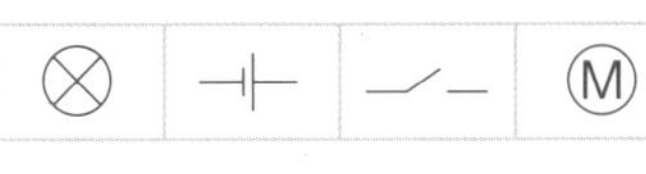

器具等

何という器具かな？

器具等

何という器具かな？

器具等

何という器具かな？

器具等

写真の中央にある器具は何かな？

器具等

急に湯がわき立つのをふせぐために、何を入れるかな？

器具等

温度によって色が変化するえきを何というかな？

百葉箱

風通しがよく、日光や雨が入りこまないなど、気温をはかるじょうけんに合わせてつくられている。

北斗七星

北の空に見えるひしゃくの形をした星のならび。

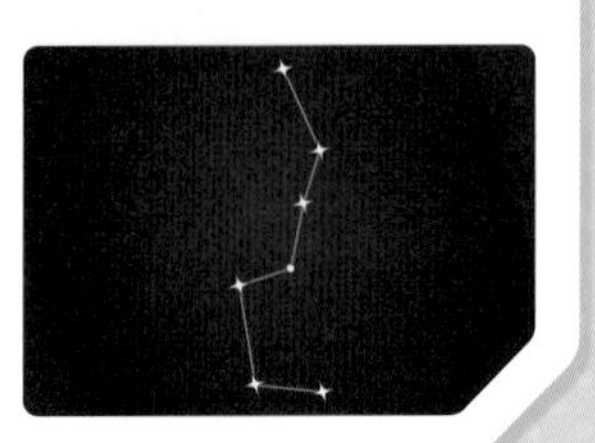

方位じしん

方位を調べるときに使う。はりは、北と南を指して止まる。色がついているほうのはりが北を指す。

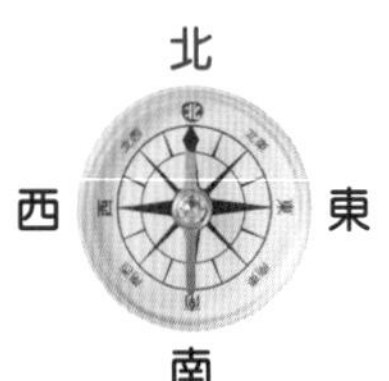

温度計

ものの温度をはかるときに使う。
目もりを読むときは、真横から読む。

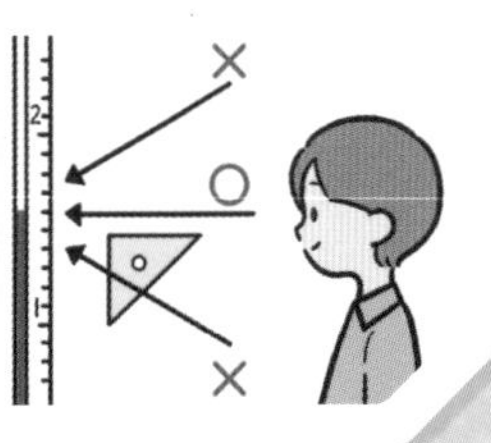

	豆電球	かん電池	スイッチ	モーター
記号	⊗	─┤├─ −極 +極	─╱─	Ⓜ

電気用図記号を使うと、回路を図で表すことができる。このような記号を使って表した回路の図のことを回路図という。

かんいけん流計

電流の流れる向きや大きさを調べるときに使う。はりのふれる向きで電流の向きをしめし、ふれぐあいで電流の大きさをしめす。

実験用ガスコンロ

ものを熱するときに使う。調節つまみを回すだけでほのおの大きさを調節できる。転とうやガスもれのきけんが少ない。

星座早見

星や星座をさがすときに使う。観察する時こくの目もりを、月日の目もりに合わせ、観察する方位を下にして、夜空の星とくらべる。

ガスバーナー

ものを熱するときに使う。空気調節ねじをゆるめるときは、ガス調節ねじをおさえながら、空気調節ねじだけを回すようにする。

アルコールランプ

ものを熱するときに使う。マッチやガスライターで火をつけ、ふたをして火を消す。使用する前に、ひびがないか、口の部分がかけていないかなどかくにんする。

示温インク

温度によって色が変化することから、水のあたたまり方を観察することができる。

ふっとう石

急に湯がわき立つのをふせぐ。ふっとう石を入れてから、熱し始める。一度使ったふっとう石をもう一度使ってはいけない。

大日本図書版
たのしい理科

▶３分でまとめ動画

【写真提供】
アフロ／コーベット・フォトエージェンシー／七彩工房／シンコーフォト／pixta／前川聡

1. 天気と気温

天気と気温

学習日　月　日

めあて
天気と1日の気温の変化の関係をかくにんしよう。

教科書 6〜11ページ　答え 2ページ

次の(　)に当てはまる言葉を書くか、当てはまるものを○でかこもう。

1 気温のはかり方をまとめよう。

教科書 9、220〜221ページ

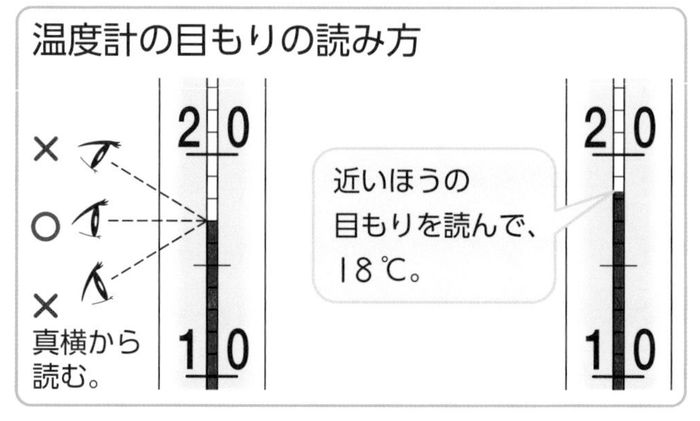

▶空気の温度のことを(①　　　　)といい、次のようにしてはかる。

(1) 周り(まわ)がよく開けた、風通しの(②　よい　・　悪い　)ところではかる。

(2) 地面から(③　1.2〜1.5 m　・　12〜15 cm　)の高さではかる。

(3) 日光が温度計に直せつ(④　当たる　・　当たらない　)ようにしてはかる。

▶同じじょうけんで気温がはかれるように作られたあを(⑤　　　　)という。

2 天気によって、1日の気温の変化(へんか)はどうちがうのだろうか。

教科書 6〜11ページ

▶天気の「晴れ」と「くもり」は、空全体の(①　　　)の量(りょう)で決まる。

▶1日の気温は、昼は(②　高く　・　低(ひく)く　)、朝や夜は(③　高い　・　低い　)ことが多い。

▶晴れの日は、1日の気温の変化が(④　大きい　・　小さい　)。

▶くもりや雨の日は、太陽が(⑤　　　　)でさえぎられるため、1日の気温の変化が(⑥　大きい　・　小さい　)。

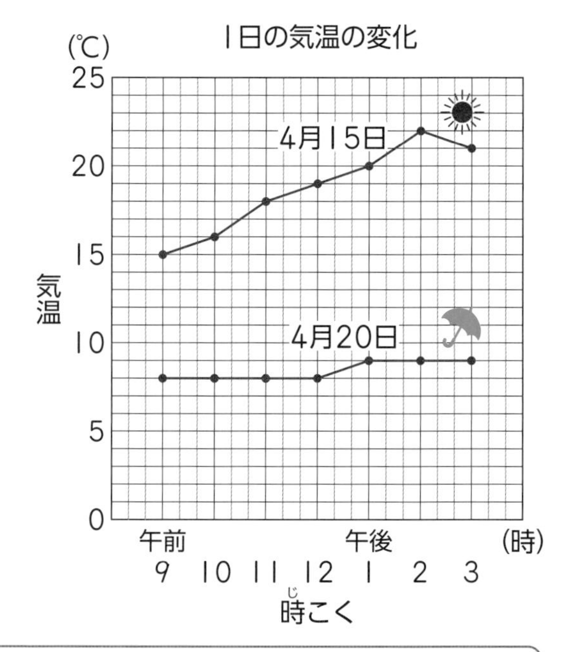

ここがだいじ！
① 1日の気温は、昼は高く、朝や夜は低い。
② 1日の気温は、晴れの日は変化が大きく、くもりや雨の日は変化が小さい。

ぴたトリビア　気温は、地面がしばふになっているところではかります。日中に気温をはかるとき、地面がアスファルトになっているところではかると、しばふになっているところより高くなります。

1. 天気と気温

天気と気温

教科書 6~11ページ　答え 2ページ

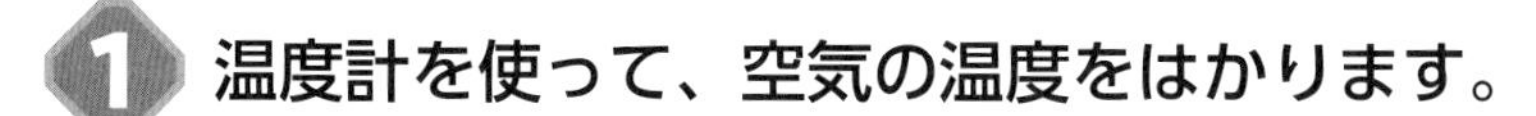

1 温度計を使って、空気の温度をはかります。

(1) 空気の温度のことを何といいますか。　(　　　　)

(2) 気温のはかり方で、正しいほうの(　　)に○をつけましょう。

ア(　　)　日光に当てない。　　イ(　　)　日光に当てる。

(3) 気温をはかるところとして、よいほうの(　　)に○をつけましょう。

ア(　　)周りに建物などがあり、風通しが悪いところ。

イ(　　)周りに建物などがなく、風通しがよいところ。

(4) 気温は、地面からの高さがどれくらいのところではかりますか。よいものを1つ選んで、(　　)に○をつけましょう。

ア(　　)1.2~1.5 cm　　イ(　　)12~15 cm　　ウ(　　)1.2~1.5 m

2 晴れの日と雨の日に、午前9時から午後3時まで1時間おきに気温を調べ、結果をグラフに表しました。

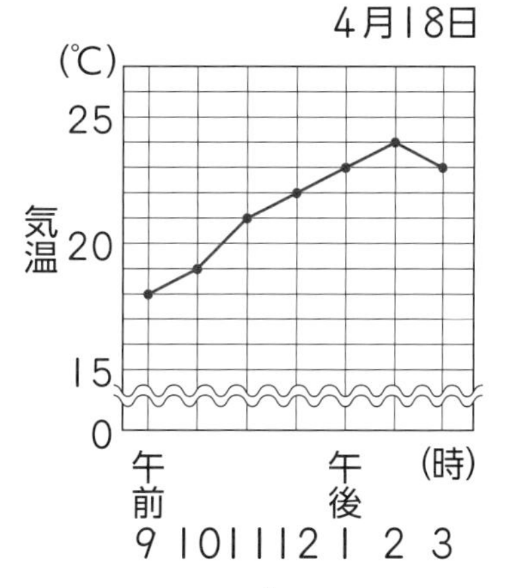

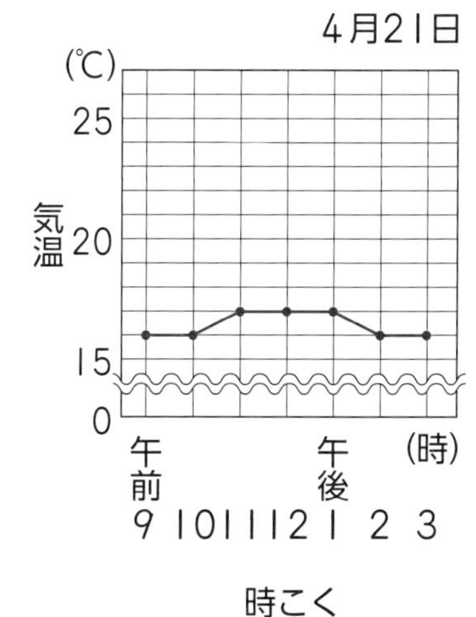

(1) あのグラフで、気温が最も高くなっているのは何時ですか。　(　　　　)

(2) いのグラフで、気温が最も低いときは何℃ですか。　(　　　　)

(3) 1日の気温の変化が小さいのは、4月18日と4月21日のどちらですか。　(　　　　)

(4) 4月18日と4月21日の天気は、「晴れ」と「雨」のどちらですか。

4月18日(　　　　)　4月21日(　　　　)

ヒント
1 (2)日光が当たると、ものはあたたかくなります。
2 (4)くもりや雨の日は、太陽が雲でさえぎられます。

1. 天気と気温

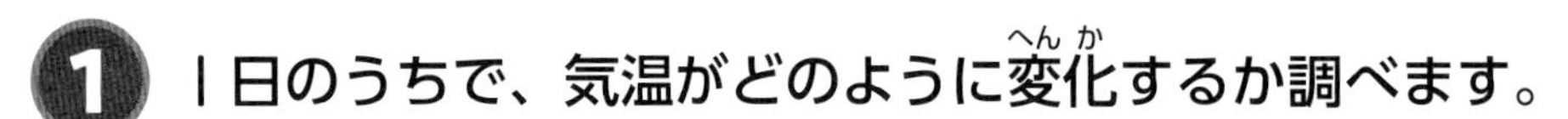

1 １日のうちで、気温がどのように変化するか調べます。

1つ8点(24点)

(1) 同じじょうけんで気温がはかれるように作られた右のあを何といいますか。（　　　　）

(2) あは、どのようなじょうけんで気温がはかれるように作られていますか。正しいものを１つ選んで、（　）に○をつけましょう。 技能

ア（　）風通しがよく、中の温度計に日光が直せつ当たる。
イ（　）風通しがよく、中の温度計に日光が直せつ当たらない。
ウ（　）風通しが悪く、中の温度計に日光が直せつ当たる。
エ（　）風通しが悪く、中の温度計に日光が直せつ当たらない。

(3) あは、何の高さが地面から１.２～１.５ｍになるように作られていますか。正しいものを１つ選んで、（　）に○をつけましょう。 技能

ア（　）屋根の高さ　　イ（　）温度計の高さ　　ウ（　）ゆかの高さ

2 ある日の午前１０時から午後３時まで、１時間ごとに気温をはかり、結果を表にまとめました。

(2)は10点、ほかは1つ8点(26点)

時こく	午前１０時	午前１１時	午前１２時	午後１時	午後２時	午後３時
気温(℃)	１７	１８	１８	１９	１９	１８

(1) 気温をはかる場所について、正しいほうの（　）に○をつけましょう。 技能

ア（　）毎回、同じ場所ではかる。
イ（　）１時間ごとに、場所を変えてはかる。

(2) 作図 表をもとに、気温の変化を折れ線グラフに表しましょう。 技能

(3) この日の天気は、「晴れ」と「雨」のどちらだと考えられますか。（　　　　）

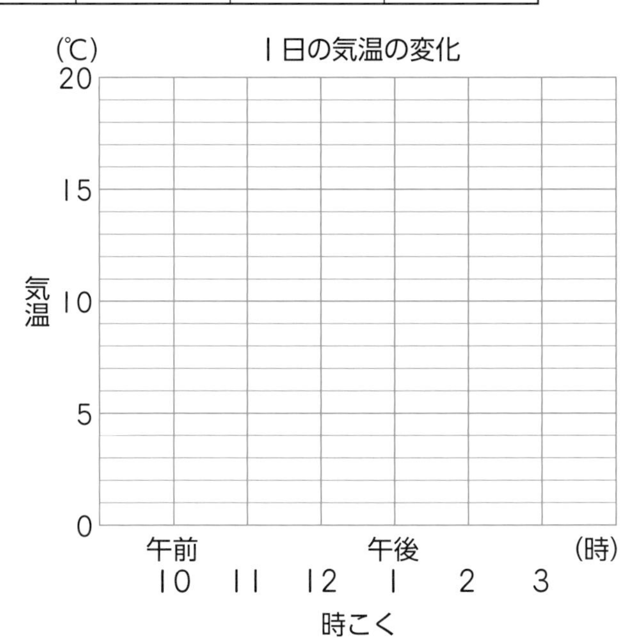

よく出る

③ 晴れの日とくもりの日の１日の気温の変化を、１つのグラフにまとめました。

1つ8点(32点)

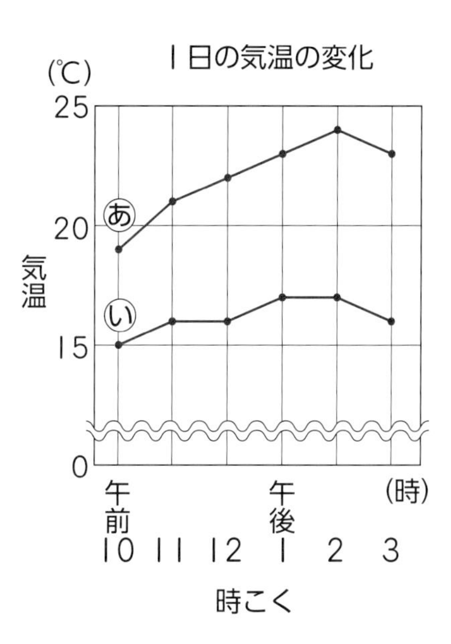

(1) 天気の「晴れ」と「くもり」は、空に広がる何の量（りょう）によって決まりますか。　（　　　）

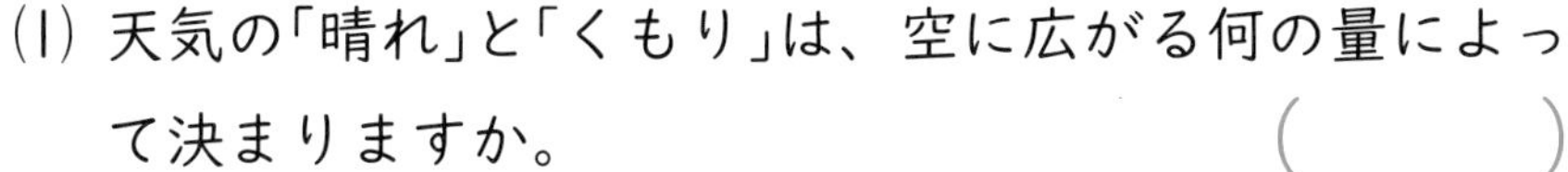

(2) ㋐のグラフで、１時間の気温の上がり方が最（もっと）も大きいのはいつですか。（　）に○をつけましょう。　技能

ア（　）午前10時から午前11時まで

イ（　）午前12時から午後１時まで

ウ（　）午後２時から午後３時まで

(3) 晴れの日の気温の変化を表しているのは、㋐、㋑のどちらですか。　（　　）

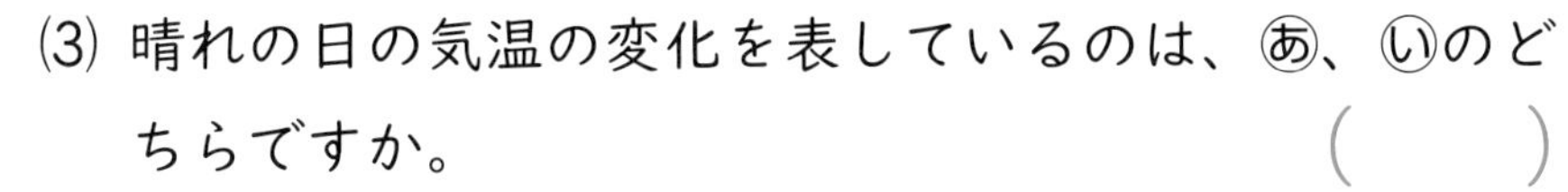

(4) (3)のように考えられる理由として、最もよいものを選んで、（　）に○をつけましょう。

ア（　）晴れの日は、雨の日よりも、１日の気温の変化が大きいから。

イ（　）晴れの日は、雨の日よりも、１日の気温の変化が小さいから。

ウ（　）晴れの日は、雨の日と１日の気温の変化のしかたがにているから。

できたらスゴイ！

④ 自記温度計を使って、4月16日から4月20日までの気温の変化を調べました。

思考・表現　(1)は8点、(2)は10点(18点)

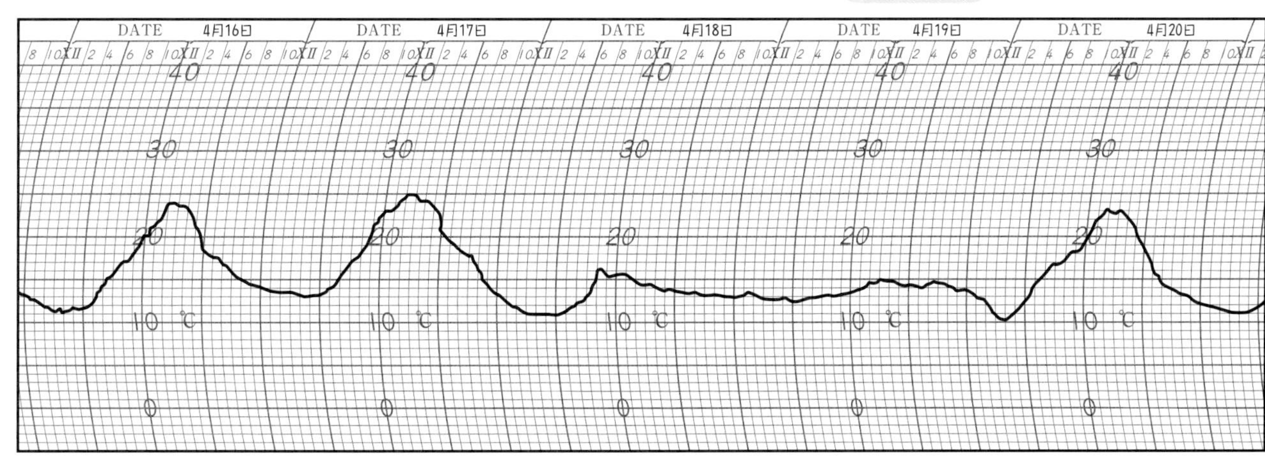

(1) 日の出からしばらくは晴れていて、しだいに雲が広がり、昼には天気がくもりに変わったと考えられるのは、何月何日ですか。　（　　　）

(2) 記述 雲が広がることで、(1)の日のような気温の変化になるのはなぜですか。

（　　　　　　　　　）

2. 春

①1年間の観察1

学習日　　月　　日

めあて
春に見られる動物のようすをかくにんしよう。

教科書 14～22ページ　答え 4ページ

次の(　　)に当てはまる言葉を書くか、当てはまるものを○でかこもう。

1 生物のようすと気温の関係の調べ方をまとめよう。　教科書 14～17ページ

▶(① いつも同じ場所 ・ 毎回ちがう場所)で観察する。
▶観察する生物を(② 決めて ・ 決めずに)、活動のしかたや成長のようすがどのように変わるか調べる。
(1) 小さな生物は、(③ 虫めがね ・ そうがん鏡)を使って観察する。
(2) 遠くにいる生物は、(④ 虫めがね ・ そうがん鏡)を使って観察する。
▶観察したときの気温や水温もはかる。
●水温をはかるときは、温度計を自分のかげに入れて、(⑤　　　　)が直せつ当たらないようにする。
▶季節ごとの生物のようすを、観察カードに記録する。

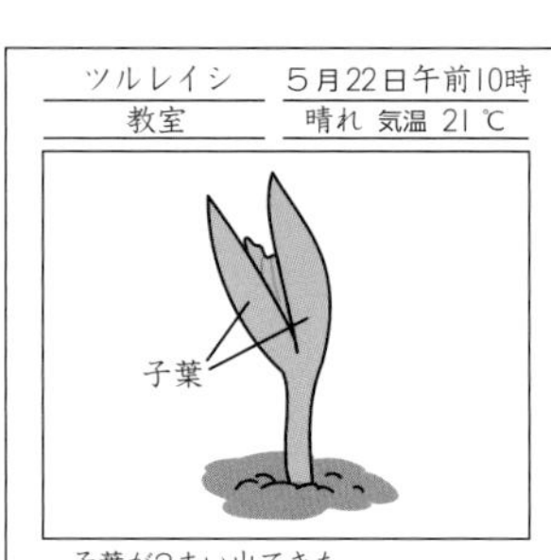

ツルレイシ
5月22日午前10時
教室
晴れ 気温 21℃
子葉
・子葉が2まい出てきた。
・子葉は緑色で、あつみがあった。
・子葉の間から、小さな葉が見えていた。
・高さは1cmくらいだった。

2 春になると、動物のようすはどのように変わるのだろうか。　教科書 18～22ページ

ツバメ

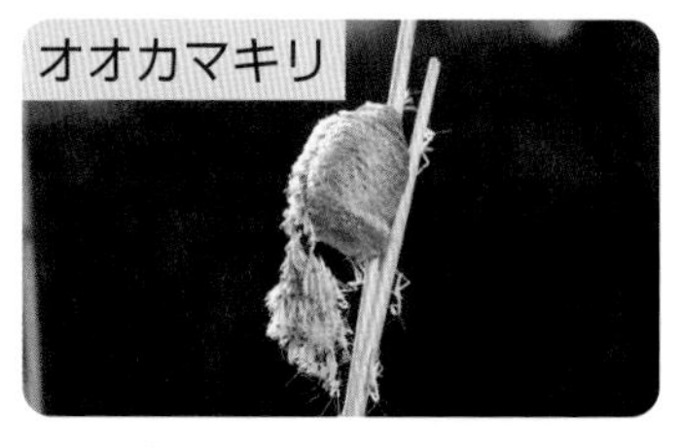
オオカマキリ

ヒキガエル

▶ツバメは、草やどろで(①　　　　)を作っている。
▶オオカマキリは、たまごから(② よう虫 ・ 成虫)が出てきている。
▶ヒキガエルは、(③ ひな ・ おたまじゃくし)が水中に見られる。
▶春になると、気温が(④ 上がり ・ 下がり)、動物がたまごからかえったり、活動を(⑤ 始めたり ・ やめたり)する。
▶春になると、見られる動物の数が(⑥ 多く ・ 少なく)なったり、種類が変わったりする。

ここが、だいじ！
①春になると、気温が上がり、動物がたまごからかえったり、活動を始めたりして、見られる数が多くなる。

ぴたトリビア
オオカマキリのたまごは、「らんのう」とよばれるあわのようなもので包まれています。らんのうの中には、数百ものたまごが入っています。

2. 春

①1年間の観察1

学習日　　月　　日

教科書 14～22ページ　答え 4ページ

1 生物のようすと気温の関係を調べる計画を立てます。

(1) 観察する生物は、どのようにしますか。正しいほうの（　　）に○をつけましょう。

ア（　　）季節ごとに、観察する生物を変える。

イ（　　）季節が変わっても、同じ生物を観察する。

(2) 遠くにいる鳥のようすを観察します。使うとよいものを１つ選んで、（　　）に○をつけましょう。

ア（　　）　イ（　　）　ウ（　　）　エ（　　）

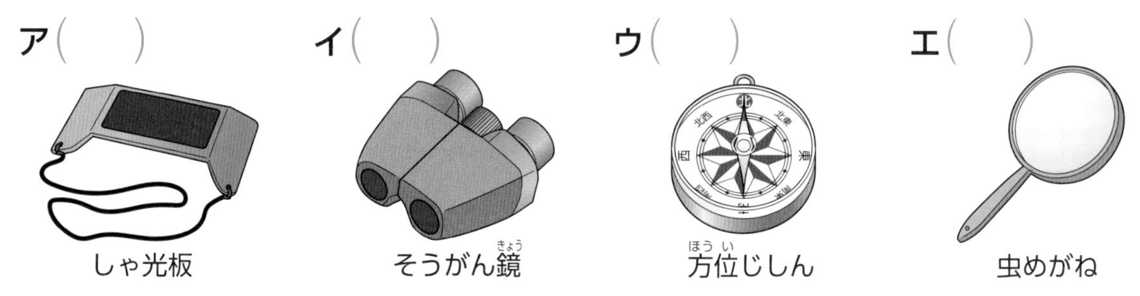

しゃ光板　そうがん鏡　方位じしん　虫めがね

(3) 水の中の生物を観察したときは、水温もはかります。水温をはかるとき、温度計を自分のかげに入れてはかるのは、温度計に何が当たらないようにするためですか。

（　　　　）

2 春の動物のようすを調べました。

(1) 上のツバメは何をしていますか。次の文の（　　）に当てはまる言葉を書きましょう。

●草やどろで巣を（　　　　　）いる。

(2) 上のオオカマキリやヒキガエルのようすとして正しいものを、［　　］から１つ選んで、記号を書きましょう。　オオカマキリ（　　）　ヒキガエル（　　）

あ　たまごを産んでいる。	い　おたまじゃくしが泳いでいる。
う　水中の植物を食べている。	え　たまごからよう虫が出てきている。

(3) 春になると、見られる動物の数は、どうなりますか。

（　　　　　　　　）

(4) (3)のようになるのは、春の始まりとくらべて、気温がどうなるからですか。

（　　　　　　　　）

ヒント 2 (2)(3)春になると、動物はたまごからかえったり、活動を始めたりします。

2. 春

①1年間の観察2

学習日　　月　　日

めあて
春に見られる植物のようすをかくにんしよう。

教科書 18〜23ページ　答え 5ページ

次の(　　)に当てはまる言葉を書くか、当てはまるものを○でかこもう。

1 春になると、植物のようすはどのように変わるのだろうか。

教科書 18〜22ページ

▶サクラは、春の始まりにさいた(①　　　　)が散り、えだから緑色の(②　　　　)が出ている。

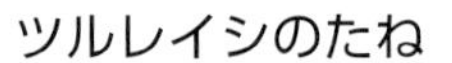

ツルレイシやヘチマのたねのまき方

(1) はちに土を入れ、水でしめらせる。

(2) たねをまいたら(③　　　　)をかけ、(④ あたたかい ・ 冷たい)場所に置く。

(3) 土がかわかないように、(⑤　　　　　　)をする。

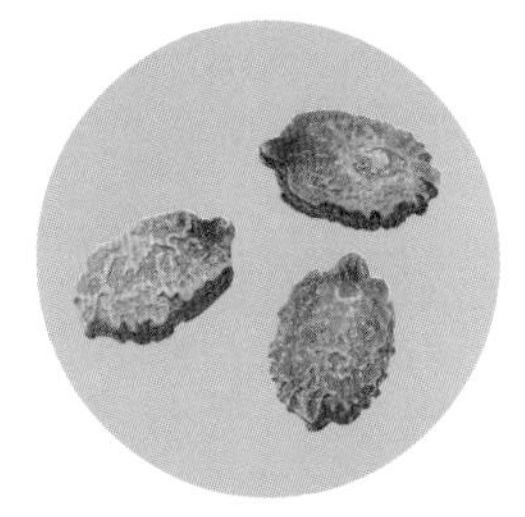
ツルレイシのたね

ヘチマのたね

ツルレイシが育つようす

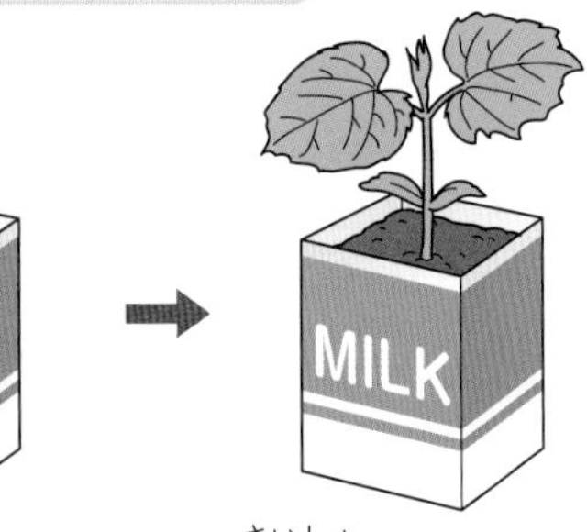

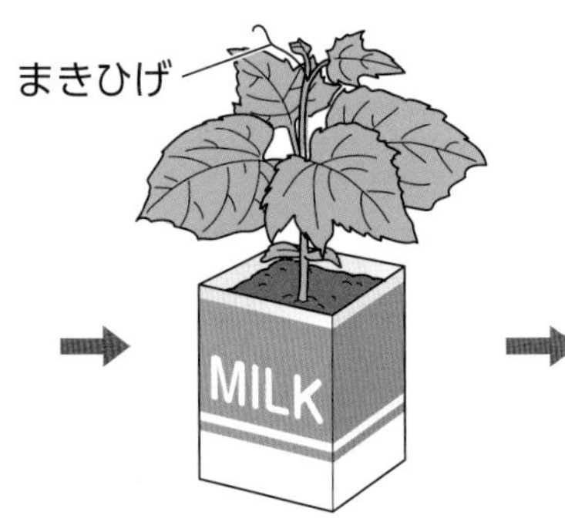

▶ツルレイシは、最初に2まいの(⑥　　　　)が出た後、(　⑥　)とは(⑦ 同じ ・ ちがう)形の葉が出てくる。さらに育つと、くきの先から、ひものような(⑧　　　　　　)が出てくる。

▶(　⑧　)がのびて、葉が5〜6まい出てきたら、広いところに植えかえる。ネットをはったり、(⑨ 風よけ ・ ささえ)のぼうを立てたりして、くきがのびやすいようにする。

▶春になると、気温が上がり、植物は(⑩　　　　)が出たり、新しい(⑪　　　　)が出たりする。

ここが、だいじ！
①春になると気温が上がり、植物は芽が出たり、新しい葉が出たりする。

ぴたトリビア　上の写真のサクラはソメイヨシノという種類で、学校や公園、神社などに多く植えられています。ソメイヨシノは江戸時代に人工的につくり出され、明治時代などに急速に広まりました。

学習日　月　日

2. 春

①1年間の観察2

1 春の植物のようすを調べました。

(1) 春の始まりとくらべて、サクラのようすはどのように変わりますか。正しいほうの（　）に○をつけましょう。

ア（　）

イ（　）

(2) 気温と植物のようすの関係について、正しいものを１つ選んで、（　）に○をつけましょう。

ア（　）春になると、気温が上がるので、植物が芽や葉を出さなくなる。
イ（　）春になると、気温が上がるので、植物が芽や葉を出す。
ウ（　）春になると、気温が下がるので、植物が芽や葉を出さなくなる。
エ（　）春になると、気温が下がるので、植物が芽や葉を出す。

2 ツルレイシのたねをまいて育て、観察します。

ⓐ

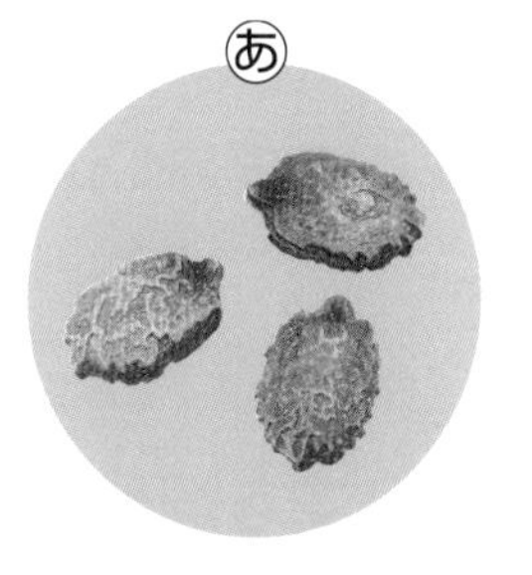

ⓘ

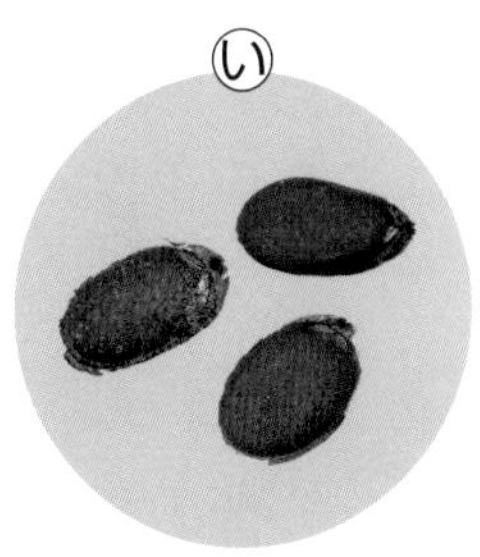

(1) ツルレイシのたねは、右のⓐ、ⓘのどちらですか。（　）

(2) たねをまいた後、はちはどのような場所に置きますか。（　）

(3) ツルレイシが育つ順に、ⓚ〜ⓒをならべかえましょう。

（　）→（　）→（　）

ⓚ

ⓚき

ⓒ

(4) 花だんなどの広いところに植えかえるのがよいのは、(3)のⓚ〜ⓒのどのころですか。

（　）

2. 春

時間 30 分

／100

合格 70 点

教科書 14～23ページ　答え 6ページ

1 ヒキガエルのようすを調べて、観察カードに記録しました。　技能

(3)は7点、ほかは1つ4点(35点)

あ ヒキガエル
い 学校の池
お 4月26日午前10時 晴れ 気温 21 ℃
う 2cmくらい
え ・ヒキガエルのおたまじゃくしが、たくさん泳いでいた。
・体は黒っぽい色で、しっぽがあった。
・体の大きさは、2cmくらいだった。

(1) 次の①～④は、観察カードのあ～えのどこに記録されていますか。

① 観察した場所 (　　)
② 観察したようすの絵 (　　)
③ 観察した生物の名前 (　　)
④ 気づいたこと (　　)

(2) 観察カードのおには、何が記録されていますか。次の文の(　)に当てはまる言葉を書きましょう。

● 観察した(①　　　)、(②　　　)、(③　　　)の3つのことが記録されている。

(3) この観察カードに、さらに記録したほうがよいことは何ですか。次の文の(　)に当てはまる言葉を書きましょう。

● ヒキガエルは水の中にいたので、(　　　)をはかって記録するとよい。

よく出る

2 春の動物のようすを調べました。

1つ8点(24点)

(1) 春に見られるオオカマキリのようすを1つ選んで、(　)に○をつけましょう。

ア(　)

イ(　)

ウ(　)

(2) 右のツバメは、何をしていますか。次の文の(　)に当てはまる言葉を書きましょう。

● 集めた草やどろを使って、(　　　)を作っている。

(3) 春になると、動物の活動はさかんになりますか、にぶくなりますか。 (　　　　)

よく出る

3 **サクラのようすを調べ、春の始まりのころのようすとくらべました。** 1つ7点(14点)

(1) 観察から、サクラの育ち方について、どのようなことがわかりますか。正しいほうの(　　)に○をつけましょう。

ア(　　)サクラは、葉がしげった後に、花がさく。

イ(　　)サクラは、花がさいた後に、葉がしげる。

(2) サクラ以外(いがい)の植物についても調べました。植物のようすは、春の始まりのころとくらべて、どのようにちがいますか。正しいほうの(　　)に○をつけましょう。

ア(　　)芽(め)を出したり、新しく葉を出したりする植物が多くなった。

イ(　　)実ができたり、葉がかれたりする植物が多くなった。

4 **ツルレイシのたねをはちにまいて育てています。** 技能 (1)は7点、(2)は10点(17点)

(1) 花だんに植えかえるころとして最(もっと)もよいものを選んで、(　　)に○をつけましょう。

ア(　　)子葉が出たころ。

イ(　　)まきひげがのびて、葉が5～6まいになったころ。

ウ(　　)葉が10まい以上(いじょう)になって、しげったころ。

(2) 記述 花だんに植えかえるとき、くきがのびやすいように、どのような世話をしますか。

(　　　　　　　　　　　　　　　　　　　　)

できたらスゴイ!

5 **生物のようすが、季節(きせつ)によってどのように変(か)わっていくか調べます。調べ方として最もよいものを選んで、(　　)に○をつけましょう。** 思考・表現 (10点)

ア(　　)

観察する生物を決めて、春の間だけ観察し続(つづ)ければいいよ。

イ(　　)

観察する生物を決めて、季節が変わっても観察し続ければいいよ。

ウ(　　)

観察する生物を決めずに、春の間だけ観察し続ければいいよ。

エ(　　)

観察する生物を決めずに、季節が変わっても観察し続ければいいよ。

ふりかえり

3がわからないときは、8ページの1にもどってかくにんしましょう。
5がわからないときは、6ページの1にもどってかくにんしましょう。

学習日　月　日

3. 電池のはたらき

①かん電池のはたらき

めあて
かん電池の向きと電流の向きの関係をかくにんしよう。

教科書 24〜30ページ　答え 7ページ

次の(　)に当てはまる言葉を書くか、当てはまるものを○でかこもう。

1 かん電池の向きを変(か)えると、電流の向きは変わるのだろうか。

教科書 24〜29ページ

- かん電池の向きを変えると、モーターの回る向きは(① 変わる ・ 変わらない)。
- 回路に流れる電気を(②　　　)という。
- (　②　)には、向きが(③ ある ・ ない)。
- かんいけん流計を使うと、電流の(④　　　)と(⑤　　　)を調べることができる。
- かんいけん流計のはりは、電流の向きと(⑥ 同じ ・ 反対の)向きにふれる。
- 電流の大きさの単位(たんい)はAで、(⑦　　　)と読む。

かんいけん流計の使い方

- かんいけん流計は、回路のとちゅうにつなぐ。
- かんいけん流計だけをかん電池につながない。

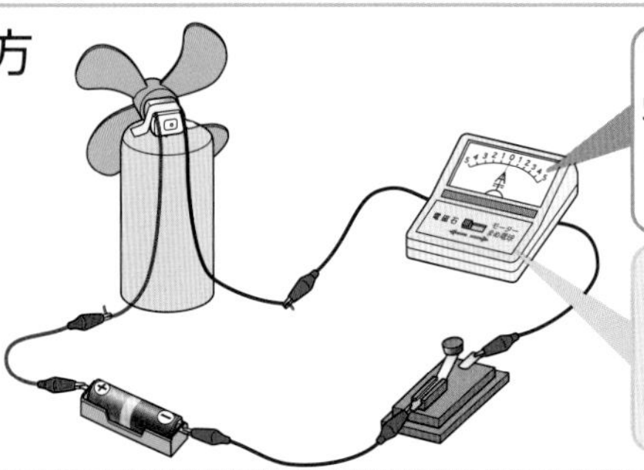

切りかえスイッチが
- 「電磁石(でんじしゃく)」側(がわ)なら、電流の大きさは3A
- 「まめ電球」側なら、電流の大きさは0.3A

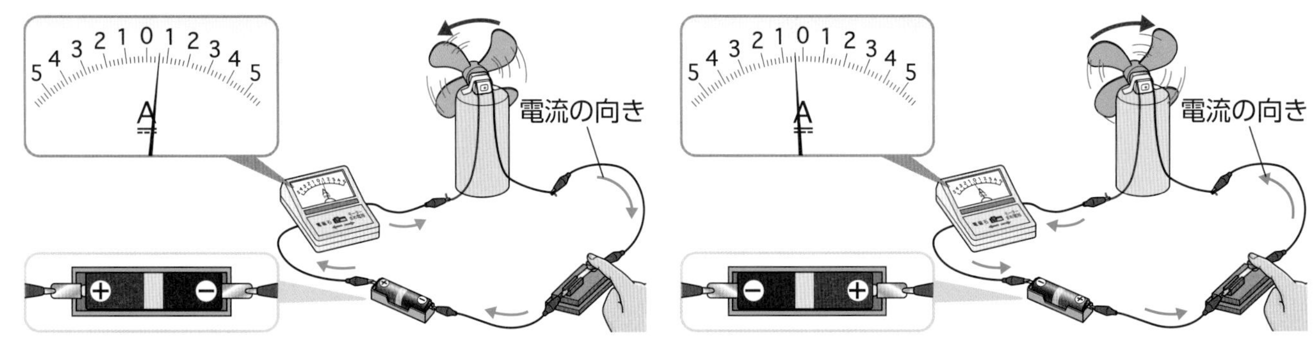

- かん電池の向きを変えると、電流の向きは(⑧ 変わる ・ 変わらない)。
- 電流は、かん電池の(⑨　　　)極(きょく)から、モーターなどを通って、(⑩　　　)極に向かって流れる。
- かん電池の向きを反対にすると、モーターが回る向きが反対になるのは、回路に流れる(⑪　　　)の向きが反対になるからである。

ここが、だいじ!

①回路に流れる電気を電流という。
②電流は、かん電池の＋(プラス)極から、モーターなどを通って、－(マイナス)極に向かって流れる。
③かん電池の向きを反対にすると、電流の向きも反対になる。

リモコンなどでかん電池を入れる向きが決まっているのは、決まった向きに電流が流れたときだけはたらく部品が使われているからです。

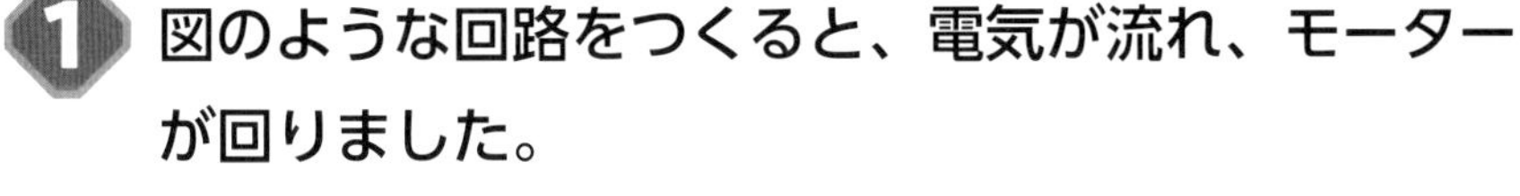

3. 電池のはたらき

①かん電池のはたらき

学習日　月　日

教科書 24〜30ページ　答え 7ページ

1 図のような回路をつくると、電気が流れ、モーターが回りました。

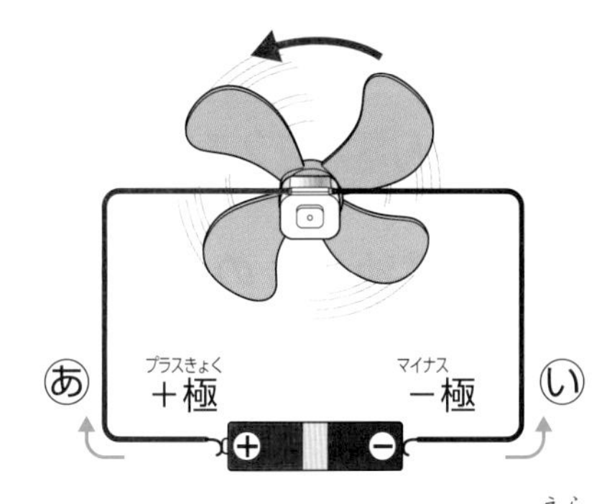

(1) 回路を流れる電気のことを何といいますか。

（　　　　）

(2) (1)の向きは、図のあ、いのどちらですか。

（　　）

(3) かん電池の向きを反対にすると、モーターはどうなりますか。正しいものを１つ選んで、（　）に○をつけましょう。

ア（　）回らない。

イ（　）図と同じ向きに回る。

ウ（　）図とは反対向きに回る。

(4) (3)のようになる理由をまとめます。（　）の中に当てはまる言葉を書きましょう。

- かん電池の向きを反対にすると、(1)の（　　　　）が反対になるから。

2 かんいけん流計を使います。

(1) かんいけん流計を使うと、電流の何を調べることができますか。２つ書きましょう。

（電流の　　　　）（電流の　　　　）

(2) かんいけん流計を正しくつないでいるのはどれですか。１つ選んで、（　）に○をつけましょう。

ア（　）

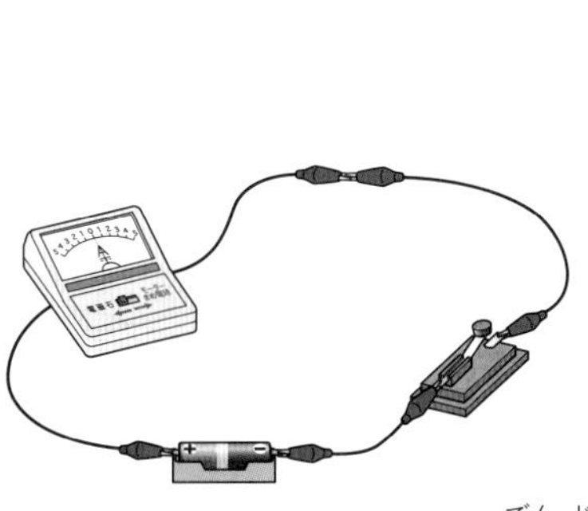

イ（　）

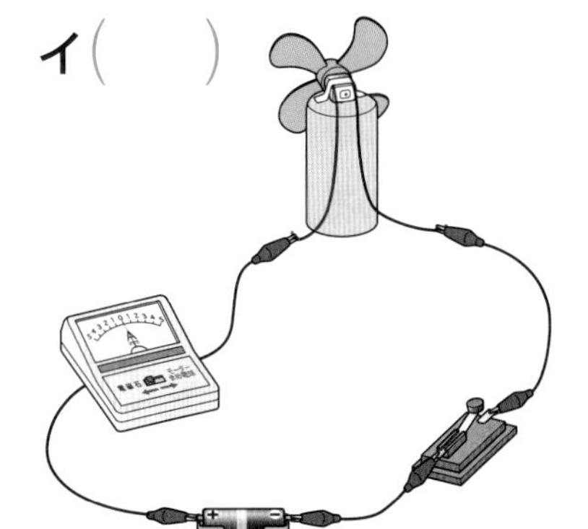

ウ（　）

(3) 切りかえスイッチを「電磁石（５Ａ）」側にすると、はりが右のようになりました。

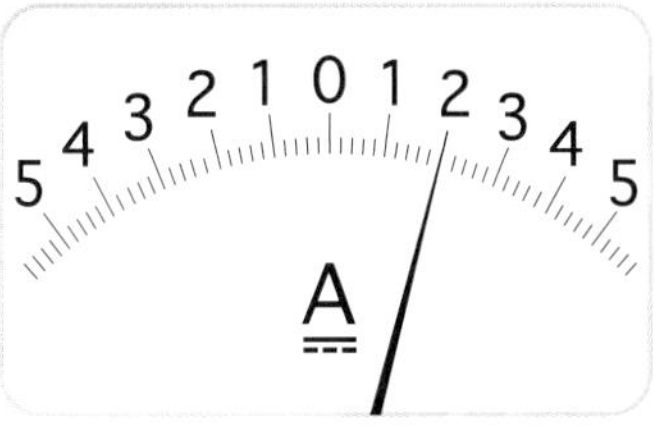

① 電流の大きさの単位Ａの読み方を書きましょう。

（　　　　）

② 電流の大きさは何Ａですか。（　　　　Ａ）

ヒント
1 (2)電流は、かん電池の＋極から出て、モーターなどを通って、－極に向かって流れます。
2 (3)はりがしめす目もりの数字が、電流の大きさです。

3. 電池のはたらき

教科書 24〜39ページ　答え 9ページ

よく出る

1 かん電池、モーター、かんいけん流計、スイッチをつないで右のような回路をつくり、スイッチを入れると、モーターがいの向きに回りました。　(4)は10点、ほかは1つ5点(35点)

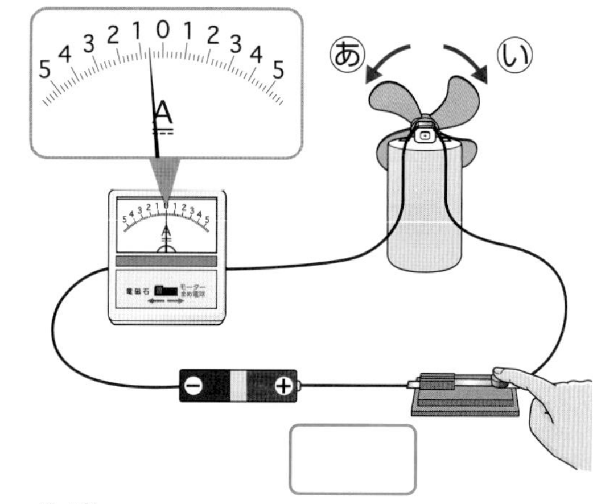

(1) かんいけん流計を使うと、何を調べることができますか。2つ書きましょう。

(　　　　　　　　)
(　　　　　　　　)

(2) 作図 回路に流れた電流の向きを、図の□に矢印でかきましょう。

(3) かん電池の向きを反対にしました。

① モーターが回る向きは、あ、いのどちらになりますか。(　　)

② かんいけん流計のはりは、右、左のどちらにふれますか。(　　)

(4) 記述 (3)のようになったのはなぜですか。「電流」という言葉を使って説明しましょう。　思考・表現

(　　　　　　　　)

2 豆電球を使って、あの回路をつくりました。　技能　(1)は10点、(2)は5点(15点)

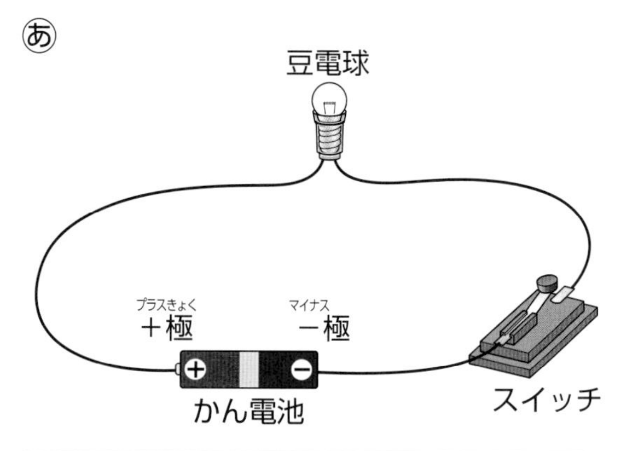

(1) 作図 あの回路を、記号を使って表すとどうなりますか。右の□にかきましょう。

(2) かん電池を2こにふやします。やってはいけないつなぎ方はどれですか。１つ選んで、(　)に×をつけましょう。

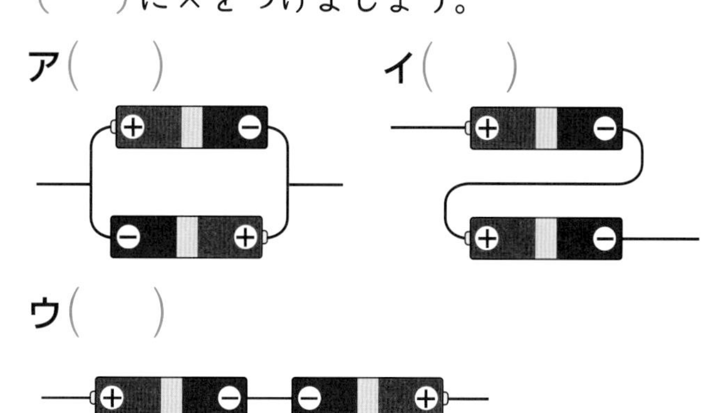

よく出る

❸ かん電池の数やつなぎ方を変えて、豆電球の明るさや回路に流れる電流の大きさをくらべました。

⑷は10点、ほかは1つ5点(30点)

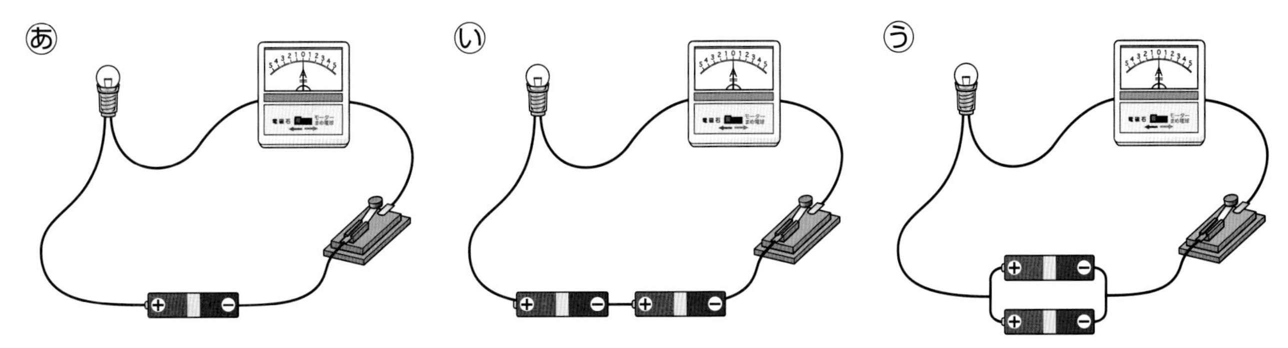

(1) かん電池2こがへい列つなぎになっているのは、い、うのどちらですか。
(　　　)

(2) スイッチを入れたとき、豆電球の明るさがあと同じになるのは、い、うのどちらですか。
(　　　)

(3) スイッチを入れたとき、あの回路に流れる電流の大きさは0.2 Aでした。い、うの回路を流れる電流の大きさとしてよいものを、[　　]からそれぞれ1つ選んで、記号を書きましょう。
い(　　　)　う(　　　)

ア　0.2 Aより小さい。　　イ　0.2 A　　ウ　0.2 Aより大きい。

(4) 記述 回路に流れる電流の大きさと、豆電球の明るさには、どのような関係がありますか。「電流」という言葉を使って説明しましょう。　思考・表現
(　　　　　　　　　　　　　　　　)

❹ 右のような、かん電池で動く車を作りました。次の①、②のようにするには、どうすればよいですか。[　　]からそれぞれ1つ選んで、記号を書きましょう。

思考・表現　1つ10点(20点)

①(　　　)　②(　　　)

車が反対向きに進むようにしたいな。

車が急な坂をのぼれるようにしたいな。

ア　かん電池を2こにして、直列つなぎでつなぐ。
イ　かん電池を2こにして、へい列つなぎでつなぐ。
ウ　かん電池の向きを変える。

❸がわからないときは、14ページの 1 2 にもどってかくにんしましょう。
❹がわからないときは、12ページの 1 、14ページの 1 にもどってかくにんしましょう。

3分でまとめ

学習日　　月　　日

4. とじこめた空気や水

①とじこめた空気
②とじこめた水

めあて
とじこめた空気や水に力を加えるとどうなるか、かくにんしよう。

教科書 40〜49ページ　答え 10ページ

次の(　　)に当てはまる言葉を書くか、当てはまるものを○でかこもう。

1 とじこめた空気に力を加えると、どうなるのだろうか。

教科書 40〜45ページ

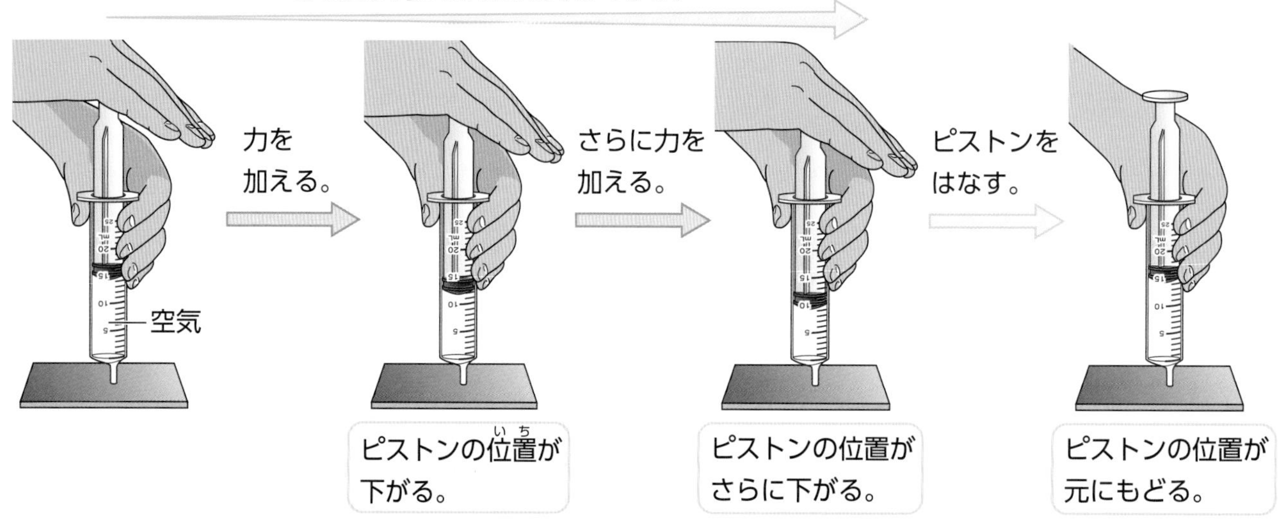

おし返す力がだんだん大きくなる。
力を
加える。
さらに力を
加える。
ピストンを
はなす。
空気
ピストンの位置が
下がる。
ピストンの位置が
さらに下がる。
ピストンの位置が
元にもどる。

▶とじこめた空気に力を加えると、
空気の体積は（①　　　　　）なる。

▶加える力が大きいほど、
空気の体積は（②　　　　　）なり、
おし返す力は（③　　　　　）なる。

空気には、
体積が小さくなると、
元にもどろうとする
せいしつがあるよ。

2 とじこめた水に力を加えると、どうなるのだろうか。

教科書 46〜48ページ

▶とじこめた水に力を加えたとき、
水の体積は
（①　変わる　・　変わらない　）。

▶とじこめた空気はおしちぢめ
（②　られる　・　られない　）が、
とじこめた水はおしちぢめ
（③　られる　・　られない　）。

力を加える。
水
ピストンの位置は
変わらない。

ここが だいじ！
①空気をとじこめて力を加えると、体積が小さくなり、おし返す力が大きくなる。
②水をとじこめて力を加えても、体積は変わらない。

ぴたトリビア
自転車や自動車には、空気入りのタイヤが使われています。タイヤの中の空気がおしちぢめられることで、地面からのしんどうやしょうげきをやわらげています。

4. とじこめた空気や水

①とじこめた空気

②とじこめた水

教科書 40～49ページ　答え 10ページ

1 注しゃ器に空気をとじこめ、ピストンをおしました。

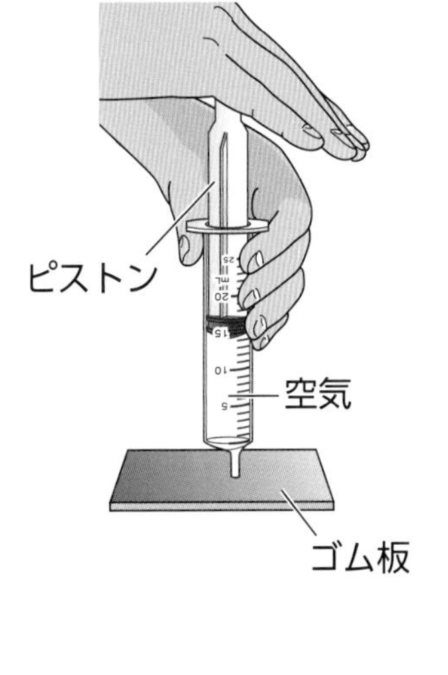

(1) ピストンをおすと、中の空気の体積はどうなりますか。正しいものを１つ選んで、（　）に○をつけましょう。

ア（　　）大きくなる。

イ（　　）小さくなる。

ウ（　　）変わらない。

(2) (1)のようになったのはなぜですか。正しいほうの（　）に○をつけましょう。

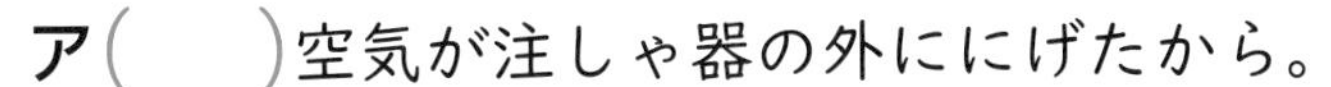

ア（　　）空気が注しゃ器の外ににげたから。

イ（　　）空気がおしちぢめられたから。

(3) ピストンをおす力を強くすると、おし返す力はどうなりますか。

（　　　　　　　　　　）

(4) ピストンをはなすと、ピストンはどうなりますか。正しいものを１つ選んで、（　）に○をつけましょう。

ア（　　）元の位置にもどる。

イ（　　）ピストンをはなす前と変わらない。

ウ（　　）ピストンをはなす前より下がる。

2 注しゃ器に水をとじこめ、ピストンをおしました。

ピストン
水
ゴム板

(1) ピストンをおすと、中の水の体積はどうなりますか。正しいものを１つ選んで、（　）に○をつけましょう。

ア（　　）大きくなる。

イ（　　）小さくなる。

ウ（　　）変わらない。

(2) とじこめた空気や水について、正しく説明しているものを１つ選んで、（　）に○をつけましょう。

ア（　　）空気も水も、おしちぢめることができる。

イ（　　）空気はおしちぢめることができるが、水はおしちぢめることができない。

ウ（　　）空気はおしちぢめることができないが、水はおしちぢめることができる。

エ（　　）空気も水も、おしちぢめることができない。

ヒント ❶ (3)(4)空気には、体積が小さくなると元にもどろうとするせいしつがあります。

4. とじこめた空気や水

教科書 40〜51ページ　答え 11ページ

よく出る

1 ㋐のように、注しゃ器(き)に空気をとじこめ、ピストンをおしました。

(6)(8)は1つ10点、ほかは1つ7点(62点)

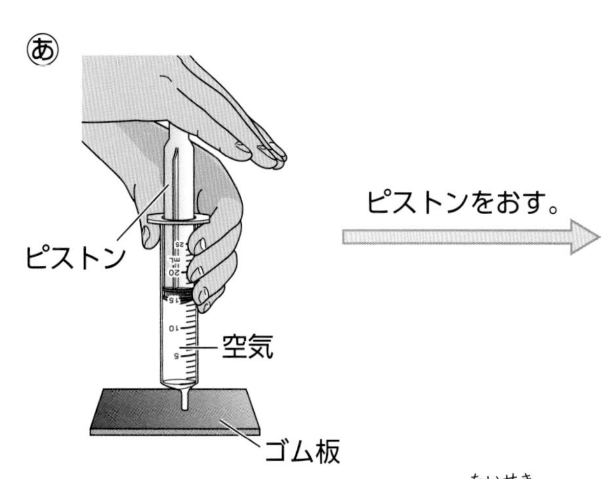

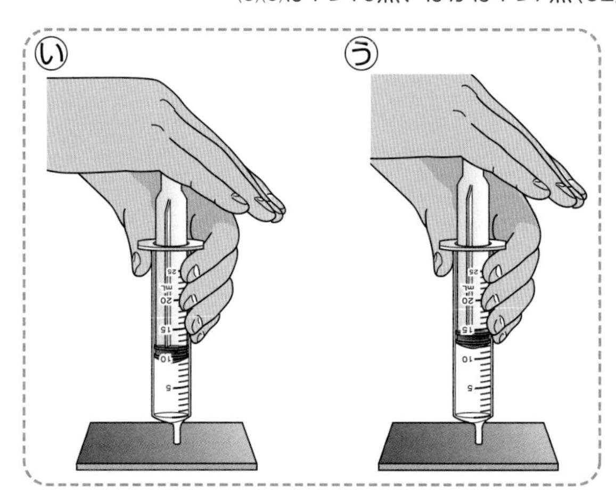

(1) ピストンをおすと、中の空気の体積(たいせき)はどうなりますか。

(　　　　　　　　)

(2) ピストンをおす力を大きくすると、空気に加(くわ)わる力はどうなりますか。

(　　　　　　　　)

(3) ピストンをおす力が大きいのは、㋑、㋒のどちらですか。　(　　)

(4) 空気がおし返す力が大きいのは、㋑、㋒のどちらですか。　(　　)

(5) おしたピストンをはなすと、ピストンはどうなりますか。

(　　　　　　　　)

(6) 記述 (5)のようになるのは、空気にどのようなせいしつがあるからですか。「体積」という言葉を使って説明(せつめい)しましょう。　思考・表現

(　　　　　　　　)

(7) ㋓のように、空気のかわりに水をとじこめました。ピストンをおすと、中の水の体積はどうなりますか。

(　　　　　　　　)

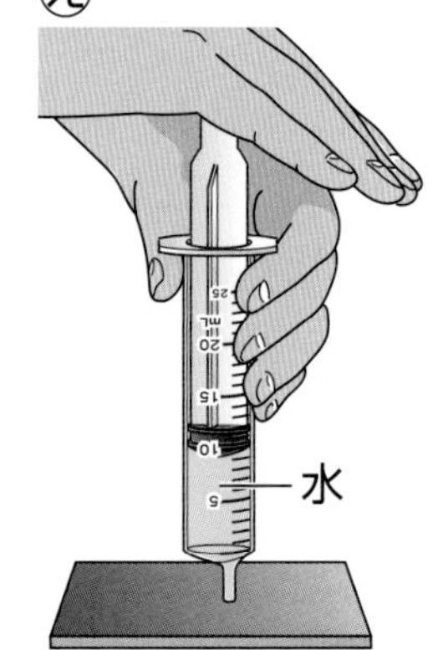

(8) 記述 (7)のようになる理由を、とじこめた空気と水のせいしつをくらべながら説明しましょう。　思考・表現

(　　　　　　　　)

2 ㋐のように、かたいプラスチックのつつに空気と水を半分ずつ入れ、おしぼうでせんをおします。

思考・表現　(1)は1つ6点、(2)は10点(28点)

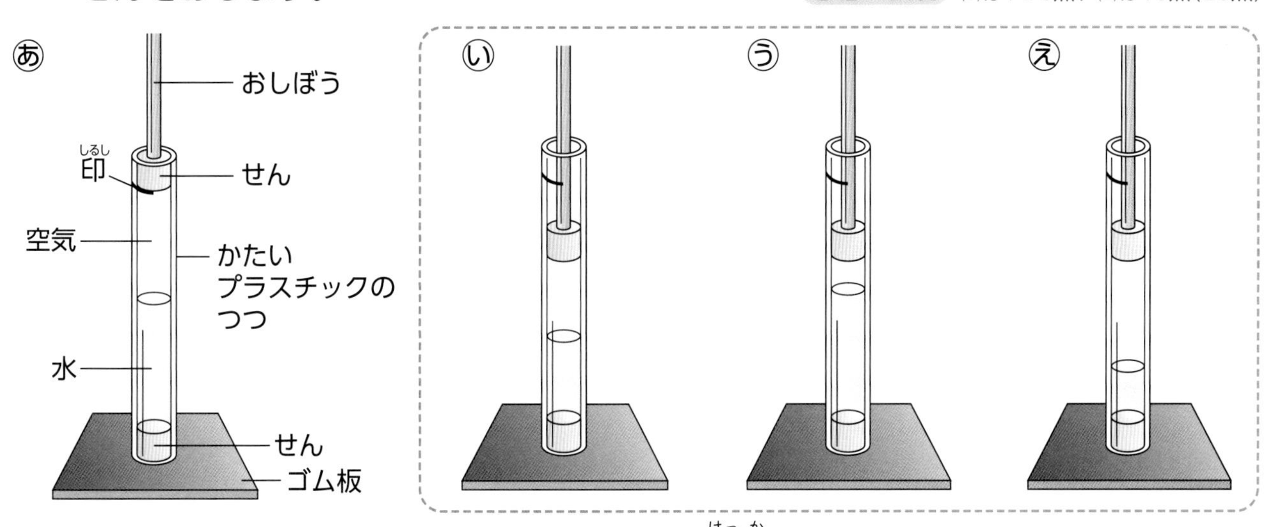

(1) じゅんさん、さやかさん、ゆうすけさんは、結果がどのようになると予想していますか。㋑～㋓からそれぞれ１つ選んで、記号を書きましょう。

空気だけが
おしちぢめられると
思うよ。
水だけが
おしちぢめられると
思うよ。
空気も水も
おしちぢめられると
思うよ。
じゅんさん
さやかさん
ゆうすけさん

じゅんさん（　　）　さやかさん（　　）　ゆうすけさん（　　）

(2) おしぼうでせんをおすと、どうなりますか。㋑～㋓から１つ選んで、記号を書きましょう。（　　）

できたらスゴイ！

3 ペットボトルや空気ポンプを使って、右のようなふん水をつくりました。

思考・表現　(10点)

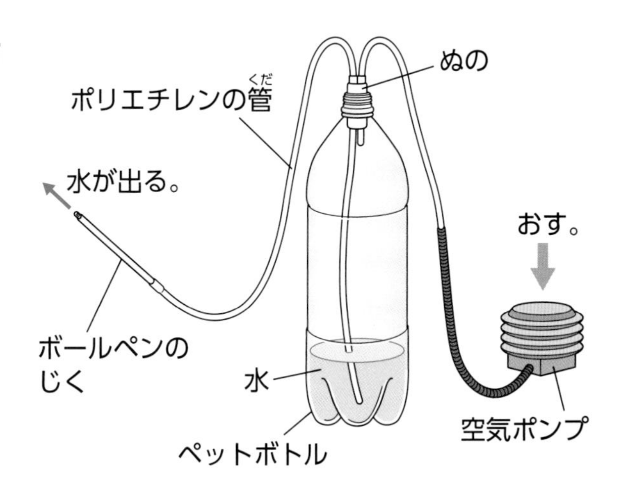

●空気ポンプをおすと、ボールペンのじくの先から水が出るのはなぜですか。理由として正しいものを１つ選んで、（　　）に○をつけましょう。

ア（　　）空気に力を加えると、元にもどろうとするから。

イ（　　）水に力を加えると、元にもどろうとするから。

ウ（　　）空気や水に力を加えると、元にもどろうとするから。

❶がわからないときは、18ページの１２にもどってかくにんしましょう。
❸がわからないときは、18ページの１２にもどってかくにんしましょう。

★夏

②夏の生物のようす

3分でまとめ

学習日　　月　　日

めあて
夏に見られる動物や植物のようすをかくにんしよう。

教科書 52～57ページ　答え 12ページ

次の(　)に当てはまる言葉を書くか、当てはまるものを○でかこもう。

1 夏になると、生物のようすはどのように変わるのだろうか。 教科書 52～56ページ

ツバメ

親が子に(①　　　　)をあたえている。

カブトムシ

成虫が集まり、木のしるをすっている。

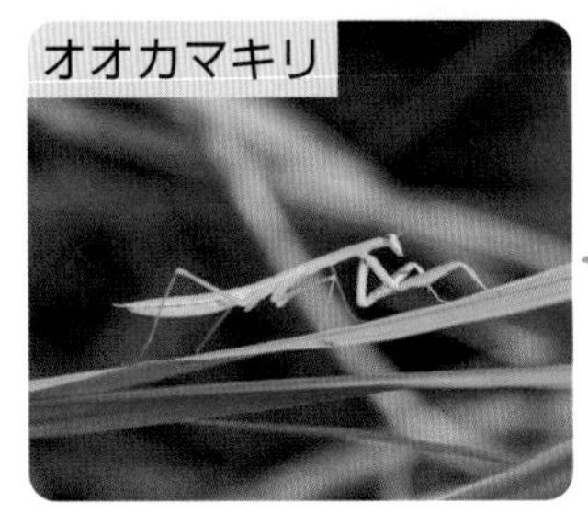
オオカマキリ

春より大きくなったよう虫が見られる。

ヒキガエル

池から出てきたヒキガエルには、(②　　　　)がついている。

▶夏になると、春よりも気温が(③　上がる　・　下がる　)。

▶動物は、春よりも活動が(④　活発に　・　にぶく　)なり、見られる数が(⑤　多く　・　少なく　)なる。春とはちがう種類の動物も見られる。

サクラ

ツルレイシ

▶サクラは、春よりも葉の数が(⑥　ふえ　・　へり　)、緑色がこくなっている。

▶ツルレイシは、春よりも葉の数が(⑦　ふえ　・　へり　)、まきひげがたくさん出ている。ところどころに、黄色の(⑧　　　　)がついている。

▶植物は、葉が(⑨　しげったり　・　かれたり　)、くきがのびたり、葉の色が(⑩　こく　・　うすく　)なったりして、よく成長する。

ここがだいじ!
①夏になると、春とくらべて気温が上がる。
②夏になると、動物の活動は活発になり、植物はよく成長する。

ぴたトリビア　セミのよう虫は土の中で育ち、暑くなると地上に出てきて成虫になります。セミは、種類によって、鳴き声や鳴く時間がちがいます。

学習日　月　日

★夏

②夏の生物のようす

教科書 52〜57ページ　答え 12ページ

1 夏の動物のようすを調べました。

(1) 夏の動物のようすとして正しいものには○、まちがっているものには×を、(　)につけましょう。

①(　)

②(　)

③(　)

④(　)

(2) 動物の活動のようすについて、正しいものを１つ選(えら)んで、(　)に○をつけましょう。

ア(　)春と変(か)わらない。　イ(　)春より活発になる。

ウ(　)春よりにぶくなる。

(3) 見られる動物の数は、春とくらべて多くなりますか、少なくなりますか。

(　　　　)

2 夏の植物のようすを調べました。

(1) 夏のサクラのようすとして正しいものを１つ選んで、(　)に○をつけましょう。

ア(　)

イ(　)

ウ(　)

(2) ツルレイシのようすは、春とくらべてどうなりますか。正しいものをすべて選んで、(　)に○をつけましょう。

ア(　)葉の数が多くなる。

イ(　)まきひげがほとんど見られなくなる。

ウ(　)ツルレイシ全体の高さが高くなる。

エ(　)ところどころに花がつく。

(3) 夏の植物のようすについてまとめます。(　)に当てはまる言葉を書きましょう。

- 葉の数が多くなったり、くきがのびたりするなど、よく(　　　　)する。

★夏

教科書 52～57ページ　答え 13ページ

よく出る

1 夏の動物のようすを調べました。

(3)は15点、ほかは1つ5点(50点)

(1) 次の①～④の動物について、夏に見られるようすをそれぞれ選(えら)んで、(　　)に○をつけましょう。

① オオカマキリ

ア(　　)

イ(　　)

② カブトムシ

ア(　　)

イ(　　)

③ ツバメ

ア(　　)

イ(　　)

④ ヒキガエル

ア(　　)

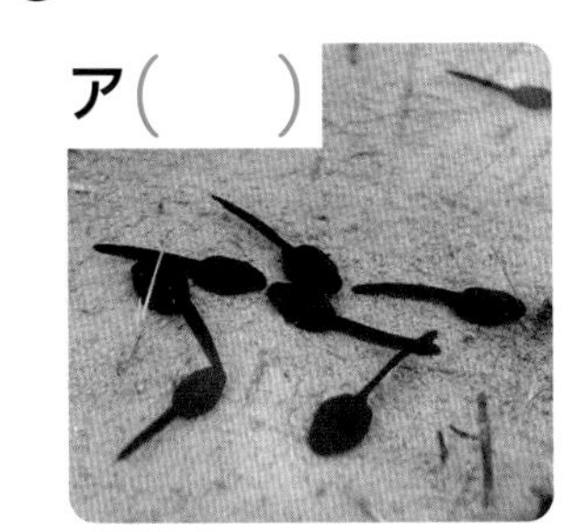

イ(　　)

(2) 夏の動物のようすは、春とくらべてどうなっていますか。正しいものには○、まちがっているものには×を、(　　)につけましょう。

①(　　)

見られる数が少なくなったよ。

②(　　)

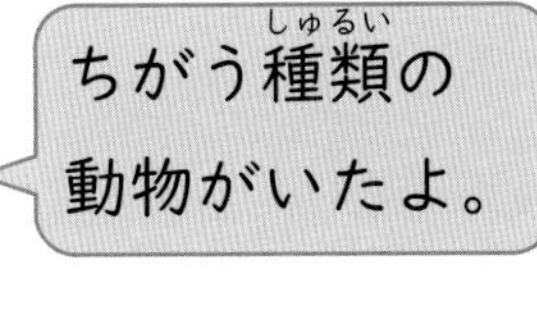

ちがう種類(しゅるい)の動物がいたよ。

③(　　)

活動がにぶくなったよ。

(3) 記述 夏になると、動物のようすが(2)のように変(か)わるのはなぜですか。「気温」という言葉を使って説明(せつめい)しましょう。

思考・表現

(　　　　　　　　　　　　　　　　　　　　)

2 夏の植物のようすを調べました。

1つ10点(20点)

(1) サクラのようすを観察(かんさつ)して、記録(きろく)しました。右の㋐に入る説明として最(もっと)もよいものを選んで、(　　)に○をつけましょう。 技能

ア(　　) ・黄色やオレンジ色の葉がふえていた。・葉の元のところには、小さな芽(め)がついていた。

イ(　　) ・葉がふえて、こい緑色になっていた。また、大きさが大きくなっていた。

ウ(　　) ・葉が落ちて、えだだけになっていた。・芽には、黄緑色の小さな葉のようなものがつまっていた。

(2) 夏になると、植物のようすはどのように変わりますか。正しいものを1つ選んで、(　　)に○をつけましょう。

ア(　　)春とくらべて、かれたり、葉を落としたりするものが多くなる。

イ(　　)春とくらべて、葉の色が変わったり、実がなったりするものが多くなる。

ウ(　　)春とくらべて、葉がしげったり、くきがのびたりするものが多くなる。

3 育てているツルレイシを2週間おきに観察して、記録しました。

1つ10点(30点)

ツルレイシ
6月5日午前10時
教室
晴れ 気温 22℃
高さは
3cmくらい

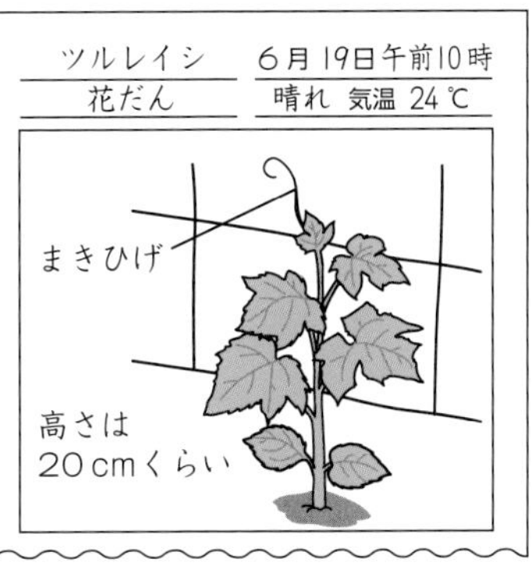

ツルレイシ
6月19日午前10時
花だん
晴れ 気温 24℃
まきひげ
高さは
20cmくらい

ツルレイシ
7月3日午前10時
花だん
晴れ 気温 26℃
高さは50cm
くらい

(1) 5月から7月にかけて、気温はどのように変わっていますか。

(　　　　　　　　　　)

(2) 気温が(1)のように変わるにつれて、ツルレイシの葉の数はどうなっていますか。

(　　　　　　　　　　)

(3) 気温が(1)のように変わるにつれて、ツルレイシの高さはどうなっていますか。

(　　　　　　　　　　)

ふりかえり ❶がわからないときは、22ページの❶にもどってかくにんしましょう。

★星の明るさや色

星の明るさや色

学習日　　月　　日

めあて
夏に見られる星の明るさや色をかくにんしよう。

教科書 58〜65ページ　答え 14ページ

次の(　　)に当てはまる言葉を書くか、当てはまるものを○でかこもう。

1 方位(ほうい)じしんの使い方をまとめよう。

教科書 222ページ

▶方位じしんのはりは、色がついているほうの先が(① 東 ・ 西 ・ 南 ・ 北)をさす。

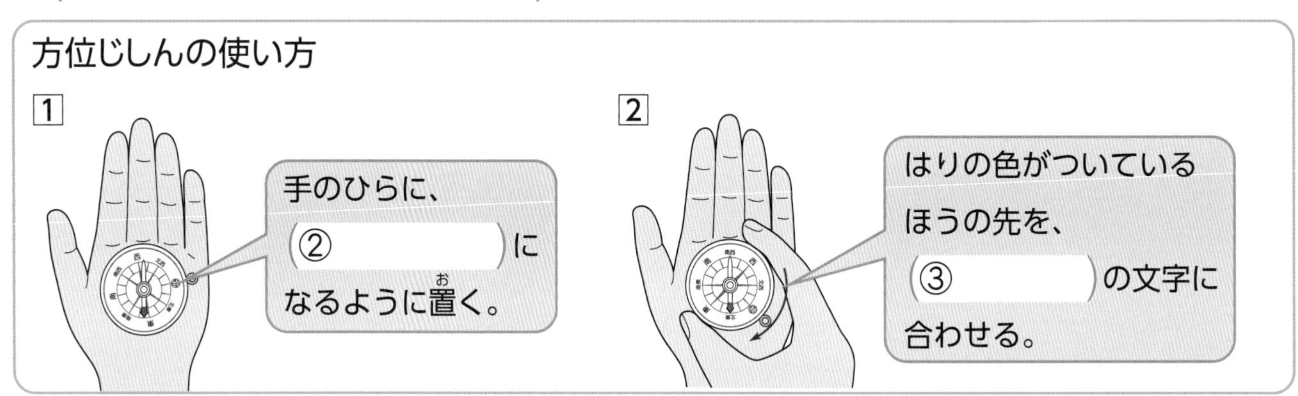

方位じしんの使い方
1
手のひらに、
(②　　　　)に
なるように置(お)く。
2
はりの色がついている
ほうの先を、
(③　　　)の文字に
合わせる。

2 星の明るさや色には、ちがいがあるのだろうか。

教科書 58〜63ページ

▶星の明るさには、ちがいが(① ある ・ ない)。

▶星の色には、ちがいが(② ある ・ ない)。

▶星は、(③ 明るい ・ 暗い)ものから順(じゅん)に、1等星、2等星、3等星…と分けられる。

▶ベガ、デネブ、アルタイルの3つの星を結(むす)んだ三角形を、(④　　　　　　)という。

ベガ、デネブ、アルタイル、アークトゥルスは、どれも1等星だよ。

ここが、だいじ！
①星には明るい星や暗い星があり、明るさにはちがいがある。
②星には白い星やオレンジ色の星があり、色にはちがいがある。

星の色は、表面の温度と関係(かんけい)があります。白い星や青い星は表面の温度が高く、1万℃をこえるものもあります。赤い星は表面の温度が最(もっと)も低(ひく)いですが、それでも約(やく)3000℃はあります。

★星の明るさや色

星の明るさや色

教科書 58〜65ページ 答え 14ページ

1 星が見える方位を調べます。

(1) 方位を調べるときに使う★を、何といいますか。

(　　　　　　)

(2) ★のはりは、色がついているほうの先がどの方位をさすようになっていますか。正しいものを1つ選んで、(　)に○をつけましょう。

ア(　)東
イ(　)西
ウ(　)南
エ(　)北

(3) 右のようになったとき、星が見える方位は、東・西・南・北のどれですか。(　　)

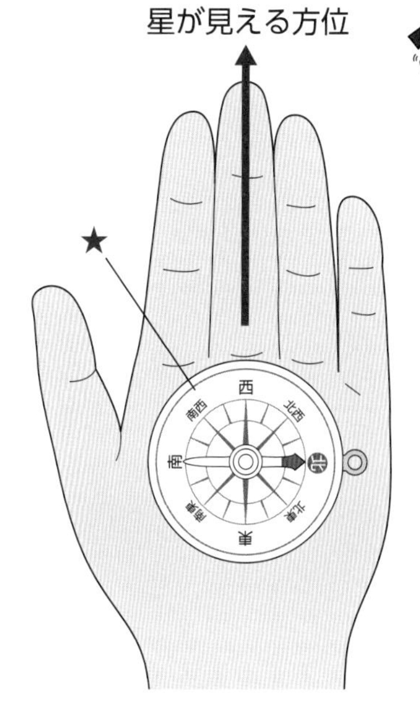

2 夏の夜に、星を観察しました。

(1) 星の明るさや色について、正しいものを2つ選んで、(　)に○をつけましょう。

ア(　)どの星も、明るさは同じである。
イ(　)星によって、明るさにちがいがある。
ウ(　)どの星も、色は同じである。
エ(　)星によって、色にちがいがある。

(2) ベガ、デネブ、アルタイルの3つの星を結んだ三角形を何といいますか。

(　　　　　　)

この本の終わりにある「夏のチャレンジテスト」をやってみよう！

学習日　月　日

★夏の終わり

夏の終わりの生物のようす

めあて
夏の終わりに見られる動物や植物のようすをかくにんしよう。

教科書　68～71ページ　答え　15ページ

次の(　)に当てはまる言葉を書くか、当てはまるものを○でかこもう。

1 夏の終わりになると、生物のようすはどのように変わるのだろうか。 教科書　68～71ページ

電線の上に集まっている。

たまごから、よう虫がかえる。

(①　　　　)がほかの虫を食べている。

水辺でじっとしている。

▶見られる動物の種類は、夏の始まりと(② 同じである ・ ちがっている)。

虫が食べたようなあながある葉が見られるが、葉の色はこいままである。

花がさいた後に(③　　　　)ができていて、中に(④　　　　)ができている。

▶春から夏の終わりにかけては、気温が(⑤ 上がって ・ 下がって)いく。

▶気温が上がっていく季節は、動物の活動は(⑥ 活発に ・ にぶく)なり、見られる動物の数は(⑦ ふえる ・ へる)。
また、見られる動物の種類は変化(⑧ する ・ しない)。

▶気温が上がっていく季節は、植物は(⑨　　　　)がふえたり、くきがのびたりして、全体が(⑩ 育つ ・ かれる)。
また、(⑪　　　　)がさいたり、(⑫　　　　)ができたりする植物もある。

ここがだいじ! ①春から夏にかけて気温が上がっていくと、動物の活動は活発になり、見られる数がふえる。植物は全体が育ち、花がさいたり実ができたりするものもある。

暑くなるにつれて、田畑で育てている作物がよく成長するようになります。その一方で、これらの作物を食べる動物の活動もさかんになるので、作物にひがいが出ることがあります。

学習日　　月　　日

★夏の終わり

夏の終わりの生物のようす

教科書 68〜71ページ　答え 15ページ

1 夏の終わりの動物のようすを調べました。

(1) 次の①、②の動物について、夏の終わりに見られるようすをそれぞれ選(えら)んで、(　　)に○をつけましょう。

①ツバメ

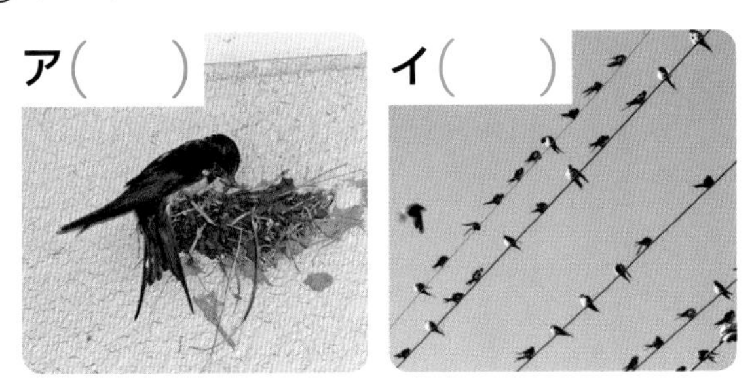

②オオカマキリ

(2) 春から夏の終わりにかけて、気温は上がっていきますか、下がっていきますか。

(　　　　　　　)

(3) 春から夏の終わりにかけて、動物のようすはどのように変(か)わっていきますか。正しいものを2つ選んで、(　　)に○をつけましょう。

ア(　　)活動がだんだん活発になっていく。

イ(　　)活動がだんだんにぶくなっていく。

ウ(　　)見られる数がだんだんふえていく。

エ(　　)見られる数がだんだんへっていく。

(4) 春と夏の終わりでは、見られる動物の種類(しゅるい)は同じですか、ちがいますか。

(　　　　　　　)

2 夏の終わりのツルレイシのようすを調べました。

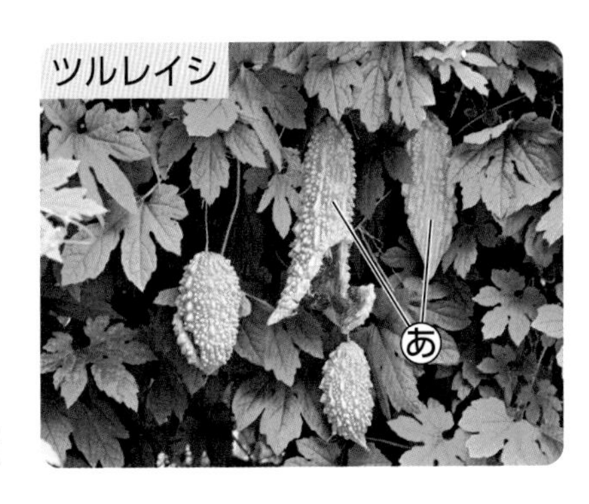

(1) 右のあは何ですか。　(　　　　　)

(2) あの中には、何が入っていますか。　(　　　　　)

(3) 春から夏の終わりにかけて、植物のようすはどのように変わっていきますか。正しいほうの(　　)に○をつけましょう。

ア(　　)葉を落として芽(め)を残(のこ)したり、かれてたねを残したりする。

イ(　　)葉がしげったり、くきがのびたりして、全体が育つ。

ヒント 2 (1)あは、ツルレイシの花がさいた後にできます。

3分でまとめ

学習日　　月　　日

5. 雨水のゆくえ

①流れる水のゆくえ
②土のつぶの大きさと水のしみこみ方

めあて
水が流れたり、しみこんだりするようすをかくにんしよう。

教科書 72～83ページ　答え 16ページ

次の（　）に当てはまる言葉を書くか、当てはまるものを〇でかこもう。

1 水は、どのような場所に流れていくのだろうか。

教科書 75～78ページ

地面のかたむきの調べ方

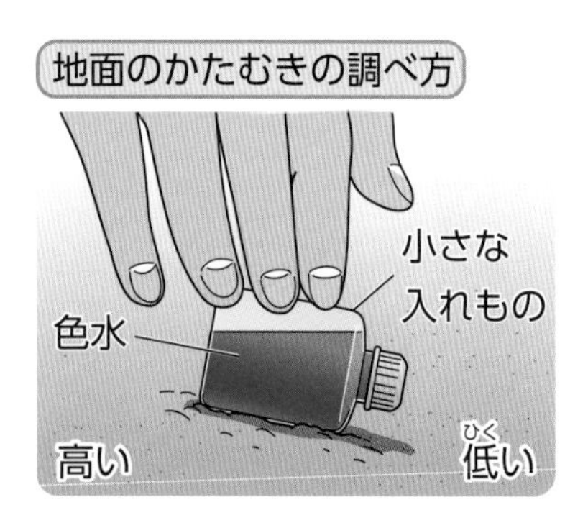

ラップフィルム
水
地面のかたむき
高い　低い
水たまり
水の流れ

▶ 水が流れる向きは、地面の
（①　　　　　）と関係がある。
▶ 水は、（②　高い　・　低い　）場所から
（③　高い　・　低い　）場所に流れていき、
やがて最も（④　高い　・　低い　）場所に
集まって、たまる。

水が高い場所から低い場所に流れるから、浴室などのはい水口は、低いところにつくられているんだね。

2 水は、土のつぶの大きさによって、しみこみ方がちがうのだろうか。

教科書 80～82ページ

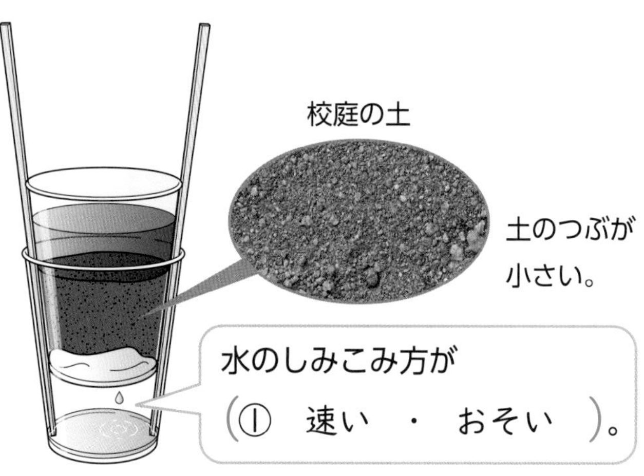

水のしみこみ方が
（①　速い　・　おそい　）。

水のしみこみ方が
（②　速い　・　おそい　）。

▶ 水のしみこみ方は、土のつぶの（③　色　・　重さ　・　大きさ　）と関係がある。
▶ 土のつぶが（④　大きい　・　小さい　）ほど、水が速くしみこむ。

ここがだいじ！
①水は、高い場所から低い場所に流れる。
②土のつぶが大きいほど、水が速くしみこむ。

水は低い場所へと流れてたまります。線路などの下をくぐる道路（アンダーパス）や地下道は、周りより低くなっているので、大雨のときは水がたまりやすく、きけんです。

5. 雨水のゆくえ

①流れる水のゆくえ

②土のつぶの大きさと水のしみこみ方

教科書 72〜83ページ　答え 16ページ

1 地面のかたむきと水が流れる向きの関係を調べます。

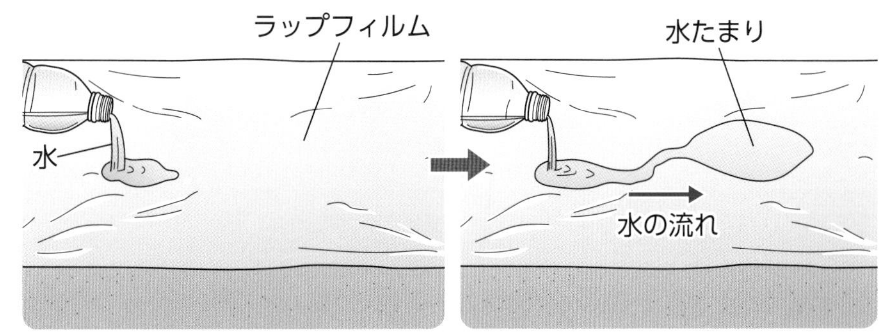

(1) 地面のかたむきを、上の図のようにして調べました。地面が高くなっているのは、あ、いのどちらですか。　(　　)

(2) 上の図のように、ラップフィルムの上から水を流すと、水たまりができました。水たまりができたところの地面の高さは、周りとくらべて高くなっていますか、低くなっていますか。　(　　)

(3) 地面のかたむきと水が流れる向きの関係についてまとめます。(　)に当てはまる言葉を書きましょう。

- 水は、地面の高さが(①　　)場所から(②　　)場所に流れ、高さが最も(③　　)場所に集まる。

2 図のようなそうちを作って、同じ量の水を同時に入れ、土のつぶの大きさと水のしみこみ方の関係を調べました。

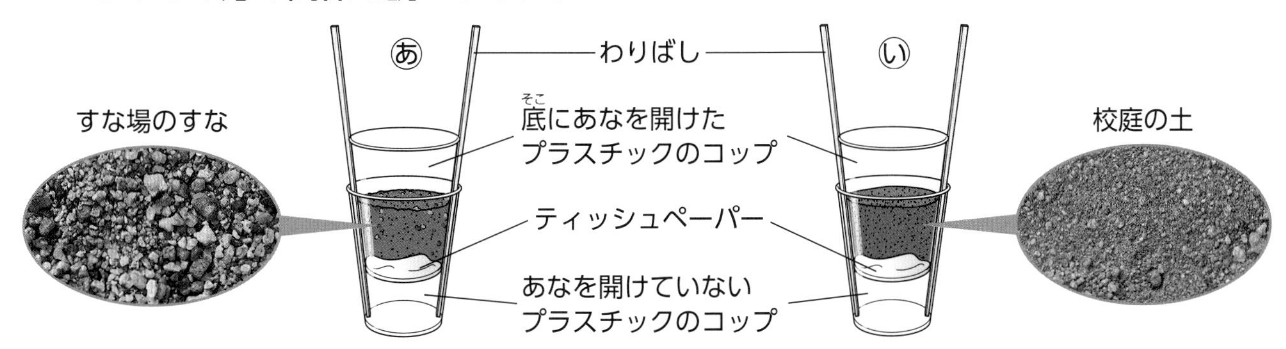

(1) すな場のすなと校庭の土では、どちらのほうがつぶが大きいですか。　(　　)

(2) 水が速くしみこむのは、あ、いのどちらですか。　(　　)

(3) 土のつぶの大きさと水のしみこみ方の関係についてまとめます。(　)に当てはまる言葉を書きましょう。

- 土のつぶが大きいほど、水がしみこむ速さが(　　)。

ぴったり1
じゅんび
3分でまとめ

学習日　　月　　日

5. 雨水のゆくえ

③空気中に出ていく水
④空気中の水

めあて
水がじょう発したり、水じょう気が結ろしたりするようすをかくにんしよう。

教科書 84～91ページ　答え 17ページ

次の(　)に当てはまる言葉を書くか、当てはまるものを○でかこもう。

1 水は、空気中に出ていくのだろうか。

教科書 84～87ページ

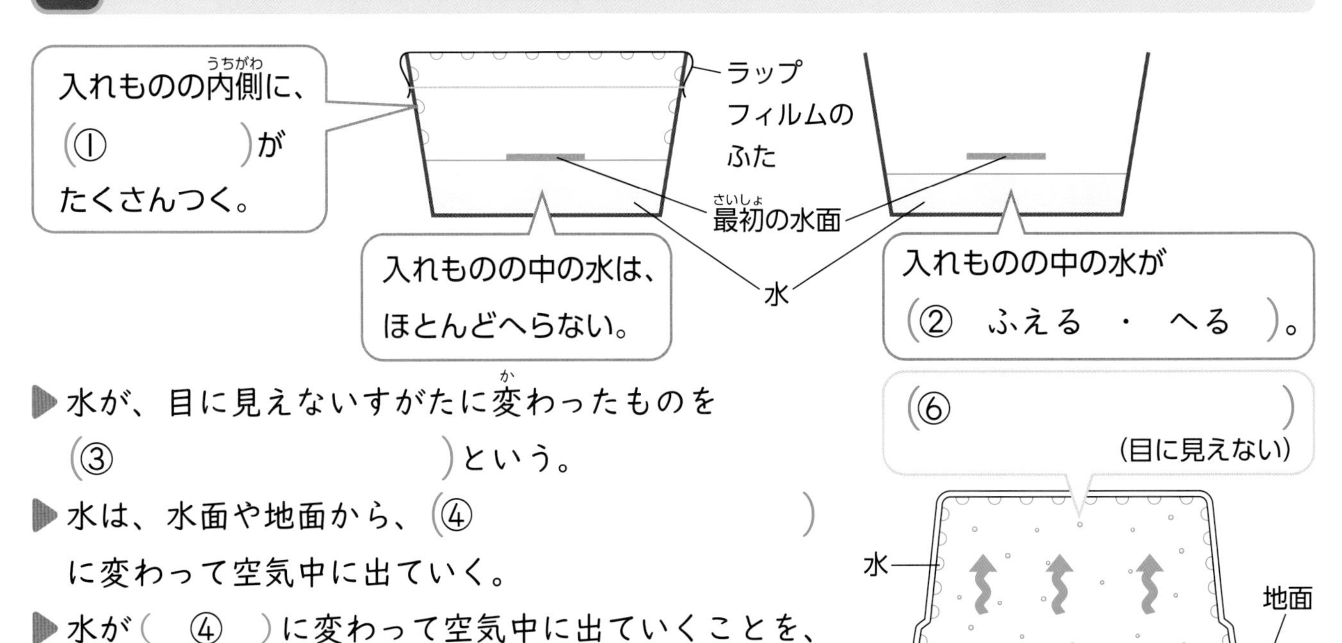
入れものの内側に、
(①　　　)が
たくさんつく。
ラップフィルムのふた
最初の水面
入れものの中の水は、
ほとんどへらない。
水
入れものの中の水が
(②　ふえる　・　へる　)。
(⑥　　　)
(目に見えない)
水
地面

▶水が、目に見えないすがたに変わったものを(③　　　　)という。

▶水は、水面や地面から、(④　　　　)に変わって空気中に出ていく。

▶水が(　④　)に変わって空気中に出ていくことを、(⑤　　　　)という。

2 空気中には、水じょう気がふくまれているのだろうか。

教科書 88～90ページ

コップの
(①　内側　・　外側　)に
(②　　　)がつく。

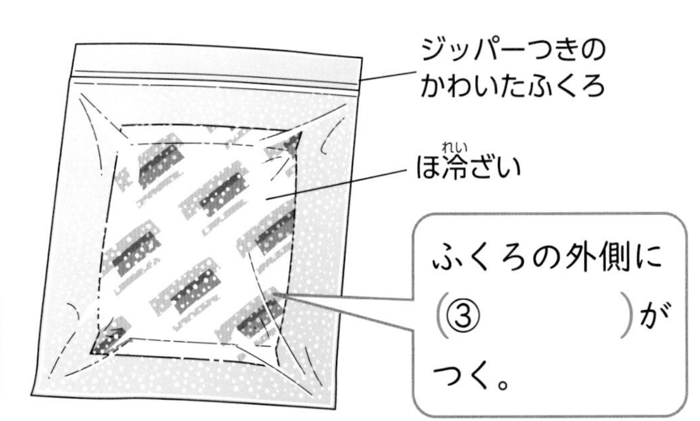
ジッパーつきのかわいたふくろ
ほ冷ざい
ふくろの外側に
(③　　　)が
つく。

▶空気中には、水じょう気がふくまれて(④　いる　・　いない　)。

▶空気中の水じょう気は、冷たいものにふれると、表面で(⑤　　　)になる。これを、(⑥　　　)という。

ここがだいじ!
①水は、水面や地面からじょう発し、水じょう気となって空気中に出ていく。
②空気中の水じょう気は、冷たいものにふれると結ろして、水に変わる。

ぴたトリビア

寒い日に、部屋のまどガラスの内側がくもったり、水てきがついたりすることがあります。これは、部屋の空気にふくまれている水じょう気がまどガラスで冷やされ、結ろしたものです。

5. 雨水のゆくえ

③空気中に出ていく水
④空気中の水

教科書 84～91ページ　答え 17ページ

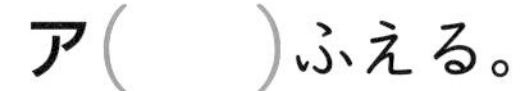

1 **入れものに水を入れて、ふたをしないで、日光が当たる場所に3日間置きました。**

水

(1) 入れものの中の水はどうなりますか。正しいものを1つ選んで、(　)に○をつけましょう。

ア(　)ふえる。
イ(　)へる。
ウ(　)変わらない。

(2) (1)のようになったのは、水が何に変わって空気中に出ていったからですか。
(　　　　)

(3) 水が(2)に変わって空気中に出ていくことを何といいますか。
(　　　　)

(4) この実験を、入れものにラップフィルムでふたをして行うと、どうなりますか。正しいものを1つ選んで、(　)に○をつけましょう。

ア(　)水はへり、ふたの内側に水がつく。
イ(　)水はへり、ふたの外側に水がつく。
ウ(　)水はほとんどへらず、ふたの内側に水がつく。
エ(　)水はほとんどへらず、ふたの外側に水がつく。

2 **ジッパーつきのかわいたふくろの中に、ほ冷ざいを入れ、教室にしばらく置いておくと、ふくろの外側に水がつきました。**

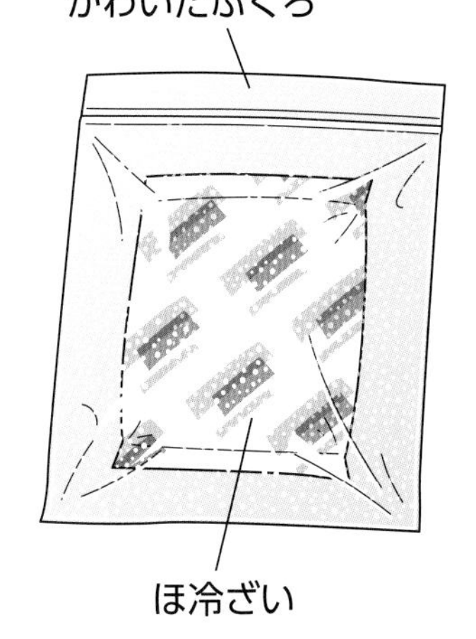

(1) ふくろの外側に水がついたことから、空気中には何がふくまれていることがわかりますか。(　　　　)

(2) (1)が冷たいものにふれて冷やされるなどして、水に変わることを何といいますか。(　　　　)

(3) この実験を、ほかの場所でも行うと、どうなりますか。ふくろの外側に水がつく場所には○、つかない場所には×を、(　)につけましょう。

①(　)階だん
②(　)ろうか
③(　)校庭

5. 雨水のゆくえ

教科書 72～93ページ　答え 18ページ

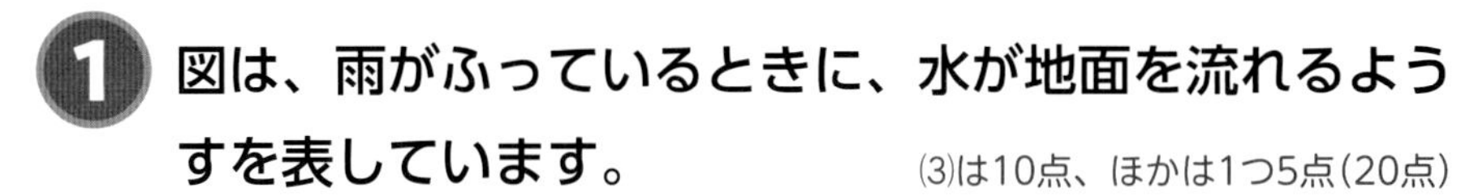

1 図は、雨がふっているときに、水が地面を流れるようすを表しています。　⑶は10点、ほかは1つ5点(20点)

水が流れる向き　あ　い

⑴ 水は、地面をどのように流れますか。正しいものを１つ選んで、(　)に○をつけましょう。

ア(　　)高い場所から、低い場所に流れる。
イ(　　)低い場所から、高い場所に流れる。
ウ(　　)地面の高さに関係なく流れる。

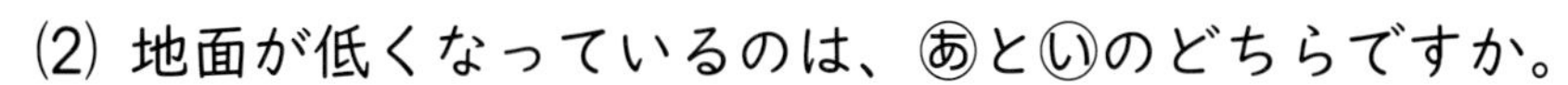

⑵ 地面が低くなっているのは、あといのどちらですか。

(　　　)

⑶ 水が流れていく先には、はい水口がありました。はい水口は、どのような場所に作られていますか。正しいものを１つ選んで、(　)に○をつけましょう。

ア(　　)周りと地面の高さが同じ場所。
イ(　　)周りより地面が高い場所。
ウ(　　)周りより地面が低い場所。

よく出る

2 図のようなそうちを３つつくり、別の種類の土を入れました。同じ量の水を同時に注いだところ、水のしみこみ方は表のようになりました。　思考・表現　1つ10点、⑴は全部できて10点(20点)

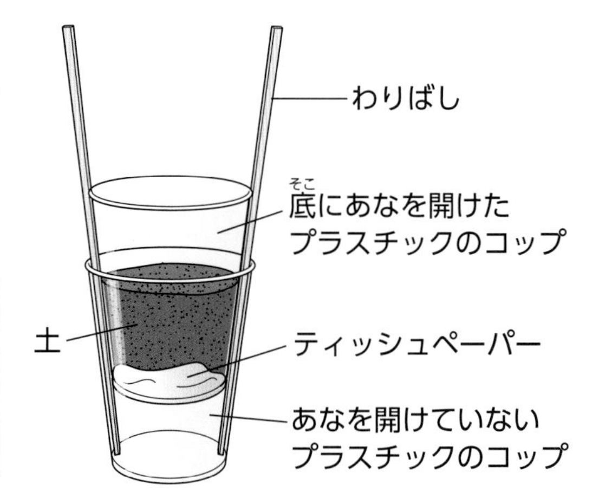

土の種類	あ	い	う
水のしみこみ	速い	おそい	あよりおそく、いより速い

⑴ あ～うを、土のつぶが大きいものから順に書きましょう。

(　　　)→(　　　)→(　　　)

⑵ 記述 右の写真は、雨上がりの学校のようすを表しています。校庭には水たまりができて、すな場には水たまりができなかったのは、なぜだと考えられますか。「つぶの大きさ」という言葉を使って説明しましょう。

(　　　　　　　　　　　　　　　　)

よく出る

3 同じ量の水を入れたあといの入れものを、日光が当たる場所に3日間置きました。

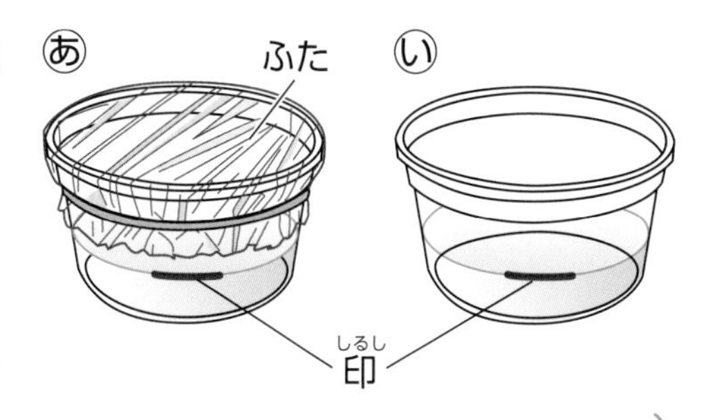

(1)は10点、ほかは1つ5点(20点)

(1) 記述 入れものに印をつけたのはなぜですか。　技能

(　　　　　　　　　　)

(2) あのふたの内側はどうなりましたか。　(　　　　　)

(3) 水の量の変わり方が大きかったのは、あといのどちらですか。　(　　　)

4 氷水が入ったコップを部屋の中に置いておくと、コップの外側に水がつきました。

1つ10点(20点)

(1) コップの外側に水がついたのはなぜですか。正しいものを１つ選んで、(　)に○をつけましょう。

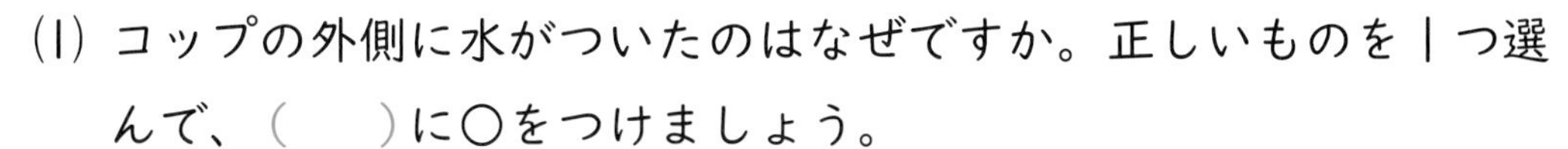

ア(　　)氷がとけて、水があふれたから。

イ(　　)コップの中の水が、しみ出したから。

ウ(　　)空気中の水じょう気が冷やされて、水になったから。

(2) (1)のようにして、冷たいものの表面に水がつくことを何といいますか。

(　　　　)

できたらスゴイ！

5 わたしたちの生活と水じょう気の関わりについて考えます。

思考・表現

1つ10点(20点)

(1) 記述 晴れた日に、しめっているせんたくものを外にほすと、よくかわきます。せんたくものがかわく理由を、「水じょう気」という言葉を使って説明しましょう。

(　　　　　　　　　　)

(2) 記述 寒い日に外から帰ってきてあたたかい部屋に入ると、めがねのレンズが白くくもることがあります。レンズが白くくもる理由を、「水じょう気」という言葉を使って説明しましょう。

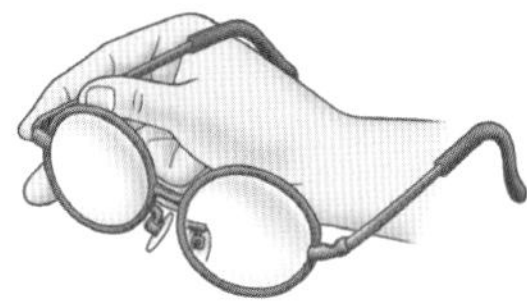

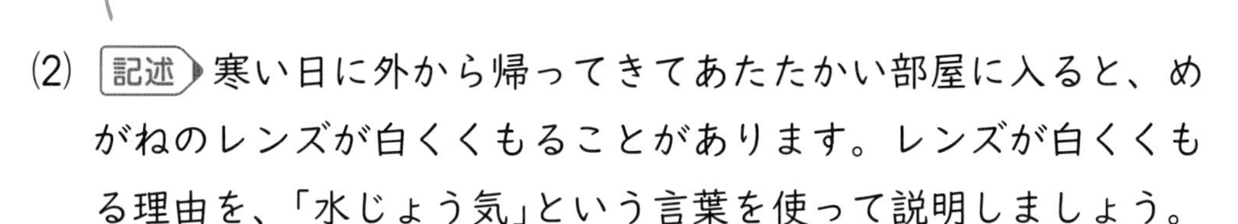

(　　　　　　　　　　)

2がわからないときは、30ページの2にもどってかくにんしましょう。
5がわからないときは、32ページの1 2にもどってかくにんしましょう。

ぴったり1 じゅんび

3分でまとめ

6. 月と星の位置の変化

①月の位置の変化

学習日　月　日

めあて
時間とともに、月の位置が変化するよううすをかくにんしよう。

教科書 94～102ページ　答え 19ページ

次の(　　)に当てはまる言葉を書くか、当てはまるものを○でかこもう。

1 半月の位置は、時間がたつとどのように変わるのだろうか。 教科書 94～98ページ

▶月の位置の変化と時間を関係づけて調べるときは、いつも(① 同じ ・ ちがう)場所で月を観察する。

▶東の空に見える半月は、時間がたつと、(② 北 ・ 南)のほうに位置が変わり、見える高さが(③ 高く ・ 低く)なる。

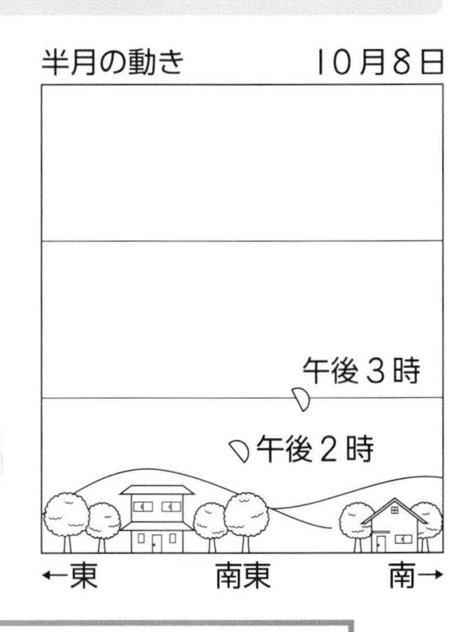

午後6時と午後7時にも観察すると、半月は南から南西のほうに動き、月の高さが少し低くなっていたよ。

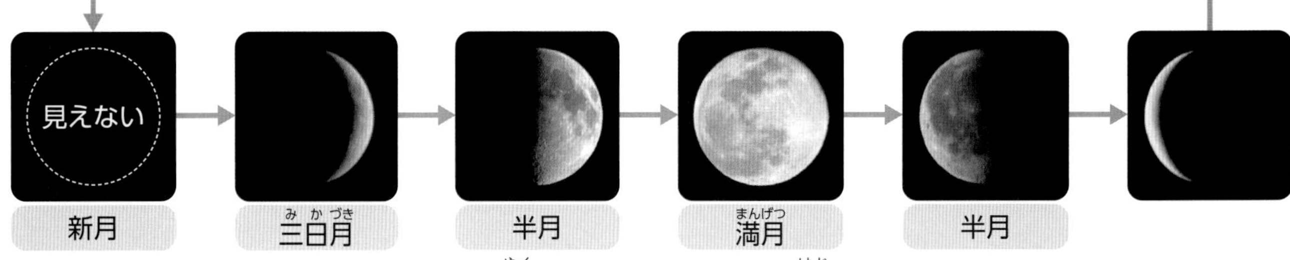

新月　三日月　半月　満月　半月

▶月の形は毎日少しずつ変わり、約(④　　　　)日で初めの形にもどる。

2 月の位置は、時間がたつとどのように変わるのだろうか。 教科書 99～102ページ

▶満月の位置は、時間がたつと、(① 東 ・ 西)のほうから(② 北 ・ 南)の空の高いところを通って、(③ 東 ・ 西)のほうに変わる。

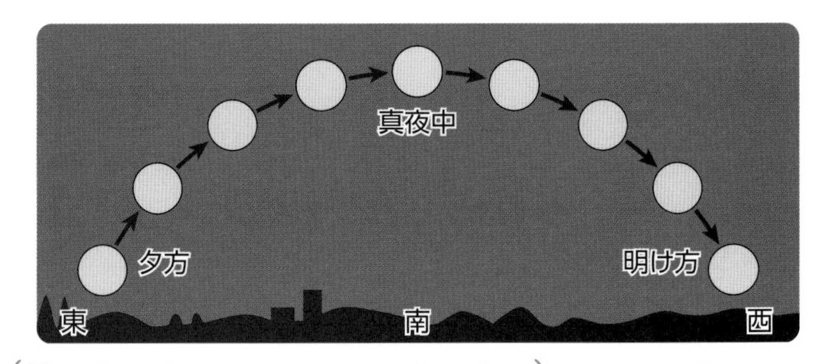

▶どんな形の月も、時間がたつと(④ 東→南→西 ・ 西→南→東)と位置が変わる。

ここが、だいじ!
①月は、日によって見える形が変わる。
②月の位置は、時間がたつと、東のほうから南の空を通って、西のほうに変わる。

ぴたトリビア
昔のこよみで8月15日(今のこよみでは9月の初めから10月の初め)の夜に見られる満月は、「中秋の名月」とよばれます。「月見」は中秋の名月を楽しむ行事です。

6. 月と星の位置の変化

①月の位置の変化

教科書 94～102ページ　答え 19ページ

1 月の位置が、時間とともにどのように変わるか調べました。

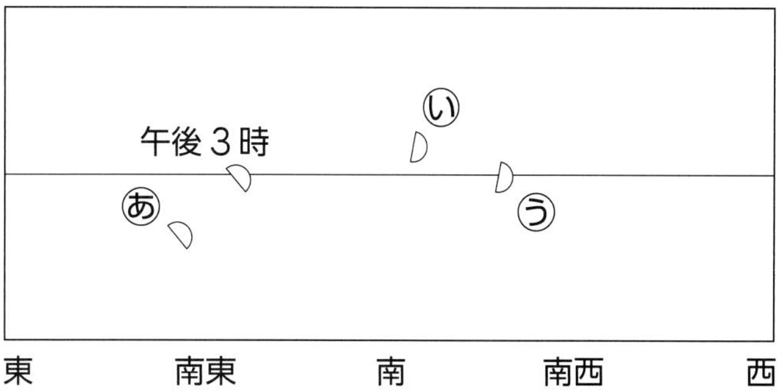

(1) 図のような形に見える月を何といいますか。　（　　　）

(2) あ～うを観察した時こくを、　　からそれぞれ選びましょう。

午後２時　　午後６時　　午後７時

あ（　　　）　い（　　　）　う（　　　）

(3) (1)の月の位置が変わるようすをまとめます。（　）に当てはまる方位を、東・西・南・北から選んで書きましょう。

●(1)の月が見える位置は、（①　　）のほうから、（②　　）の空を通って、（③　　）のほうに変わる。

(4) １週間後に月を観察すると、見える形は図と同じですか、ちがいますか。

（　　　）

2 午後７時と午後８時に、月を観察しました。

(1) 図のような形に見える月を何といいますか。

（　　　）

(2) 月が見える位置について、正しいほうの（　）に○をつけましょう。

ア（　）１日の中では、位置が変わらない。

イ（　）１日の中でも、時こくによって位置が変わる。

(3) 午後７時に観察したときの月の位置は、あ、いのどちらですか。　（　）

(4) この後も１時間ごとに月の位置を調べると、どうなりますか。正しいほうの（　）に○をつけましょう。

ア（　）東の空を通って、北のほうに変わる。

イ（　）南の空を通って、西のほうに変わる。

ヒント **2** 月の形がちがっていても、位置の変化のしかたは同じです。

6. 月と星の位置の変化

②星の位置の変化1

学習日　　月　　日

めあて
星ざ早見の使い方をかくにんしよう。

教科書 103〜105ページ　答え 20ページ

次の(　　)に当てはまる言葉を書こう。

1 星(せい)ざのさがし方をまとめよう。

教科書 103〜105ページ

▶星をいくつかのまとまりに分けて名前をつけたものを、(①　　　　)という。

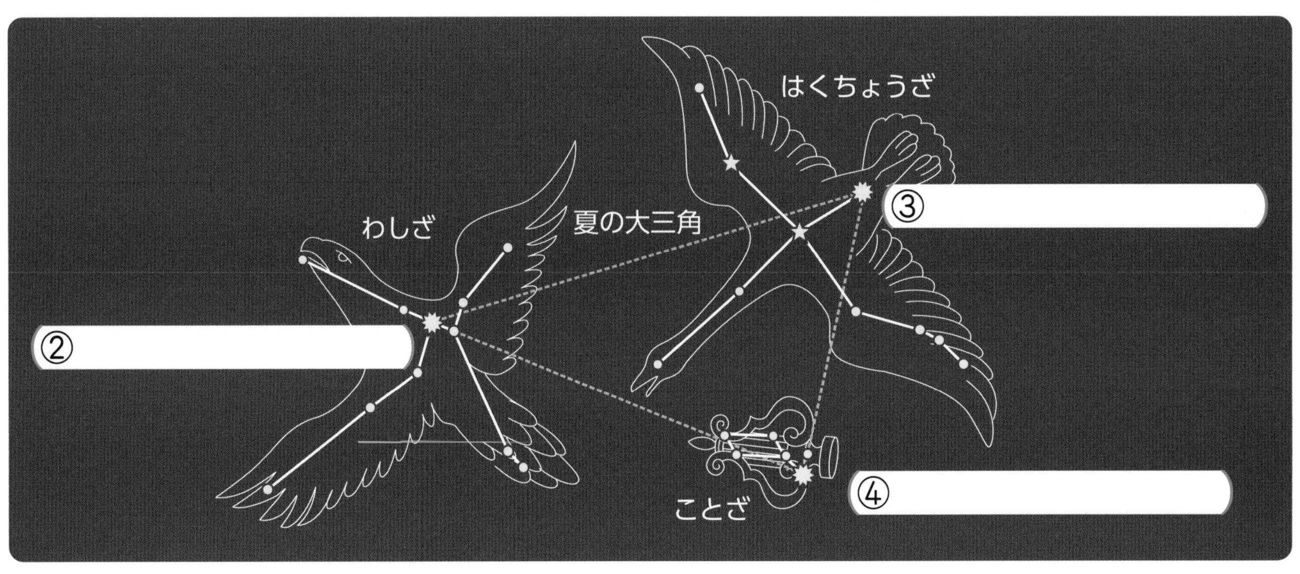

▶(⑤　　　　ざ)のベガ、(⑥　　　　ざ)のデネブ、(⑦　　　　ざ)のアルタイルの3つの星を結(むす)んだ三角形を、夏の大三角という。

星ざ早見の使い方

調べる日の(⑧　　　　)と時(じ)こく板の時こくを合わせ、調べる星の位置(いち)を知る。

(⑨　　　　)を使って方位(ほうい)を調べ、星が見える方位に向かって立つ。

調べる方位の文字が(⑩　　　　)になるように持ち、星をさがす。

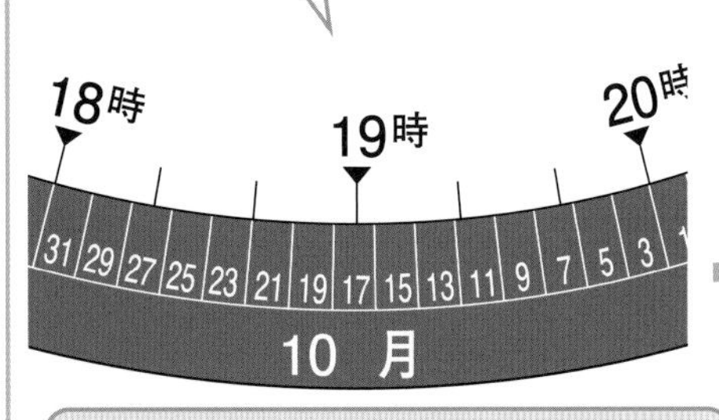

10月17日の午後7時(19時)の場合

西の空の星を見る場合

色がついている先を「北」の文字に合わせる。

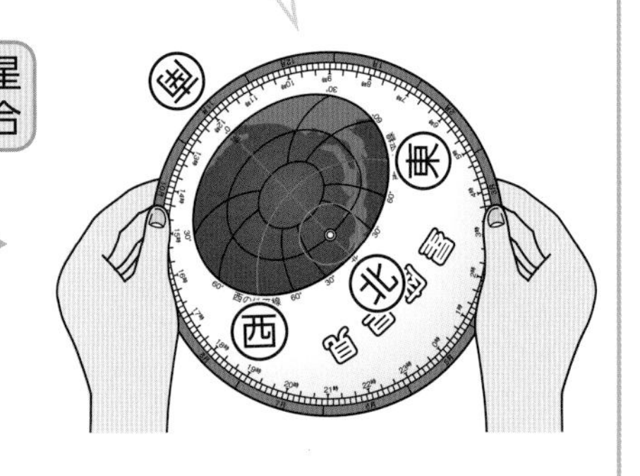

ここが だいじ!
①星をいくつかのまとまりに分けて名前をつけたものを、星ざという。
②星ざ早見は、調べる日の月日と時こくを合わせ、調べたい方位を下にして持つ。

星ざは全部で88こあり、季節(きせつ)によって見られる星ざがちがいます。日本からはまったく見ることができない星ざもあります。

6. 月と星の位置の変化

②星の位置の変化1

教科書 103～105ページ　答え 20ページ

1 夜空の星を観察します。

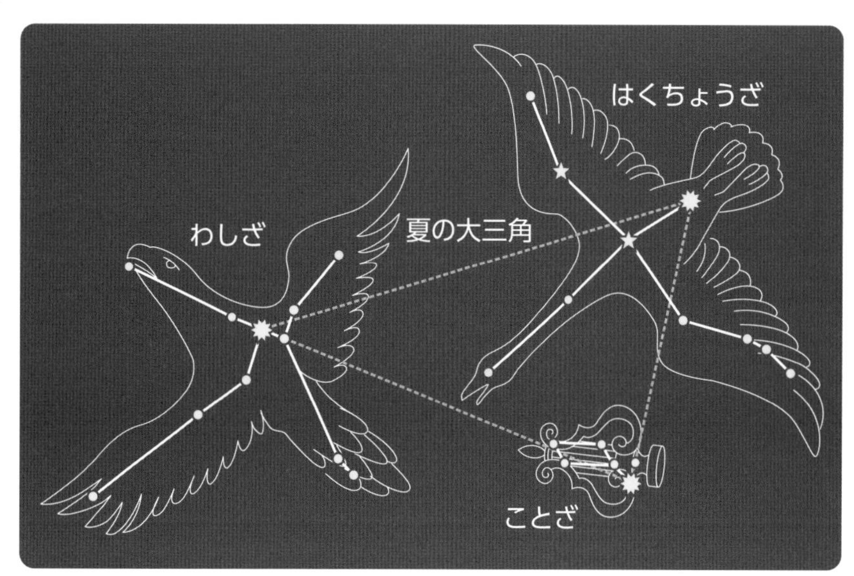

(1) わしざ、はくちょうざ、ことざのように、星をいくつかのまとまりに分けて名前をつけたものを、何といいますか。

（　　　）

(2) わしざ、はくちょうざ、ことざにふくまれる１等星を、それぞれ［　］から選んで書きましょう。

アークトゥルス　　アルタイル　　デネブ　　ベガ

わしざ（　　　）
はくちょうざ（　　　）
ことざ（　　　）

2 夜空の星を見つけます。

あ

(1) 星を見つけるときに使うあを何といいますか。

（　　　）

(2) 10月7日午後9時(21時)に見える星のようすを知りたいとき、あの時こく板をどのように合わせればよいですか。正しいものを１つ選んで、（　）に○をつけましょう。

ア（　）

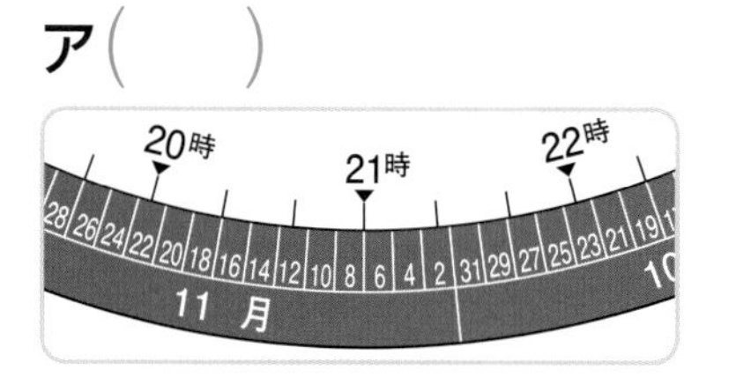

イ（　）

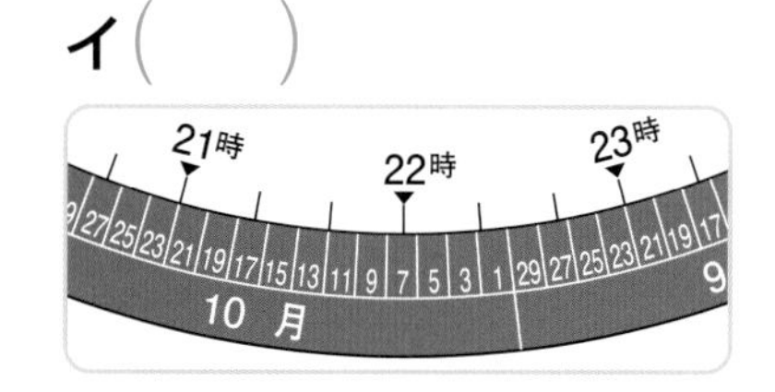

ウ（　）

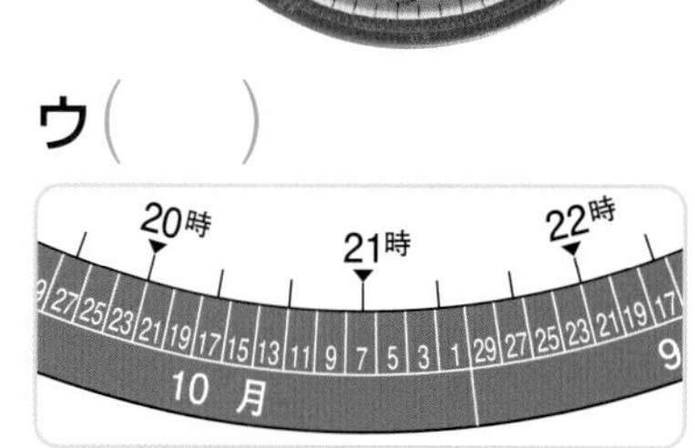

(3) 東の空の星を見つけたいとき、あをどのように持てばよいですか。（　）の中の正しいほうを○でかこみましょう。

●「東」の文字が（ 上 ・ 下 ）にくるようにして持つ。

6. 月と星の位置の変化

②星の位置の変化2

学習日　　月　　日

めあて
時間とともに、星の位置が変化するようすをかくにんしよう。

教科書 105〜107ページ　答え 21ページ

 次の(　　)に当てはまるものを○でかこもう。

1 星のようすは、時間がたつとどのように変わるのだろうか。 教科書 105〜107ページ

- 時間がたつと、はくちょうざの位置は、(① 変わる ・ 変わらない)。
- 時間がたつと、はくちょうざの星のならび方は、(② 変わる ・ 変わらない)。
- 時間がたつと、星の(③ 位置 ・ ならび方)は変わるが、星の(④ 位置 ・ ならび方)は変わらない。

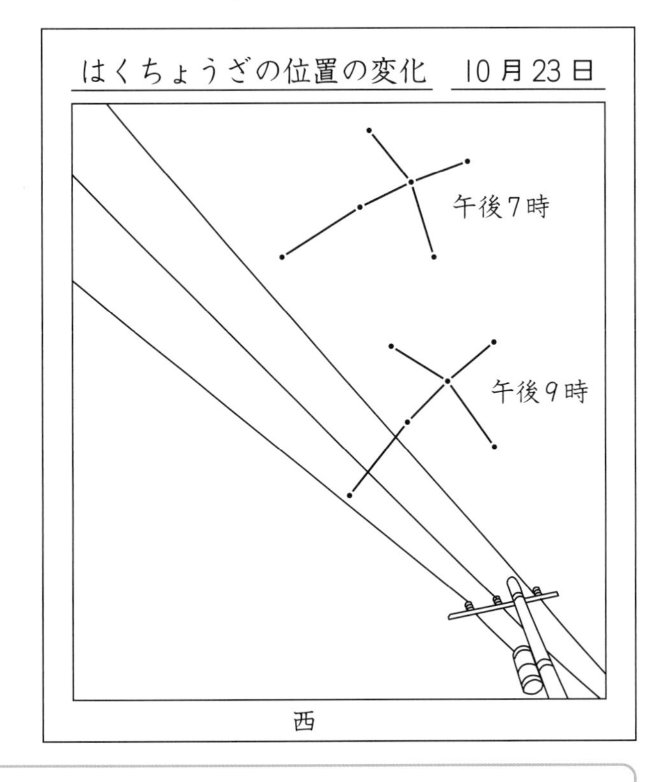

ほかの星ざでも、同じだよ。

それぞれの方位の星の位置の変わり方

- 東の空の星は、南の空の高いところへと位置が変わる。さらに、西の空へと位置が変わり、しずんでいくように見える。
- 北の空の星は、北極星を中心に、時計のはりと反対向きに回っているように、位置が変わる。

これらの写真は、星の動きがわかるように、特別なとり方をしたものだよ。

東

南

西

北

ここがだいじ!
①時間がたつと、星の位置は変わるが、星のならび方は変わらない。

古くからある星ざには、ギリシャ神話をもとにしたものが多くあります。はくちょうざも、ギリシャ神話がもとになっています。

6. 月と星の位置の変化

②星の位置の変化２

教科書 105～107ページ 答え 21ページ

1 時間がたつと、西の空に見えるはくちょうざのようすが、どのように変わるか調べます。

(1) 方位じしんを使って、西の方位を調べます。親指以外の指先が西を向いているものを１つ選んで、（　）に○をつけましょう。

ア（　）　イ（　）　ウ（　）　エ（　）

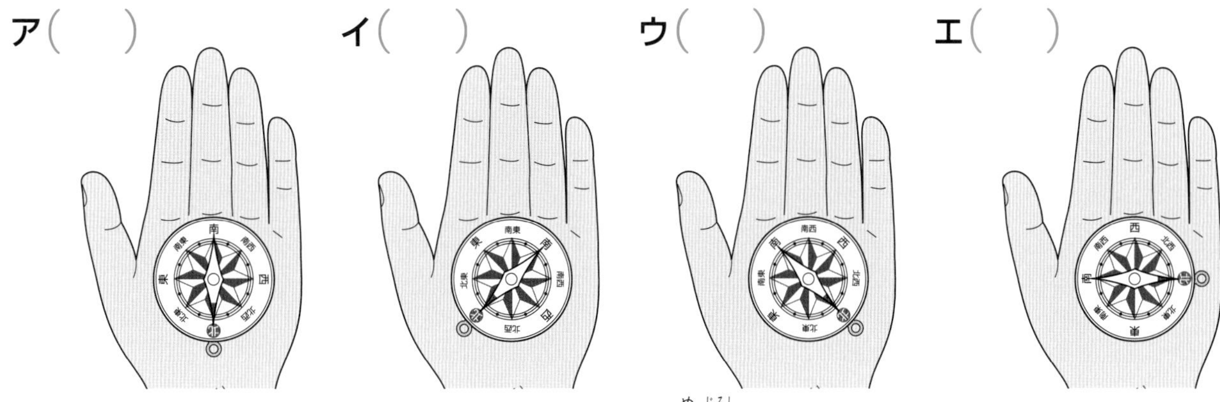

(2) はくちょうざをさがすときは、夏の大三角を目印にします。夏の大三角にふくまれる星ざを２つ選んで、（　）に○をつけましょう。

ア（　）うしかいざ　イ（　）ことざ
ウ（　）さそりざ　エ（　）わしざ

(3) 午後７時と午後９時にはくちょうざを観察して、右のように記録しました。

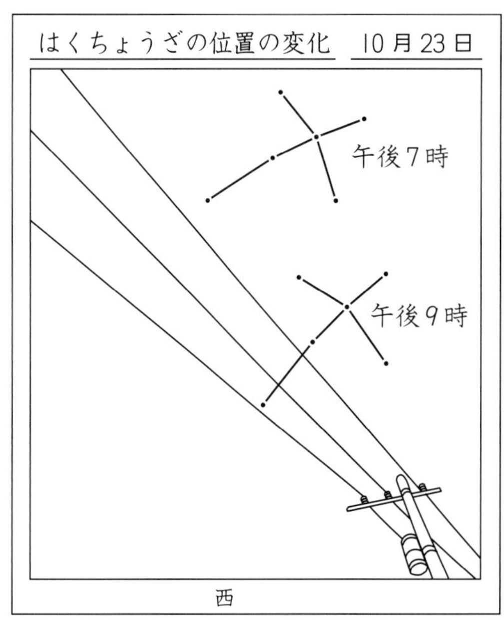

① はくちょうざの位置は、時間がたつと変わりますか、変わりませんか。
（　　　　）

② はくちょうざをつくる星のならび方は、時間がたつと変わりますか、変わりませんか。
（　　　　）

(4) 星の位置やならび方について、正しく説明しているものを１つ選んで、（　）に○をつけましょう。

ア（　）時間がたつと、星の位置もならび方も変わる。
イ（　）時間がたつと、星の位置は変わるが、ならび方は変わらない。
ウ（　）時間がたつと、星の位置は変わらないが、ならび方は変わる。
エ（　）時間がたっても、星の位置もならび方も変わらない。

6. 月と星の位置の変化

教科書 94〜109ページ　答え 22ページ

よく出る

1 ある日の午後6時に、半月の位置を調べて記録しました。

1つ5点(20点)

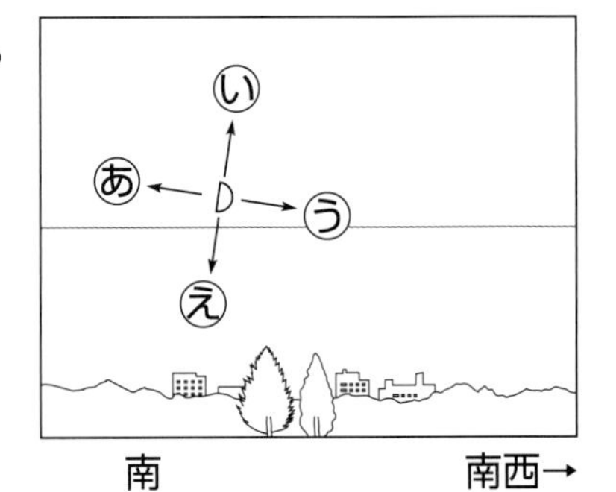

(1) 記録用紙に電線や建物をいっしょにかくのはなぜですか。正しいものを1つ選んで、(　　)に○をつけましょう。 技能

ア(　　)月の位置や動きがわかりやすくなるから。
イ(　　)月の形がわかりやすくなるから。
ウ(　　)月の明るさがわかりやすくなるから。

(2) 午後7時にも観察して、半月の動きを調べます。観察する場所として正しいほうの(　　)に○をつけましょう。 技能

ア(　　)午後6時と同じ場所
イ(　　)午後6時とはちがう場所

(3) 午後7時に観察すると、半月は図のあ〜えのどの向きに動いていますか。

(　　)

(4) 次に同じ形の半月が見られるのは何日後ですか。正しいものを1つ選んで、(　　)に○をつけましょう。

ア(　　)約7日後
イ(　　)約15日後
ウ(　　)約30日後

2 星ざ早見を使って、西の空の星を見つけます。

技能 1つ5点(10点)

あ

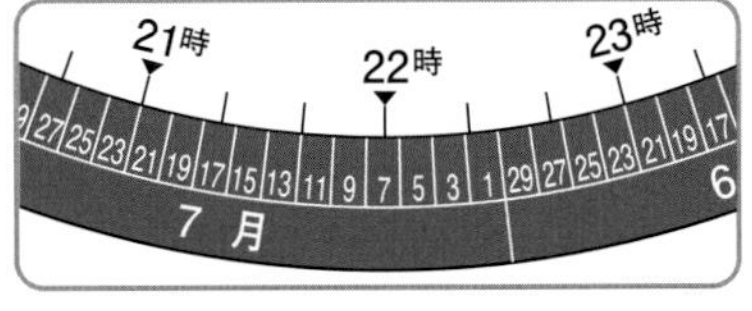

(1) あは、7月7日の何時の星のようすを調べようとしていますか。

(　　　　　)

(2) 星ざ早見は、どのように持ち上げればよいですか。正しいものを1つ選んで、(　　)に○をつけましょう。

ア(　　)　イ(　　)　ウ(　　)　エ(　　)

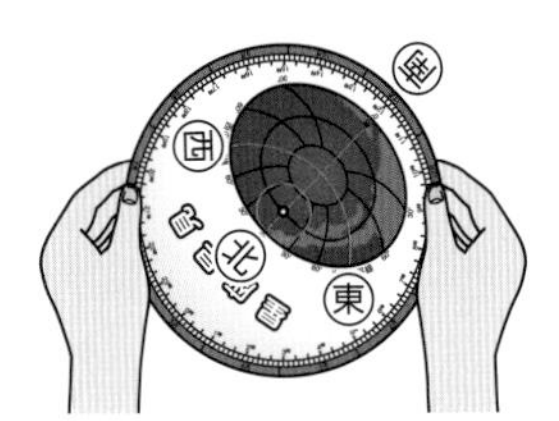

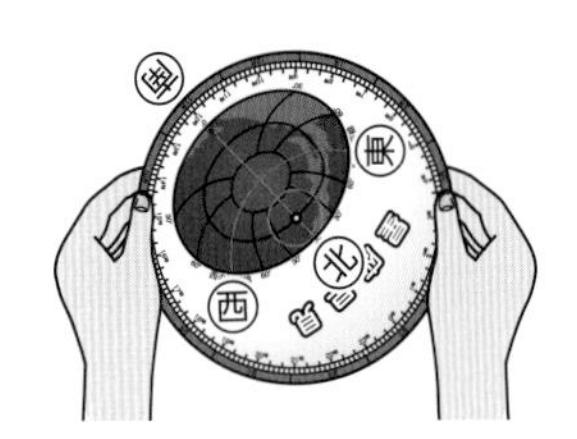

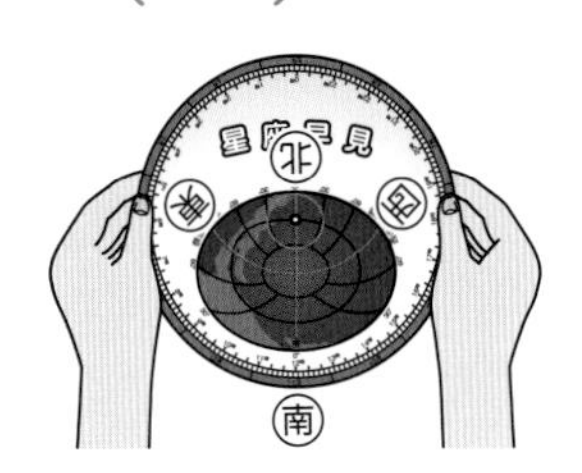

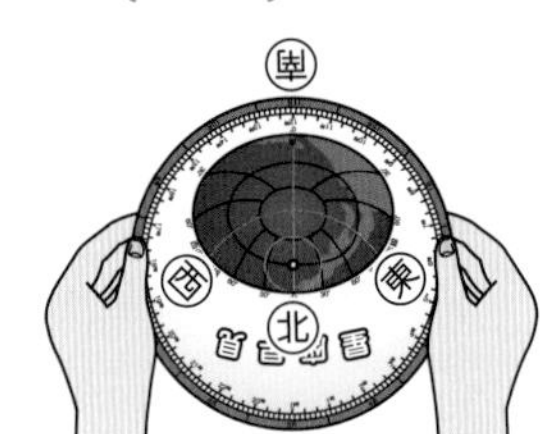

よく出る

3 図1は、ある日の午後7時に見えた夏の大三角のようすを表しています。

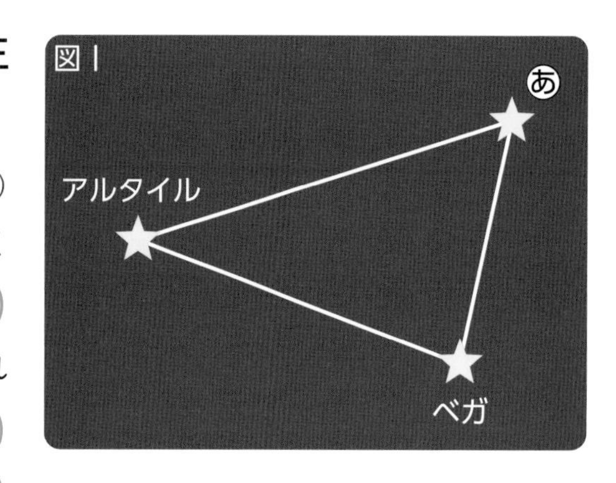

⑷は10点、ほかは1つ5点(45点)

(1) はくちょうざにふくまれるあの星を何といいますか。　(　　　　　)

(2) ベガとアルタイルは、何という星ざにふくまれる星ですか。　ベガ(　　　　　)
アルタイル(　　　　　)

(3) 午後8時にも観察したとき、午後7時と同じに見えるものには○、ちがって見えるものには×を、(　　)につけましょう。

①(　　)星の明るさ
②(　　)星の位置
③(　　)星の色
④(　　)星のならび方

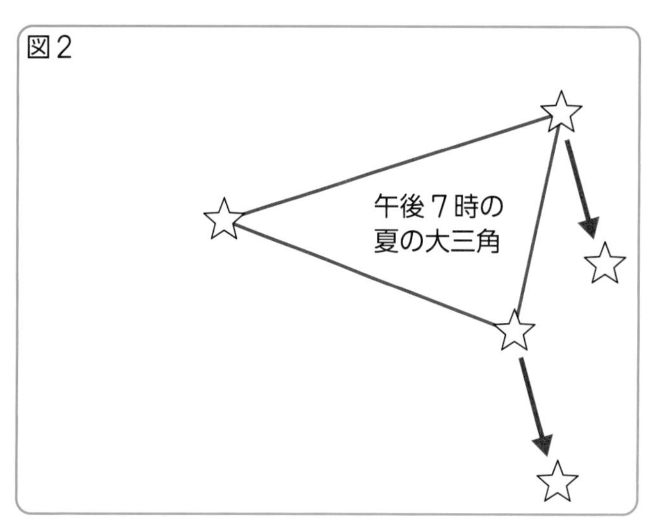

(4) 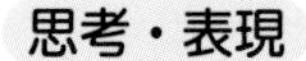 作図 午後9時にも観察すると、あの星とベガは、図2のように動いて見えました。午後9時のアルタイルの位置を、図2にかき入れましょう。

思考・表現

できたらスゴイ！

4 満月を午後8時から2時間ごとに観察し、位置の変化を調べました。

⑶は全部できて10点、ほかは1つ5点(25点)

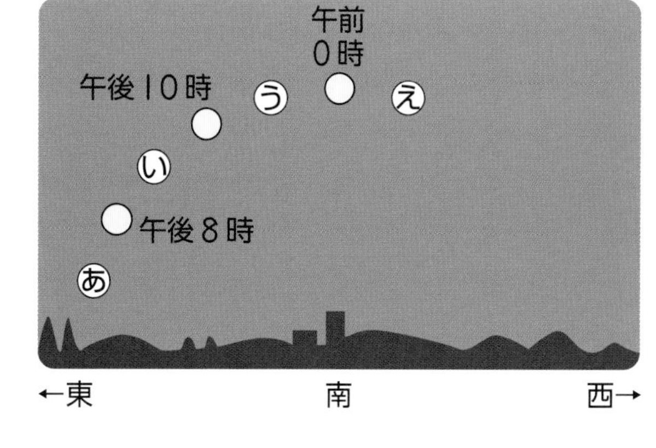

(1) 満月の高さが最も高くなるのは、満月が東・西・南・北のどの方位にあるときですか。　(　　　)

(2) 次の①、②の時こくの満月の位置として最もよいものを、図のあ～えから選びましょう。　思考・表現

① 午後9時　(　　　)
② 午前1時　(　　　)

(3) 満月と同じ位置の変化をするものをすべて選んで、(　　)に○をつけましょう。

ア(　　)太陽　　イ(　　)三日月　　ウ(　　)半月

ふりかえり
3がわからないときは、40ページの1にもどってかくにんしましょう。
4がわからないときは、36ページの2にもどってかくにんしましょう。

3分でまとめ

7. わたしたちの体と運動

①うでが動くしくみ

学習日　　月　　日

めあて
うでのほねやきん肉のつくりやはたらきをかくにんしよう。

教科書 110〜119ページ　答え 23ページ

次の(　　)に当てはまる言葉を書くか、当てはまるものを○でかこもう。

1 うでのほねのつくりや動きは、どうなっているのだろうか。

教科書 110〜114ページ

- うでの中にある、やわらかく、力を入れるとかたくなる部分を(① 　　　　)という。
- うでの中にある、かたいぼうのような部分を(② 　　　　)という。
- うでのほねは、うでの中全体にあり、ひじのところのほねのつなぎ目で、曲がるように動く。
- ほねとほねのつなぎ目で、体が曲がるところを(③ 　　　　)という。

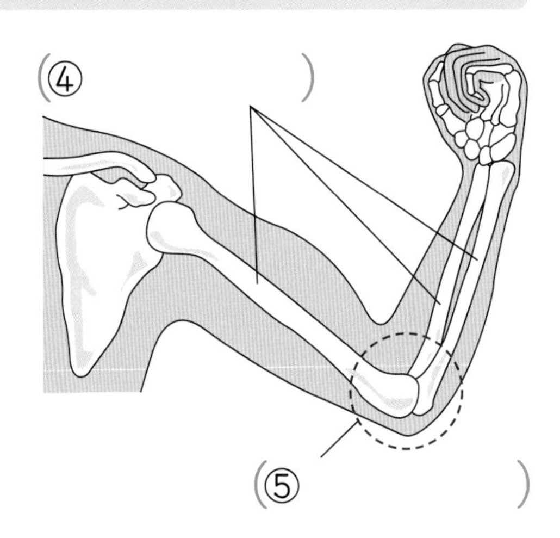

2 うでは、どのようなしくみで動くのだろうか。

教科書 115〜118ページ

- うでのきん肉は、うでのほねの(① 上だけに ・ 下だけに ・ 上下に)ある。
- うでのきん肉は、はしが2本の(② 　　　　)をつなぐようについている。

うでを曲げたりのばしたりしたときのきん肉のようす

うでを曲げたとき

きん肉が(③ ちぢむ ・ ゆるむ)。

きん肉が(④ ちぢむ ・ ゆるむ)。

うでをのばしたとき

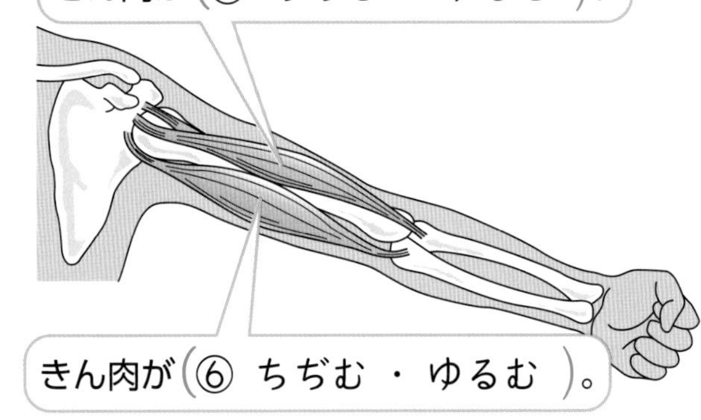

- うでのきん肉がちぢんだりゆるんだりすると、(⑦ 　　　　)が動き、うでがのびたり曲がったりする。

ここがだいじ!
①うでにはほねがあり、その周(まわ)りにはきん肉がある。
②ほねとほねのつなぎ目で、体が曲がるところを関節(かんせつ)という。
③うでのきん肉がちぢんだりゆるんだりすると、ほねが動き、うでが動く。

ほねには、カルシウムという成分(せいぶん)が多くふくまれています。カルシウムは、牛にゅう、チーズ、ヨーグルトなどのにゅうせい品や、ほねごと食べられる小魚などに多くふくまれています。

ぴったり2 練習

7. わたしたちの体と運動

①うでが動くしくみ

学習日　　月　　日

教科書 110～119ページ　答え 23ページ

1 人のうでのつくりを調べます。

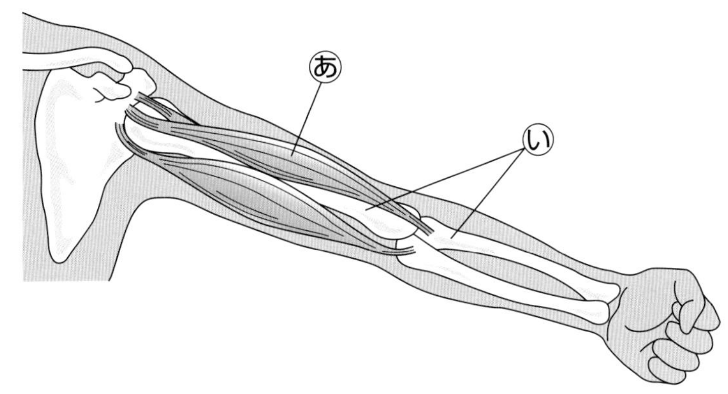

(1) 力を入れないときにはやわらかく、力を入れたときにはかたくなるⓐの部分を何といいますか。正しいものを１つ選んで、（　）に○をつけましょう。

ア（　）ほね　　イ（　）きん肉　　ウ（　）関節

(2) うでをさわったとき、いつもかたいⓘの部分を何といいますか。正しいものを１つ選んで、（　）に○をつけましょう。

ア（　）ほね　　イ（　）きん肉　　ウ（　）関節

(3) (2)とほかの(2)のつなぎ目の部分で、体を曲げることができる部分を何といいますか。正しいものを１つ選んで、（　）に○をつけましょう。

ア（　）ほね　　イ（　）きん肉　　ウ（　）関節

2 うでを曲げたときのきん肉やほねのようすを調べます。

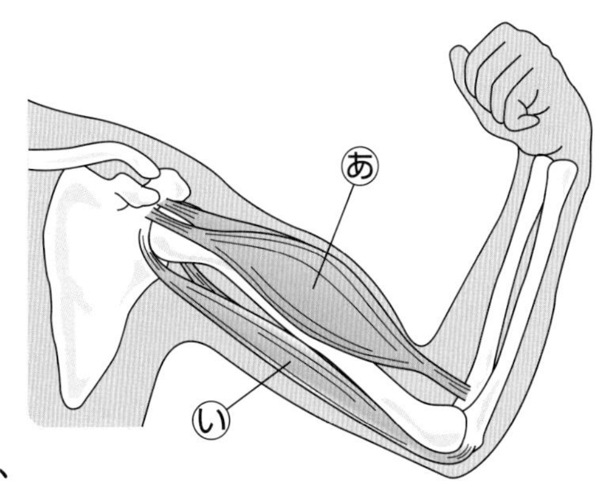

(1) ちぢんでいるきん肉は、ⓐ、ⓘのどちらですか。

（　　）

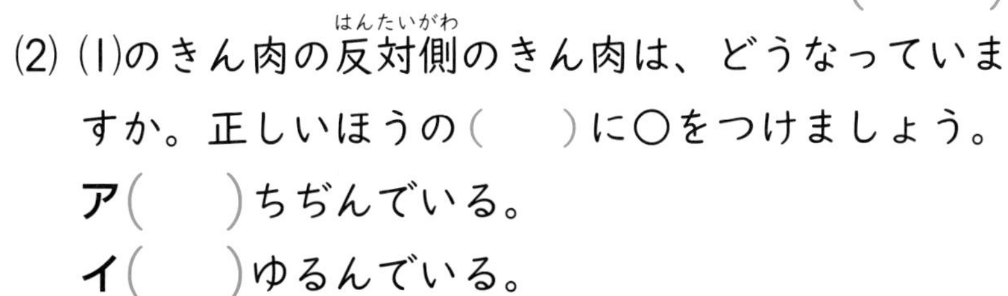

(2) (1)のきん肉の反対側のきん肉は、どうなっていますか。正しいほうの（　）に○をつけましょう。

ア（　）ちぢんでいる。

イ（　）ゆるんでいる。

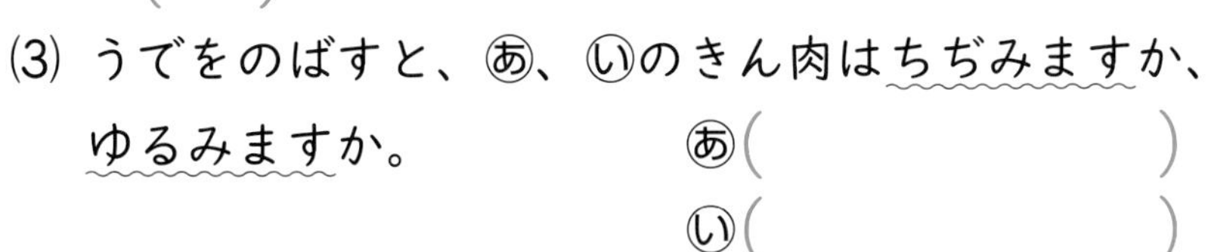

(3) うでをのばすと、ⓐ、ⓘのきん肉はちぢみますか、ゆるみますか。

ⓐ（　　　　　　）

ⓘ（　　　　　　）

7. わたしたちの体と運動

②体全体のほねときん肉

学習日　月　日

めあて
人やウサギの、体全体のほねやきん肉のようすをかくにんしよう。

教科書 120～125ページ　答え 24ページ

次の(　)に当てはまる言葉を書こう。

1 体全体のほねときん肉は、どのようになっているのだろうか。 教科書 120～123ページ

- 人の体には、頭からあしの先までの全身に、(①　　　)と(②　　　)がたくさんあり、組み合わさっている。
- 体は、(③　　　)のところで曲げることができるため、いろいろな動きができる。
- ほねには、体を(④　　　)はたらきや、体の中のものを(⑤　　　)はたらきがある。

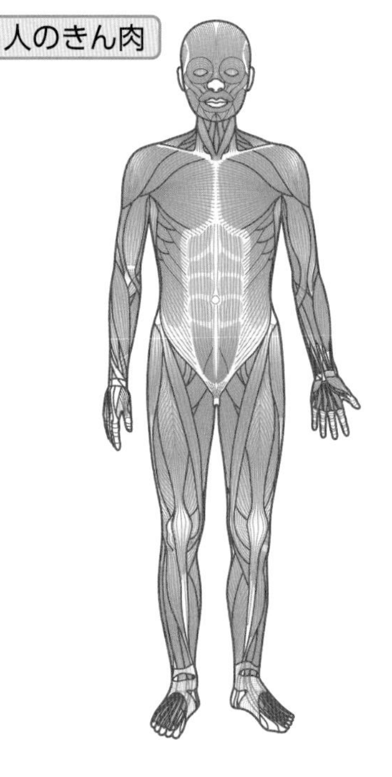

2 身近な動物のほねときん肉は、どのようになっているのだろうか。 教科書 124ページ

- ウサギなどの動物の体にも、(①　　　)や(②　　　)、(③　　　)があり、これらのはたらきで体を動かすことができる。
- ウサギなどの動物も、(④　　　)のところで体を曲げることができる。

ウサギのほねときん肉

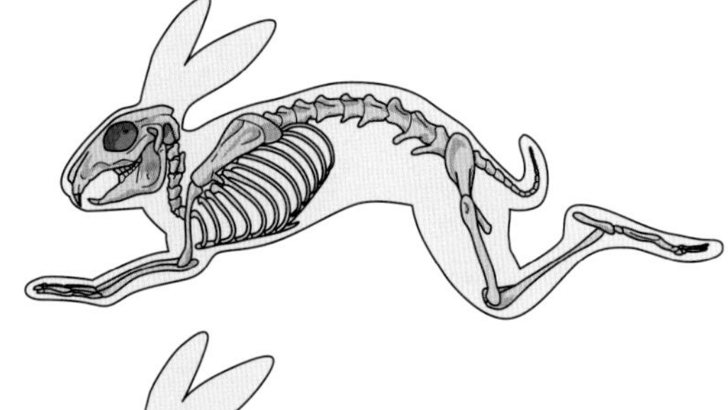

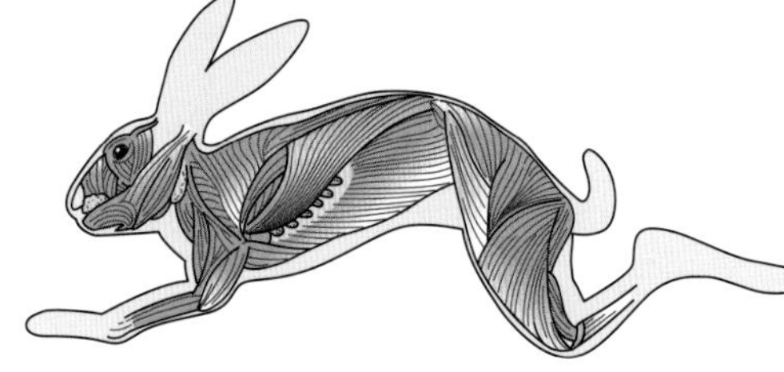

ウサギは、後ろあしのきん肉がよく発達(はったつ)しているので、はねるように走ることができるよ。

ここが、だいじ!
①人の体には全身にほねときん肉があり、関節(かんせつ)のところで体を曲げることができる。
②動物の体にも、ほねやきん肉、関節があり、これらのはたらきで体を動かすことができる。

ぴたトリビア　人の体には、成人(せいじん)で206このほねがあります。また、ほねの重さは体重の5分の1よりやや少ないくらいで、体重が35 kgの人なら、6 kg前後になります。

7. わたしたちの体と運動

②体全体のほねときん肉

教科書 120～125ページ 答え 24ページ

1 人の体のつくりを調べました。

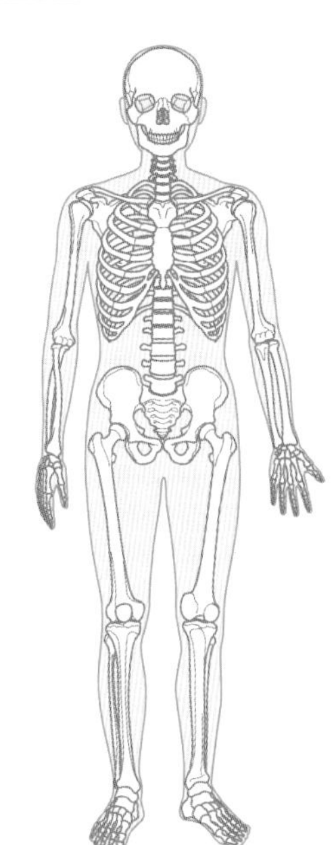

(1) 体の曲げられるところは、すべてほねとほねのつなぎ目です。この部分を何といいますか。 (　　　　)

(2) (1)についての説明で、正しいものを1つ選んで、(　)に○をつけましょう。

ア(　)うでだけにある。
イ(　)うでとあしだけにある。
ウ(　)体のいろいろなところにある。

(3) ほねの周りについていて、ちぢんだりゆるんだりしてほねを動かすはたらきをしている部分を何といいますか。

(　　　　)

(4) ほねのはたらきをすべて選んで、(　)に○をつけましょう。

ア(　)体の中のものを守る。
イ(　)計算をしたり、何かを考えたりする。
ウ(　)体をささえる。

2 ウサギの体のつくりを調べました。

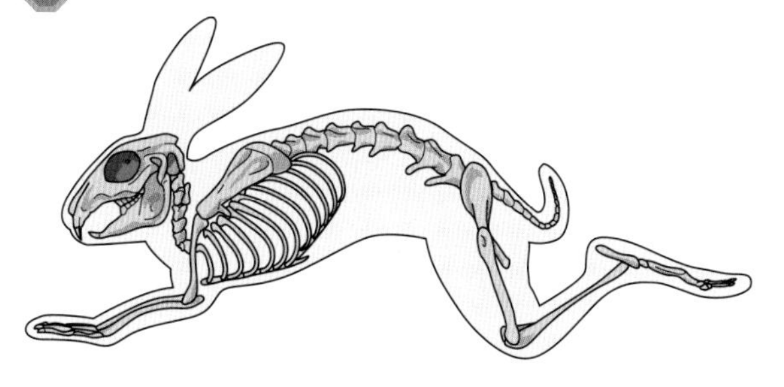
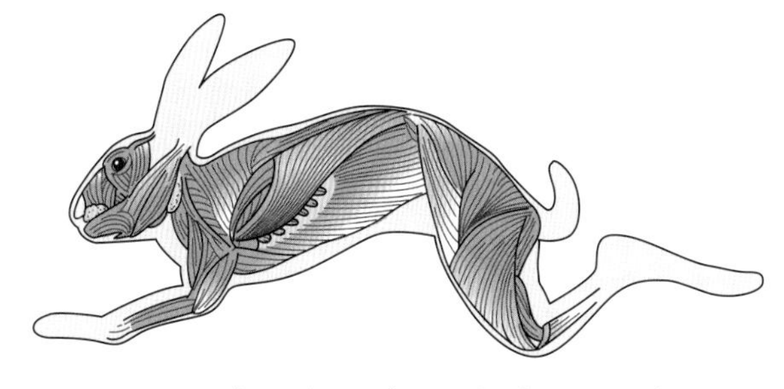

(1) ウサギの体のつくりについて、正しいものを1つ選んで、(　)に○をつけましょう。

ア(　)ほね、きん肉、関節がない。
イ(　)ほねときん肉があり、関節はない。
ウ(　)ほねと関節があり、きん肉はない。
エ(　)きん肉と関節があり、ほねはない。
オ(　)ほね、きん肉、関節がある。

(2) (1)のことは、人の体のつくりと同じですか、ちがいますか。 (　　　　)

7. わたしたちの体と運動

1 図は、人のうでのつくりを表しています。

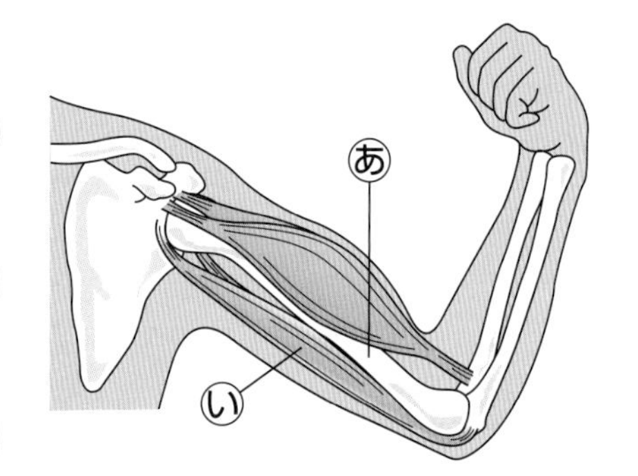

1つ8点(24点)

(1) さわるといつもかたく感じるⓐを何といいますか。

(　　　　　)

(2) 力を入れるとかたくなるⓘを何といいますか。

(　　　　　)

(3) 人の体が動くしくみについて、正しいものを1つ選(えら)んで、(　　)に○をつけましょう。

ア(　　)ⓐが折(お)れ曲がることで、体が動く。
イ(　　)ⓐがちぢんだりゆるんだりして、ⓘを動かすことで、体が動く。
ウ(　　)ⓘが折れ曲がることで、体が動く。
エ(　　)ⓘがちぢんだりゆるんだりして、ⓐを動かすことで、体が動く。

よく出る

2 うでをのばしたときのきん肉のようすを調べました。

1つ8点(24点)

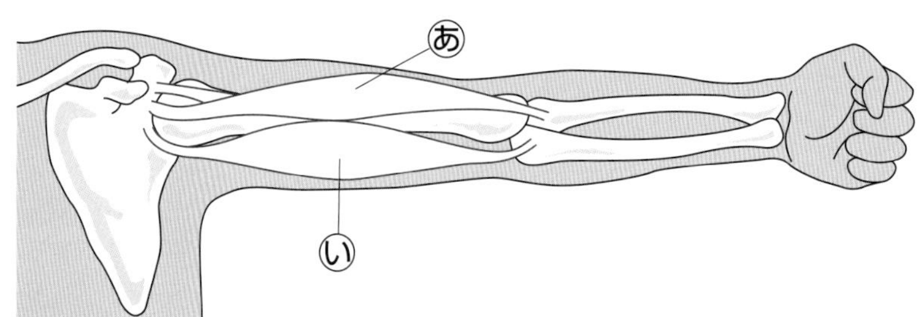

(1) ⓐ、ⓘのきん肉は、それぞれちぢんでいますか、ゆるんでいますか。

ⓐ(　　　　　　　　)
ⓘ(　　　　　　　　)

(2) うでを曲げるときには、ⓐ、ⓘのきん肉はどうなりますか。正しいものを1つ選んで、(　　)に○をつけましょう。

ア(　　)ⓐのきん肉はちぢみ、ⓘのきん肉もちぢむ。
イ(　　)ⓐのきん肉はちぢみ、ⓘのきん肉はゆるむ。
ウ(　　)ⓐのきん肉はゆるみ、ⓘのきん肉はちぢむ。
エ(　　)ⓐのきん肉はゆるみ、ⓘのきん肉もゆるむ。

3 ウサギの体のつくりを調べました。

X線で調べたウサギの体のつくり

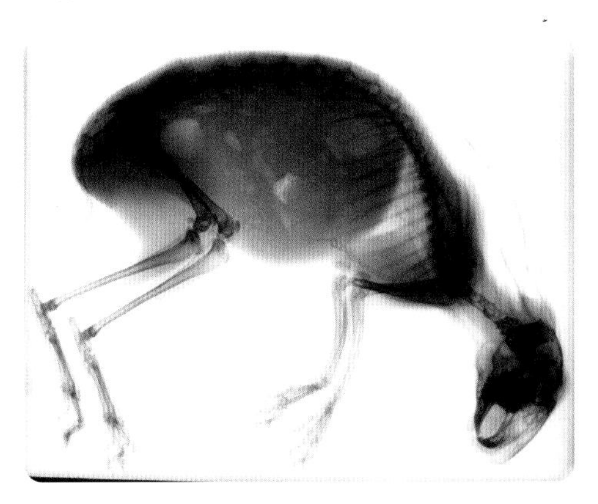

1つ8点、(1)は全部できて8点(24点)

(1) ウサギの観察(かんさつ)のしかたとして、正しいものをすべて選んで、(　)に○をつけましょう。 技能

ア(　)ウサギにかまれないように、耳だけをつかんで持ち上げる。

イ(　)ウサギのつめでけがをしないように、ひざにあついタオルなどをしく。

ウ(　)ウサギをさわる前とさわった後に、手をあらう。

(2) ウサギの体について、正しいものを１つ選んで、(　)に○をつけましょう。

ア(　)ほねも関節(かんせつ)もない。　イ(　)ほねはないが、関節はある。

ウ(　)ほねはあるが、関節はない。　エ(　)ほねも関節もある。

(3) ウサギの体は、後ろあしのきん肉が発達(はったつ)しています。これは、ウサギが生きていくうえで、どのような点で都合がよいと考えられますか。１つ選んで、(　)に○をつけましょう。 思考・表現

ア(　)後ろあしを、しなやかに曲げることができる。

イ(　)後ろあしを使って、細かい作業をすることができる。

ウ(　)後ろあしを使って、はねるように走ることができる。

できたらスゴイ!

4 つま先を上下に動かしたときに、どのようなしくみで動くかを考えます。

思考・表現 (3)は10点、ほかは1つ6点(28点)

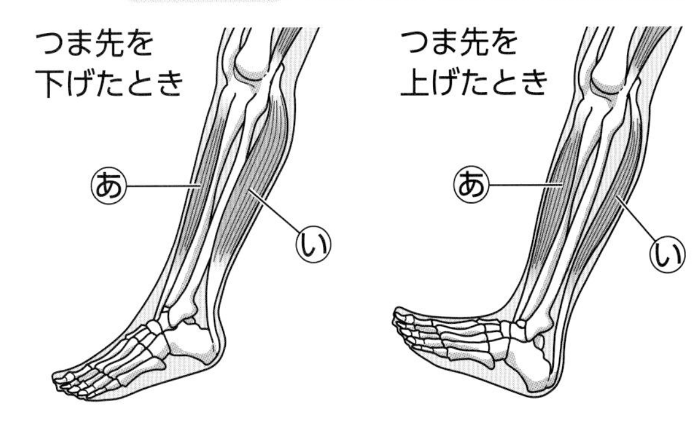

(1) 図のようにつま先を上下に動かしたとき、動く関節はどこですか。正しいものを１つ選んで、(　)に○をつけましょう。

ア(　)あしの指

イ(　)あし首

ウ(　)ひざ

(2) つま先を下げたときには、ⓐとⓘのきん肉は、それぞれどうなっていると考えられますか。

ⓐ(　　　　)

ⓘ(　　　　)

(3) 記述 つま先を上げたときには、ⓐとⓘのきん肉はどうなると考えられますか。

(　　　　　　　　)

ふりかえり
3がわからないときは、44ページの2にもどってかくにんしましょう。
4がわからないときは、44ページの2にもどってかくにんしましょう。

★秋

③秋の生物のようす

学習日　　月　　日

めあて
秋に見られる動物や植物のようすをかくにんしよう。

教科書 128～133ページ　答え 26ページ

次の(　　)に当てはまる言葉を書くか、当てはまるものを○でかこもう。

1 秋になると、生物のようすはどのように変わるのだろうか。

教科書 128～133ページ

南にある(①　　　　)国々にわたり、いなくなっている。

よう虫が土の中で大きくなっている。

はらがふくらんだめすが見られる。たまごを産むのが近そうだ。

落ち葉の下にもぐろうとしている。

▶秋になると、気温が(②　上がる　・　下がる　)。

▶動物は、(③　　　　　)を産んで死んだり、活動が(④　さかんに　・　にぶく　)なったりして、見られる数が(⑤　多く　・　少なく　)なる。

多くの葉が黄色や赤色に変わり、葉の元のところに(⑥　　　　)ができている。

葉やくき、実がかれ始めて、茶色や黄色に変わっている。

▶植物は、葉が(⑦　しげり　・　かれ　)始めたり、落ちたりする。
また、実やたねができているものもある。

ここが だいじ！

①秋になると気温が下がり、動物の活動はにぶくなる。また、見られる動物の数は少なくなる。

②植物は葉がかれ始めているものや、実やたねができているものがある。

ぴたトリビア　秋になると見られるどんぐりは、ブナのなかまの木にできる実です。おわんやぼうしのような部分は、「かくと」とよばれ、実を守っています。

1 秋の動物のようすを調べました。

(1) 次の①、②の動物について、秋に見られるようすをそれぞれ選んで、（　）に○をつけましょう。

① オオカマキリ　　　② ツバメ

ア（　）

イ（　）

ア（　）

イ（　）

(2) 秋になると、夏とくらべて、気温は高くなりますか、低くなりますか。

（　　　　）

(3) 秋の動物のようすは、夏とくらべてどのように変わっていますか。正しいものを2つ選んで、（　）に○をつけましょう。

ア（　）活動が活発になっている。
イ（　）活動がにぶくなっている。
ウ（　）見られる数がふえている。
エ（　）見られる数がへっている。

2 秋の植物のようすを調べました。

(1) 次の①、②の植物について、秋に見られるようすをそれぞれ選んで、（　）に○をつけましょう。

① サクラ　　　② ツルレイシ
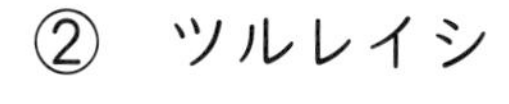

ア（　）

イ（　）

ア（　）

イ（　）

(2) 秋になると、植物のようすはどのように変わっていきますか。正しいほうの（　）に○をつけましょう。

ア（　）葉がしげったり、くきがのびたりする。
イ（　）葉がかれ始めたり、落ちたりする。

ヒント ❶ (3)秋になると、たまごを産んで死んでしまう動物もいます。

★秋

教科書 128～133ページ　答え 27ページ

よく出る

1 秋の動物のようすを調べました。

1つ10点、(1)は全部できて10点(20点)

(1) 秋に見られる動物のようすをすべて選(えら)んで、(　　)に○をつけましょう。

ア(　　)

イ(　　)

ウ(　　)

(2) 秋になると、ツバメのすがたが見られなくなりました。その理由として正しいものを１つ選んで、(　　)に○をつけましょう。

ア(　　)たまごを産(う)んで、死んでしまったから。
イ(　　)土の中にもぐって、じっとしているから。
ウ(　　)北の寒い国々にわたっていったから。
エ(　　)南のあたたかい国々にわたっていったから。

よく出る

2 秋のサクラのようすを調べて記録(きろく)します。

1つ10点(30点)

(1) 観察(かんさつ)のときに気温をはかると、あのようになりました。観察カードには、気温を何℃と記録すればよいですか。　技能

(　　　　)

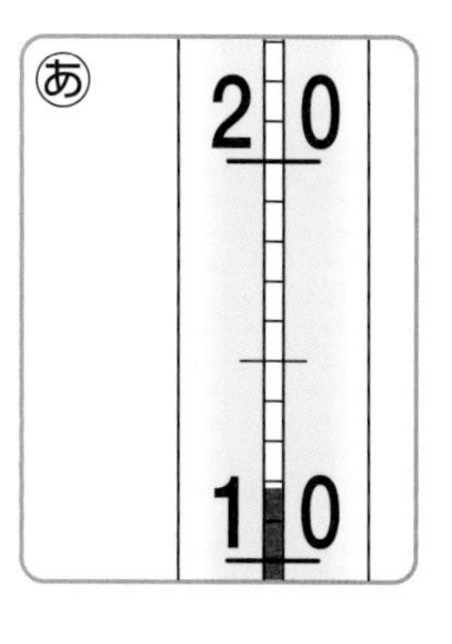

(2) サクラのようすを記録します。観察カードに書く文としてよいものを１つ選んで、(　　)に○をつけましょう。　技能

ア(　　)うすいピンク色の花がさいていた。
イ(　　)緑色の葉がしげっていた。
ウ(　　)多くの葉が、赤色や黄色に変(か)わっていた。
エ(　　)葉がかれて、すべてえだから落ちていた。

(3) サクラのえだについているいは何ですか。　(　　　　)

3 秋のツルレイシのようすを調べました。

(1)は1つ5点、(2)は10点(20点)

(1) 秋のツルレイシのようすについて、正しいものを2つ選んで、(　　)に○をつけましょう。

ア(　　)葉がかれ始めている。
イ(　　)まきひげやくきが、さかんにのびている。
ウ(　　)つぼみができ、花がさき始めている。
エ(　　)実がかれて、中にあったたねが地面に落ちている。

(2) 同じころのヘチマのようすとして正しいものを1つ選んで、(　　)に○をつけましょう。

ア(　　)2まいの子葉の間から、新しい葉が出かかっている。
イ(　　)葉がしげり、くきがよくのびている。
ウ(　　)花がかれ、実ができ始めている。
エ(　　)植物全体がかれ始めている。

できたらスゴイ！

4 夏の終わりと秋の生物のようすをくらべます。

1つ10点、(1)(2)はそれぞれ全部できて10点(30点)

(1) 秋の動物のようすを、夏の終わりのようすとくらべます。正しいものをすべて選んで、(　　)に○をつけましょう。

ア(　　)見られる動物の数が多くなったよ。

イ(　　)見られる動物の数が少なくなったよ。

ウ(　　)活発に活動するようになったよ。

エ(　　)

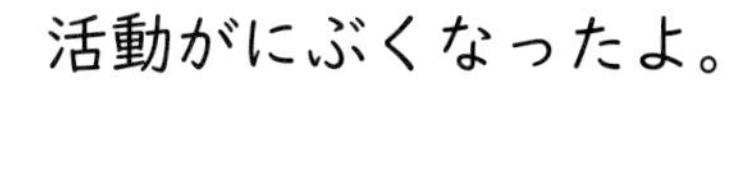

(2) 秋の植物のようすを、夏の終わりのようすとくらべます。正しいものをすべて選んで、(　　)に○をつけましょう。

ア(　　)緑色の部分がふえている。　イ(　　)茶色や黄色の部分がふえている。
ウ(　　)大きく成長(せいちょう)している。　エ(　　)成長が止まっている。

(3) 記述 生物のようすが(1)、(2)のように変わるのはなぜですか。「気温」という言葉を使って説明(せつめい)しましょう。　思考・表現

(　　　　　　　　　　　　　　　　)

ふりかえり
1 がわからないときは、50ページの 1 にもどってかくにんしましょう。
4 がわからないときは、50ページの 1 にもどってかくにんしましょう。

ぴったり1
じゅんび
3分でまとめ

学習日　　月　　日

8. ものの温度と体積

①空気の温度と体積
②水の温度と体積

めあて
空気や水の温度と体積の関係をかくにんしよう。

教科書 134～145ページ　答え 28ページ

次の(　　)に当てはまる言葉を書くか、当てはまるものを○でかこもう。

1 空気の温度が変わると、体積はどうなるのだろうか。

教科書 134～140ページ

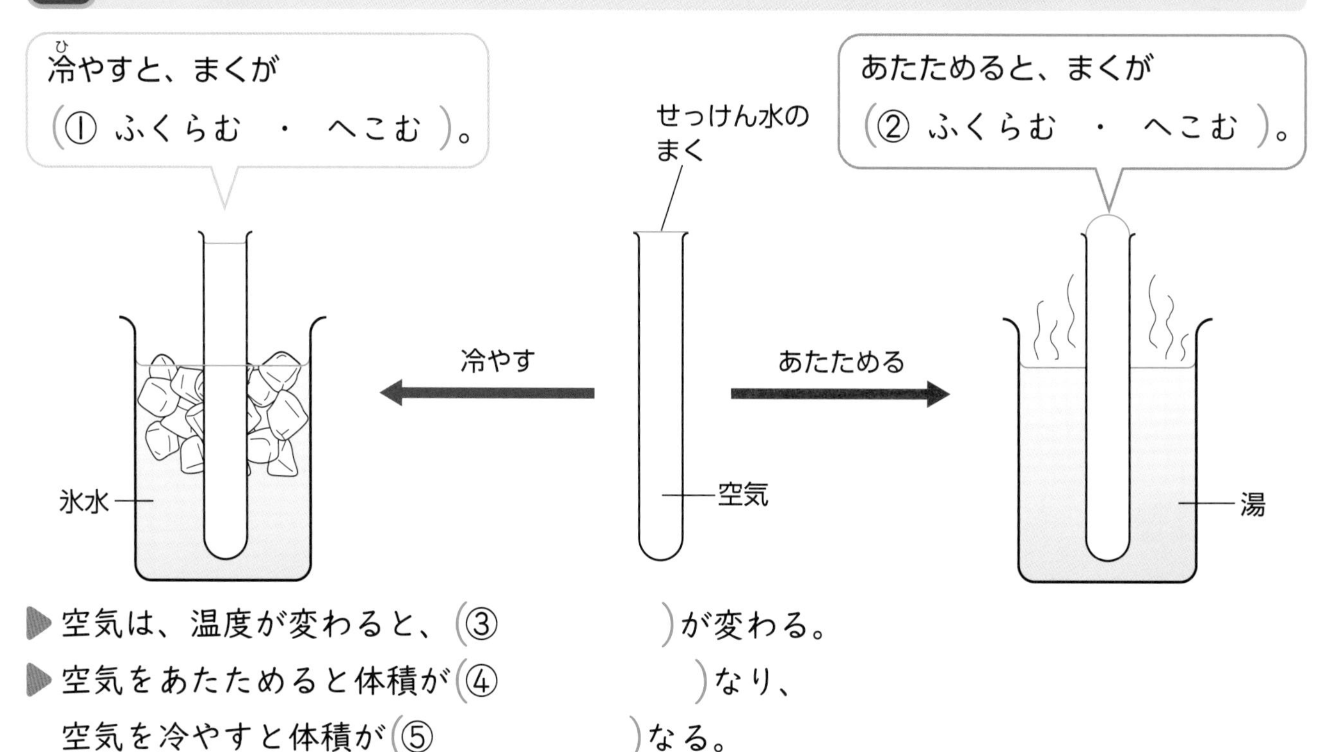
冷やすと、まくが
(① ふくらむ ・ へこむ)。
あたためると、まくが
(② ふくらむ ・ へこむ)。
せっけん水の
まく
冷やす
あたためる
氷水
空気
湯

▶ 空気は、温度が変わると、(③　　　　　)が変わる。

▶ 空気をあたためると体積が(④　　　　　)なり、
空気を冷やすと体積が(⑤　　　　　)なる。

2 水の温度が変わると、体積はどうなるのだろうか。

教科書 142～144ページ

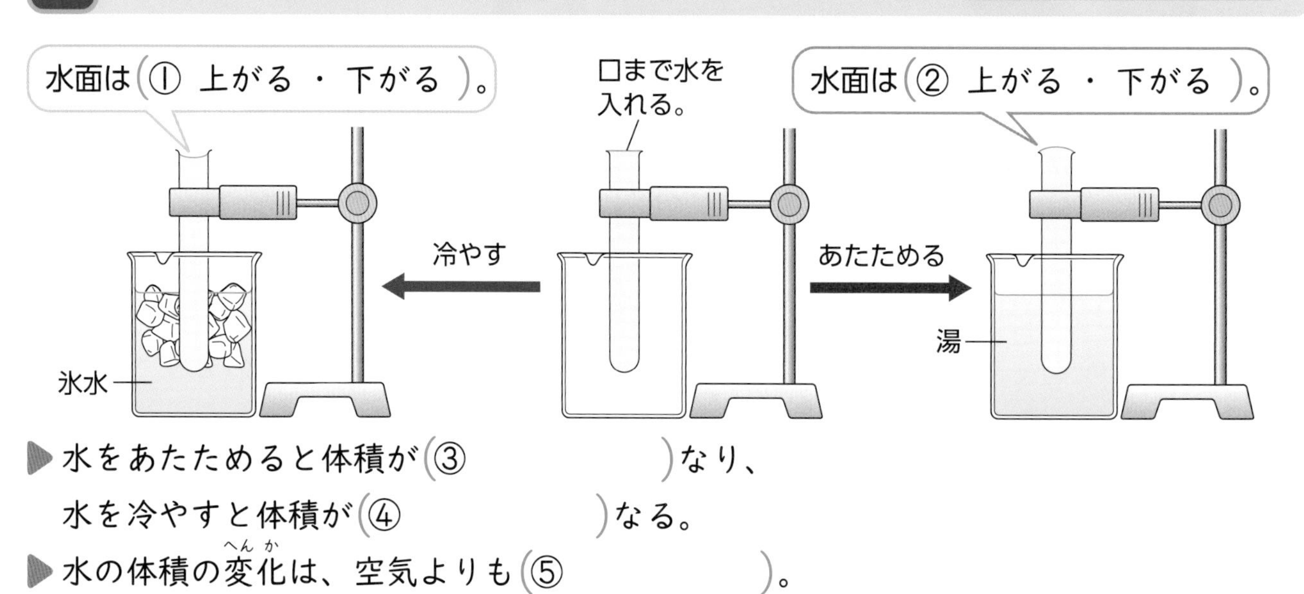
水面は(① 上がる ・ 下がる)。
口まで水を
入れる。
水面は(② 上がる ・ 下がる)。
冷やす
あたためる
氷水
湯

▶ 水をあたためると体積が(③　　　　　)なり、
水を冷やすと体積が(④　　　　　)なる。

▶ 水の体積の変化は、空気よりも(⑤　　　　　)。

ここが だいじ!
①空気も水も、あたためると体積が大きくなり、冷やすと体積が小さくなる。
②水の体積の変化は、空気よりも小さい。

ぴたトリビア
夏に飲みかけのペットボトルを冷ぞう庫に入れておくと、ペットボトルがへこむことがあります。これは、ペットボトルの中の空気が冷やされて、体積が小さくなったからです。

8. ものの温度と体積

①空気の温度と体積
②水の温度と体積

教科書 134～145ページ　答え 28ページ

1 口にせっけん水のまくをつけた試験管を、湯や氷水に入れました。

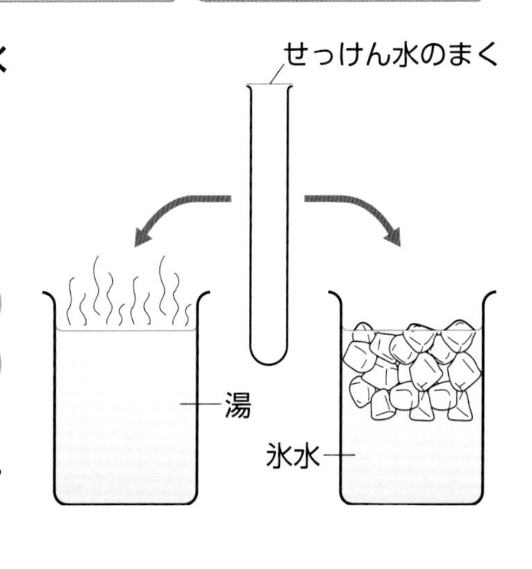

(1) ①、②のときのまくのようすを、あ～うから選びましょう。

① 試験管を湯に入れたとき（　　）
② 試験管を氷水に入れたとき（　　）

あ 
い 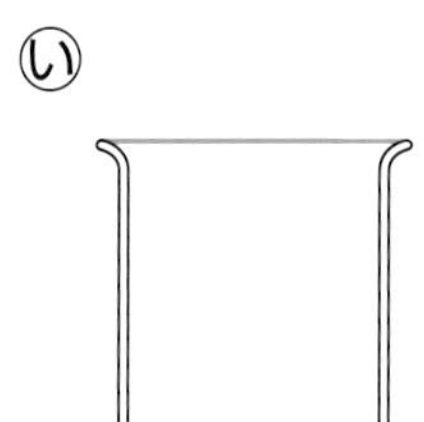
う 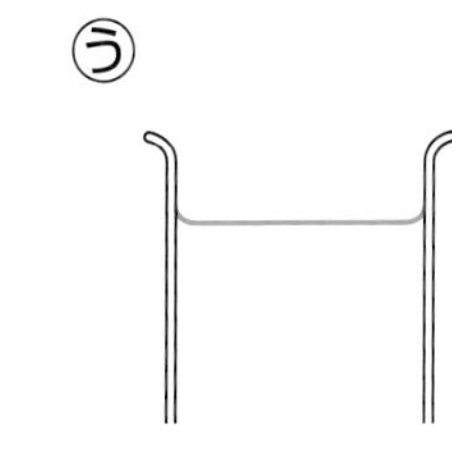

(2) 空気の体積について、正しいものを2つ選んで、（　　）に○をつけましょう。

ア（　　）空気は、あたためると体積が大きくなる。
イ（　　）空気は、あたためると体積が小さくなる。
ウ（　　）空気は、冷やすと体積が大きくなる。
エ（　　）空気は、冷やすと体積が小さくなる。

2 水をいっぱいまで入れた試験管を、湯であたためたり、氷水で冷やしたりしました。

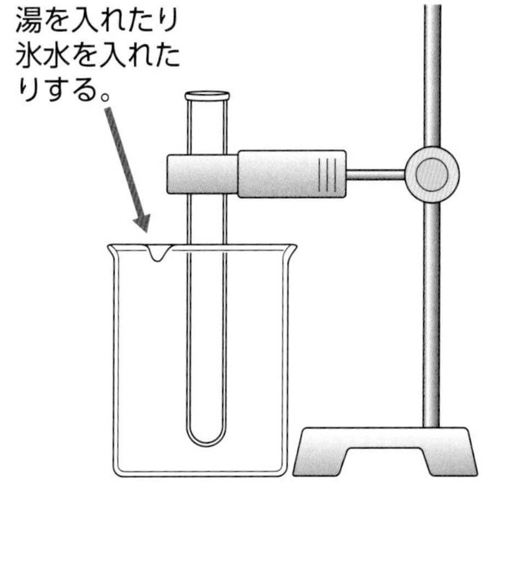

(1) ①、②のときの水面のようすを、あ～うから選びましょう。

① 試験管を湯であたためたとき（　　）
② 試験管を氷水で冷やしたとき（　　）

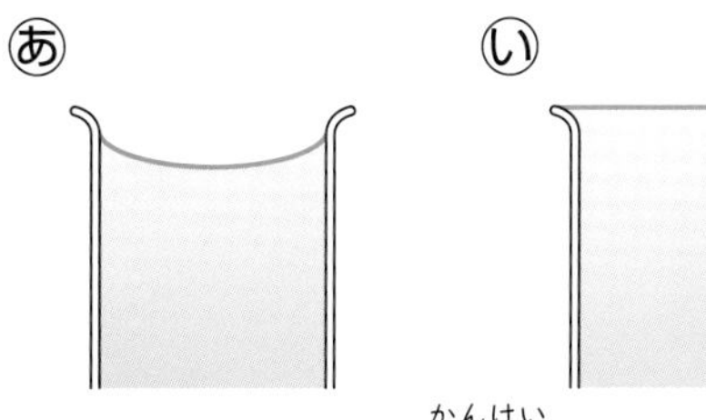

う 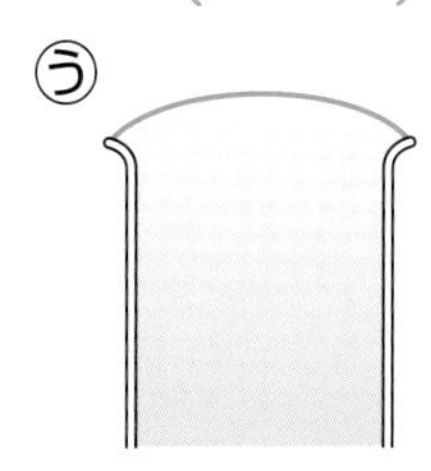

(2) 水の体積と温度の関係をまとめます。（　　）に当てはまる言葉を書きましょう。

- 水の体積は、温度が高くなると（①　　　）なり、
  温度が低くなると（②　　　）なる。

(3) 温度が変わったときの体積の変化が大きいのは、水と空気のどちらですか。

（　　　）

ヒント 1 空気の体積が大きくなるとまくがふくらみ、小さくなるとまくがへこみます。

8. ものの温度と体積

③金ぞくの温度と体積

学習日　　月　　日

めあて
金ぞくの温度と体積の関係をかくにんしよう。

教科書 146～149ページ　答え 29ページ

次の(　)に当てはまる言葉を書くか、当てはまるものを○でかこもう。

1 実験用ガスこんろやアルコールランプの使い方をまとめよう。 教科書 224～225ページ

- 実験用ガスこんろやアルコールランプは、(① 平らで ・ かたむいていて)、安定した場所に置いて使う。
- 火を使ってものをあたためるときは、(② かわいた ・ ぬらした)ぞうきんを用意して、もえ(③ やすい ・ にくい)ものを近くに置かないようにする。

2 金ぞくの温度が変わると、体積はどうなるのだろうか。 教科書 146～148ページ

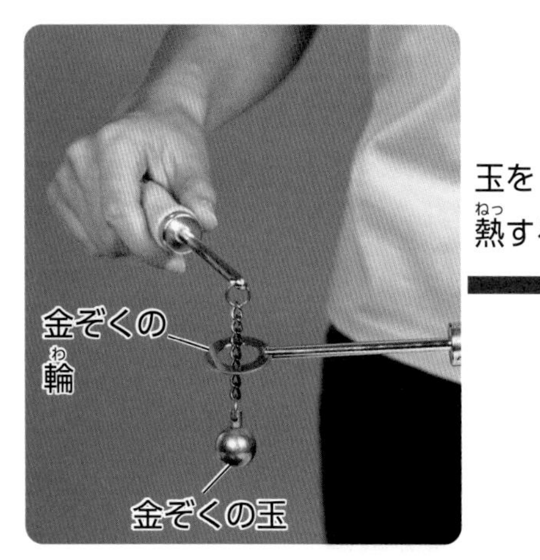

玉を熱する →

玉が輪を通りぬけない。

玉を冷やす →

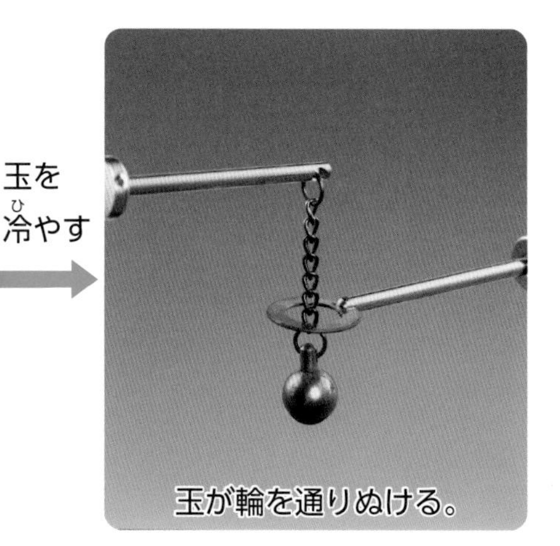

玉が輪を通りぬける。

- 金ぞくをあたためると体積が(①　　　　)なり、金ぞくを冷やすと体積が(②　　　　)なる。
- 金ぞくの体積の変化は、空気や水とくらべて、とても(③　　　　)。

ここがだいじ!
①金ぞくも、あたためると体積が大きくなり、冷やすと体積が小さくなる。
②金ぞくの体積の変化は、空気や水よりもとても小さい。

びんの金ぞくのふたが開けにくいとき、ふたをあたためると、かんたんに開けられることがあります。これは、金ぞくのふたがあたためられて、体積が大きくなるからです。

8. ものの温度と体積

③金ぞくの温度と体積

教科書 146～149ページ　答え 29ページ

1 実験用ガスこんろやアルコールランプを使って、ものを熱します。

(1) ものを熱する器具の使い方について、正しいものをすべて選んで、（　　）に○をつけましょう。

ア（　　）安定した場所に置いて使う。

イ（　　）ノートや教科書など、もえやすいものを近くに置いておく。

ウ（　　）ぬらしたぞうきんを近くに置いておく。

(2) アルコールランプの正しい火のつけ方を１つ選んで、（　　）に○をつけましょう。

ア（　　）

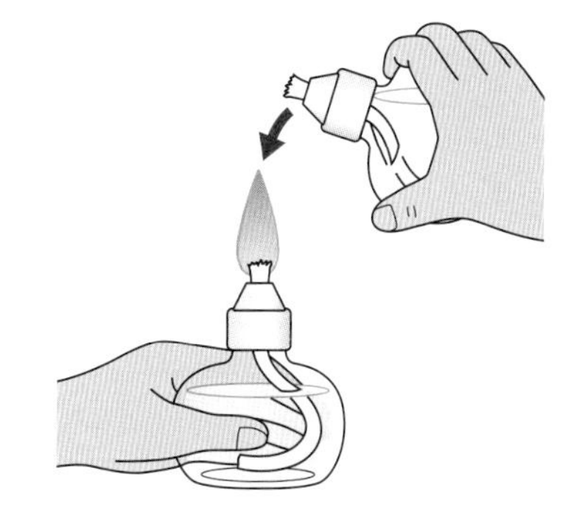

イ（　　）

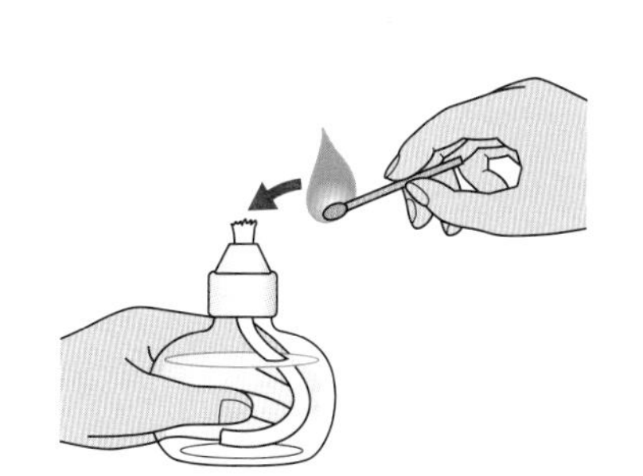

ウ（　　）

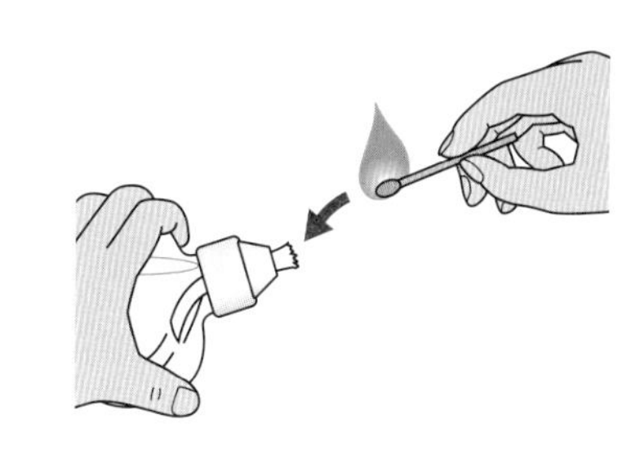

2 すれすれで通ることができるようになっている金ぞくの玉と輪を使って、温度を変えると金ぞくの体積が変わるかを調べました。

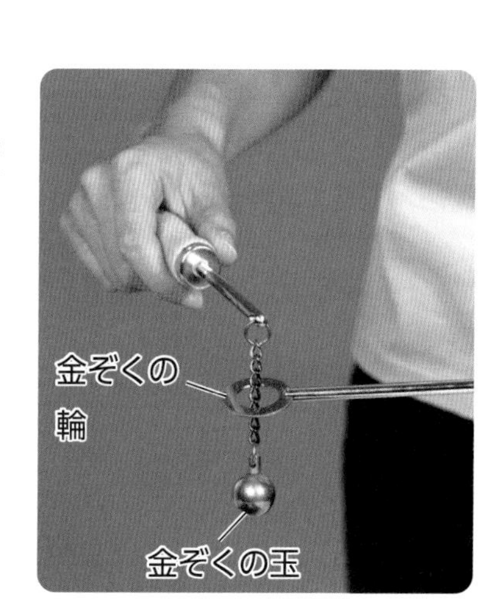

(1) 熱した金ぞくの玉は、輪を通りぬけますか。

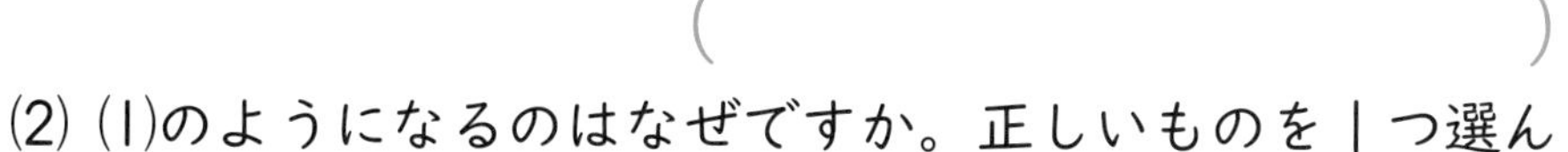
（　　　　　　　　）

(2) (1)のようになるのはなぜですか。正しいものを１つ選んで、（　　）に○をつけましょう。

ア（　　）金ぞくの輪の体積が小さくなったから。

イ（　　）金ぞくの玉の体積が小さくなったから。

ウ（　　）金ぞくの玉の体積が大きくなったから。

(3) 次の文の（　　）に当てはまる言葉を書きましょう。

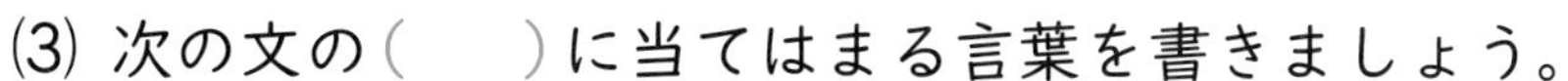

● (1)の後、金ぞくの玉を水に入れて（①　　　　）と、金ぞくの玉は体積が（②　　　　）なり、輪を通り（③　　　　）。

(4) 温度による金ぞくの体積の変わり方は、水とくらべてどうですか。正しいものを１つ選んで、（　　）に○をつけましょう。

ア（　　）小さい。　イ（　　）大きい。　ウ（　　）変わらない。

8. ものの温度と体積

教科書 134～151ページ　答え 30ページ

よく出る

1 空気や水を入れた試験管を、湯であたためたり、氷水で冷やしたりしました。

1つ8点(40点)

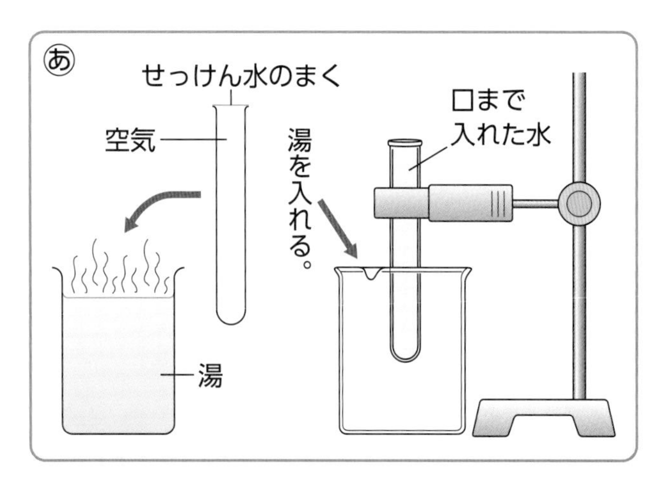

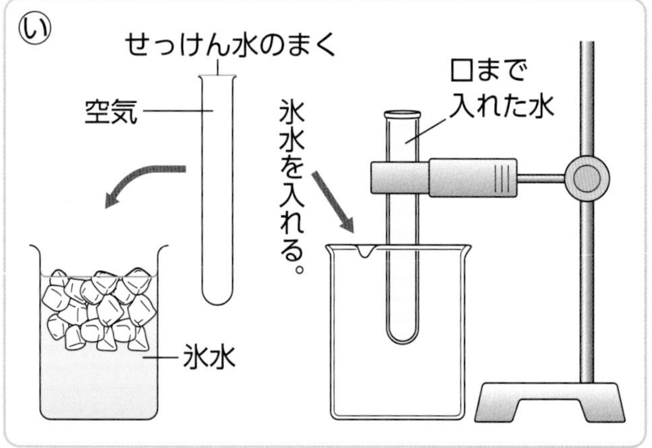

(1) あ湯に入れたときと、い氷水に入れたときのようすを、ア～エからそれぞれ選びましょう。

あ(　　　)　い(　　　)

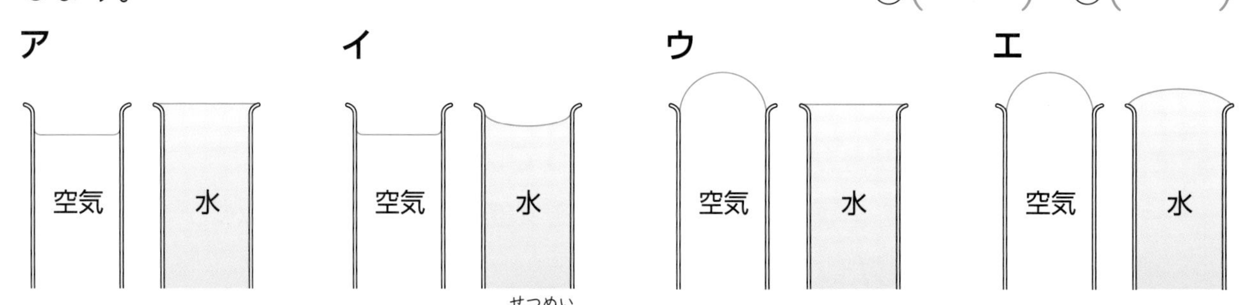

(2) 次の文は、(1)のようになる理由を説明したものです。(　　)に当てはまる言葉を下の から選んで書きましょう。

- 空気や水は、あたためられると体積が(①　　　　　)が、冷やされると体積が(②　　　　　)。また、空気と水をくらべると、体積の変わり方は空気のほうが(③　　　　　)。そのため、(1)のようになる。

へる　　ふえる　　変わらない　　小さい　　大きい

2 アルコールランプでものを熱します。

技能

1つ8点(24点)

(1) アルコールランプは、しんがどれくらい出ているものを使いますか。正しいものを1つ選んで、(　　)に○をつけましょう。

ア(　　)1mmくらい　　イ(　　)5mmくらい　　ウ(　　)15mmくらい

(2) アルコールランプを使うときに、やってはいけないことを2つ選んで、(　　)に×をつけましょう。

ア(　　)

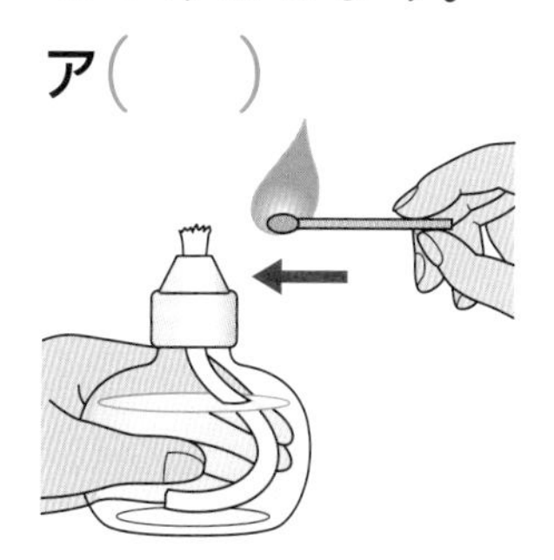

横からマッチの火を近づけて火をつける。

イ(　　)

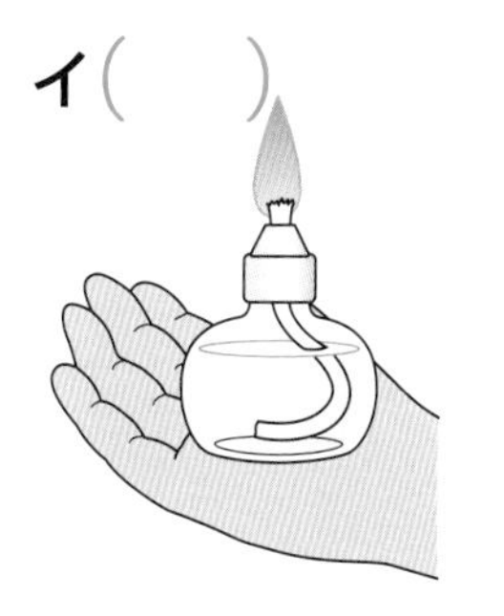

火をつけたまま手に持つ。

ウ(　　)

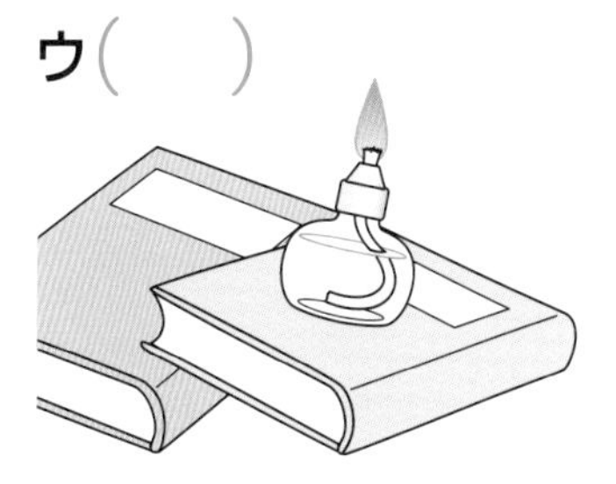

不安定な場所に置く。

エ(　　)

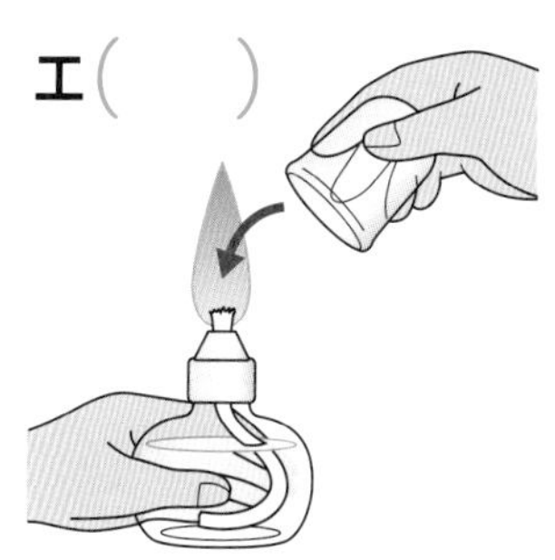

ななめ上からふたをかぶせて消す。

3 **ⓐのように、金ぞくの玉が、金ぞくの輪をすれすれで通ることができるようになっています。**

(1)は10点、(2)は6点(16点)

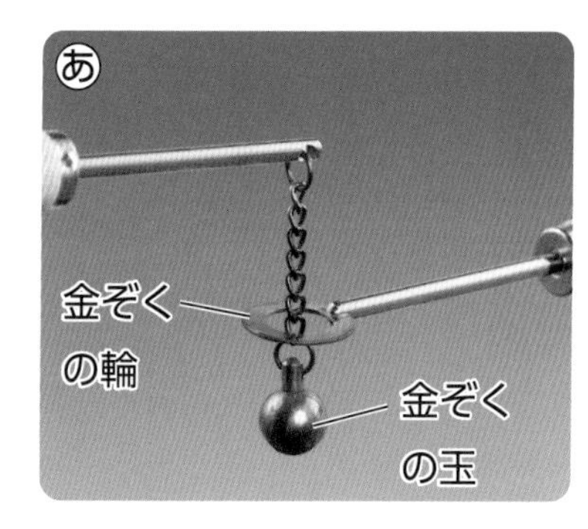

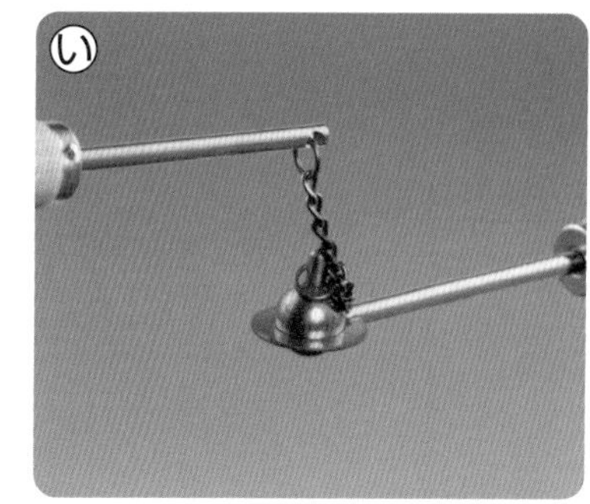

(1) 記述 金ぞくの玉を熱すると、ⓘのように、輪を通りぬけなくなりました。この理由を、「温度」「体積」という言葉を使って説明しましょう。　思考・表現

(　　　　　　　　　　　　　　　　　　　　)

(2) 熱した金ぞくの玉を、そのまま空気中に置いておきました。次の日に調べると、金ぞくの玉は、金ぞくの輪を通りぬけますか、通りぬけませんか。

(　　　　　　　　)

できたらスゴイ!

4 **鉄道のレールは金ぞくでできていて、ところどころにすき間が開けてあります。**

思考・表現　1つ10点(20点)

(1) 鉄道のレールのすき間が最も小さくなるのはいつだと考えられますか。1つ選んで、(　　)に○をつけましょう。

ア(　　)春　　イ(　　)夏
ウ(　　)秋　　エ(　　)冬

(2) 記述 レールのすき間は、レールがどのようになることをふせいでいますか。

(　　　　　　　　　　　　　　　　　　　　)

ふりかえり
1 がわからないときは、54ページの 1 2 にもどってかくにんしましょう。
4 がわからないときは、56ページの 2 にもどってかくにんしましょう。

★冬の星

冬の星

学習日　月　日

◎めあて
冬の星の見え方をかくにんしよう。

教科書 152〜155ページ　答え 31ページ

次の(　　)に当てはまる言葉を書くか、当てはまるものを○でかこもう。

1 冬の星も、夏の星と同じような見え方をするのだろうか。 教科書 152〜155ページ

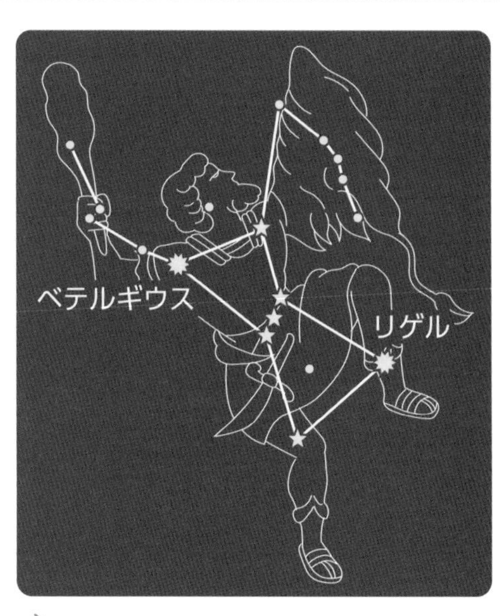

▶冬になると、上のような(①　　　　　　ざ)が見られるようになる。

▶冬の星も、星によって明るさや色にちがいが(②　ある　・　ない　)。

オリオンざの位置の変化

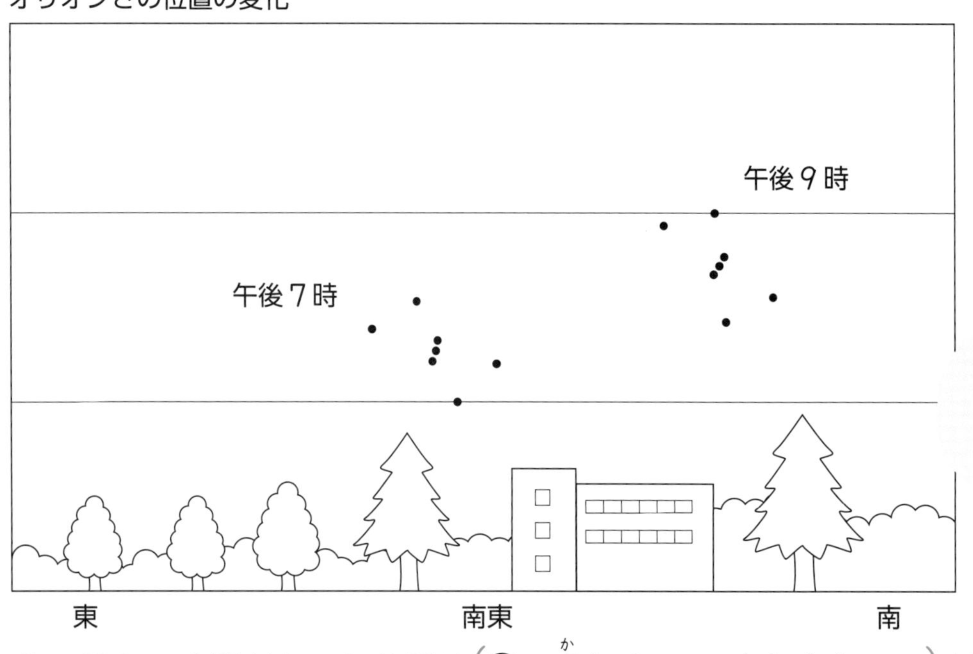

オリオンざの星のうち、特に目立つ7つの星だけを記録しているよ。

▶冬の星も、時間がたつと位置は(③　変わる　・　変わらない　)が、
星のならび方は(④　変わる　・　変わらない　)。

ここが、だいじ！
①冬の星も、星によって明るさや色にちがいがある。
②冬の星も、時間がたつと位置が変わるが、星のならび方は変わらない。

ぴたトリビア　オリオンざやさそりざも、ギリシャ神話がもとになっています。オリオンざがさそりざと同時に空にのぼらないのは、オリオンがさそりにさされて死んだからだといわれています。

★冬の星

冬の星

1 図は、冬の夜空に見られる星ざです。

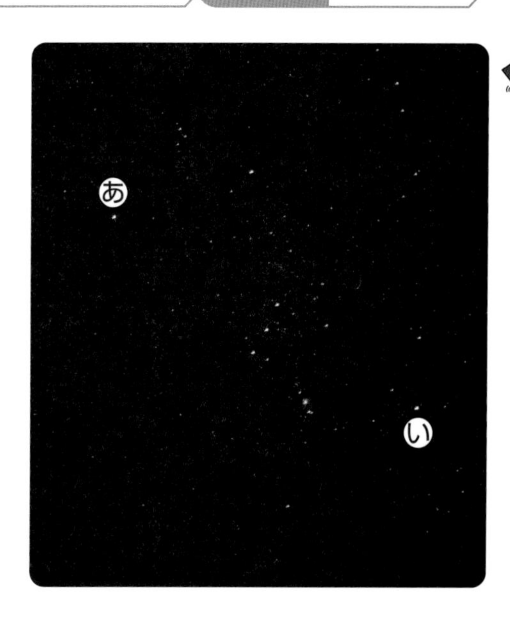

(1) 星ざをさがすときに使うとよいものをすべて選んで、（　）に○をつけましょう。

ア（　）しゃ光板　　イ（　）星ざ早見
ウ（　）方位じしん　　エ（　）虫めがね

(2) 図の星ざを何といいますか。

（　　　　　）

(3) 赤色に見えるあの1等星を何といいますか。

（　　　　　）

(4) 青白色に見えるいの1等星を何といいますか。

（　　　　　）

(5) 冬の星の明るさや色について、正しく説明しているものを2つ選んで、（　）に○をつけましょう。

ア（　）どの星も、明るさは同じである。
イ（　）星によって、明るさにちがいがある。
ウ（　）どの星も、色は同じである。
エ（　）星によって、色にちがいがある。

2 図は、ある日の午後7時に観察したオリオンざのようすを表しています。

(1) 同じ日の午後9時にもオリオンざを観察したとき、午後7時と同じに見えるものには○、ちがって見えるものには×を、（　）につけましょう。

①（　）オリオンざが見える方位
②（　）オリオンざが見える高さ
③（　）オリオンざをつくる星のならび方

(2) 冬の星の位置やならび方についてまとめます。次の文の（　）に当てはまる言葉を書きましょう。

● 冬の星は、時間がたつと、（①　　　　）が変わるが、（②　　　　）は変わらない。

この本の終わりにある「冬のチャレンジテスト」をやってみよう！

ヒント 1 (2)2つの1等星と5つの2等星がふくまれる、冬の代表的な星ざです。

学習日　月　日

★冬

④冬の生物のようす

◎めあて
冬に見られる動物や植物のようすをかくにんしよう。

教科書 156～160ページ　答え 32ページ

次の（　）に当てはまる言葉を書くか、当てはまるものを○でかこもう。

1 冬になると、生物のようすはどのように変わるのだろうか。　教科書 156～160ページ

▶冬になると、気温がさらに（① 上がり ・ 下がり ）、動物はあまり活動しなくなる。

▶たまごを残したり、生活場所を土の中に変えたりする動物もいて、見られる動物の種類は、秋よりも（② 多く ・ 少なく ）なる。

オオカマキリ

カブトムシ

ナナホシテントウ

ヒキガエル

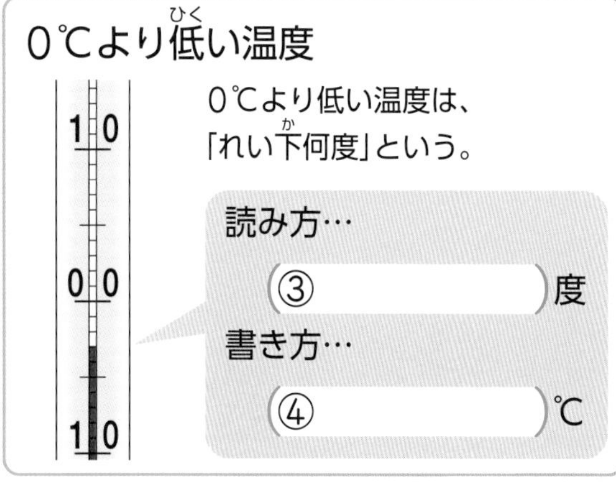

0℃より低い温度
10
0
10
0℃より低い温度は、「れい下何度」という。
読み方…
（③　　）度
書き方…
（④　　）℃

オナガガモ

オナガガモは、北にある寒い国々からわたってきて、日本で冬をこすよ。

サクラ

葉が落ちて、えだだけになっているが、（⑤　　）には葉のようなものがつまっている。

ツルレイシ

（⑥　　）だけを残して、葉やくき、根、実などの植物全体がかれている。

▶植物は、かれているものや、葉が（⑦ しげって ・ 落ちて ）えだだけになっているものが見られる。また、春に向けて（⑧　　）ができているものもある。

ここがだいじ！

①冬になると気温がさらに下がり、動物はあまり活動しなくなる。また、見られる動物の種類は少なくなる。
②植物は、かれているものや、えだだけになっているもの、芽ができるものがある。

動物が長い間じっとして冬ごしをする理由には、冬はじゅうぶんな食べものがないことや、体温が下がって活動しにくくなることなどがあります。

★冬

④冬の生物のようす

教科書 156～160ページ　答え 32ページ

1 冬の動物のようすを調べました。

(1) 次の①～④の動物について、冬に見られるようすをそれぞれ選んで、（　）に○をつけましょう。

① オオカマキリ

ア（　）

イ（　）

② カブトムシ

ア（　）

イ（　）

③ ナナホシテントウ

ア（　）

イ（　）

④ ヒキガエル

ア（　）

イ（　）
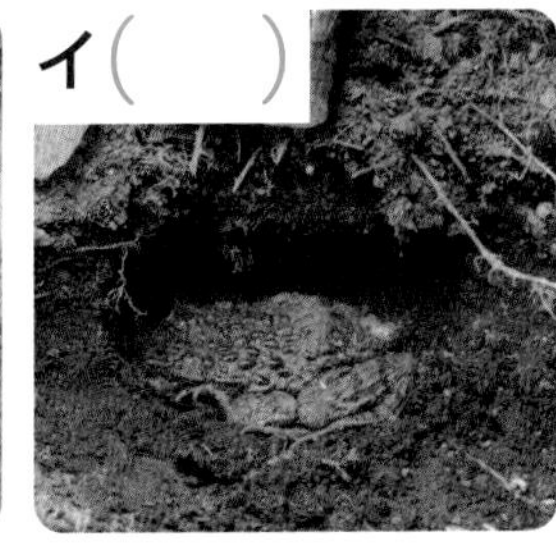

(2) 冬になると、秋とくらべて、気温は高くなりますか、低くなりますか。

（　　　　　　　　）

(3) 冬の動物のようすとして、正しいほうの（　）に○をつけましょう。

ア（　）活発に活動している。

イ（　）あまり活動していない。

(4) 冬になると、秋とくらべて、見られる動物の種類は多くなりますか、少なくなりますか。

（　　　　　　　　）

2 次の①、②の植物について、冬に見られるようすをそれぞれ選んで、（　）に○をつけましょう。

① サクラ

ア（　）

イ（　）
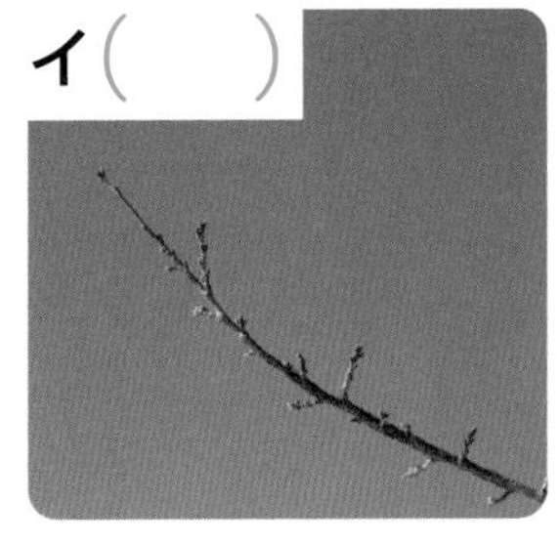

② ツルレイシ

ア（　）
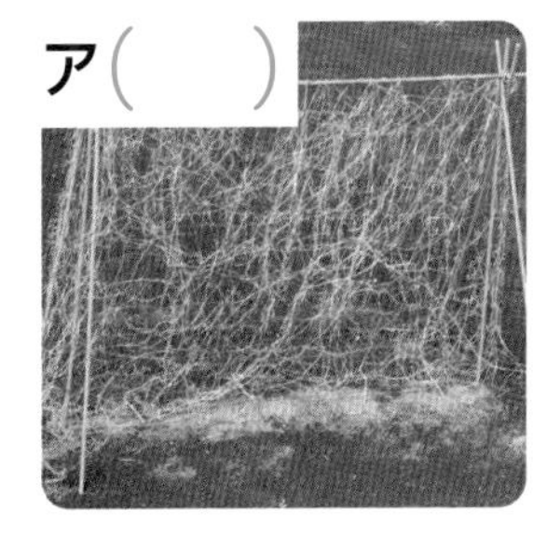
イ（　）

ヒント ❶ 冬になると、たまごを残したり、生活場所を土の中などに変えたりする動物がいます。

学習日　　月　　日

★冬

⑤1年間をふり返って

めあて
気温と見られる生物のようすの関係をかくにんしよう。

教科書 161〜167ページ　答え 33ページ

 次の(　)に当てはまる言葉を書くか、当てはまるものを〇でかこもう。

1 1年間の生物のようすは、気温とどのように関係しているのだろうか。 教科書 161〜167ページ

▶あたたかい季節になると、動物は活動が(① 活発に ・ にぶく)なり、見られる数が(② ふえたり ・ へったり)、種類が変化したりする。植物は、(③ よく成長し ・ ほとんど成長せず)、花がさいたり、実やたねができたりするものもある。

▶寒い季節になると、動物は活動が(④ 活発に ・ にぶく)なり、見られる種類が(⑤ ふえる ・ へる)。植物は、(⑥ よく成長し ・ ほとんど成長せず)、かれたり、(⑦　　　　)を落としてえだだけになったりする。春に向けて(⑧　　　　)ができるものもある。

ここがだいじ!
①気温が高くなると、動物の活動は活発になり、植物は体全体が育つ。
②気温が低くなると、動物の活動はにぶくなり、植物はかれたり、新しい芽をつけたりする。

日本には四季があり、季節によって見られる動物や植物の種類やようすがちがいます。季節ごとに食べごろとなる動物や植物もちがい、「旬のもの」として食べられてきました。

1 1年間の動物のようすをまとめます。

(1) 気温が低い季節になると、動物の活動のようすはどうなりますか。

（　　　　　　）

(2) 春と冬のヒキガエルのようすを、次のア〜エから選びましょう。

春（　　）冬（　　）

ア 
イ 
ウ 
エ 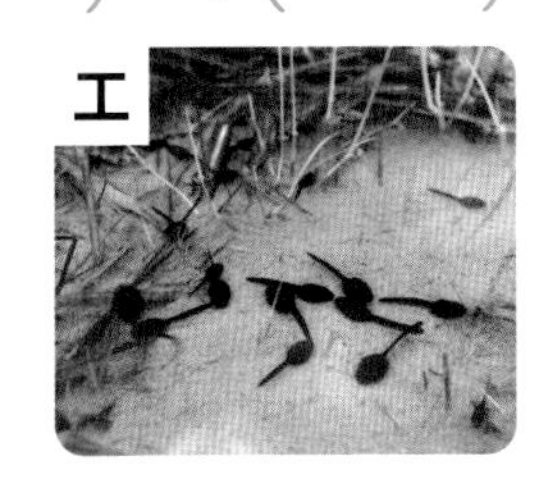

(3) 季節と動物の関係について、正しいほうの（　）に○をつけましょう。

ア（　）季節に関係なく、同じ動物が見られる。
イ（　）季節によって、見られる動物がちがう。

2 1年間の植物のようすをまとめます。

(1) サクラのようすは、どのように変わりますか。春から冬まで、順にならべましょう。

（　　）→（　　）→（　　）→（　　）

ア 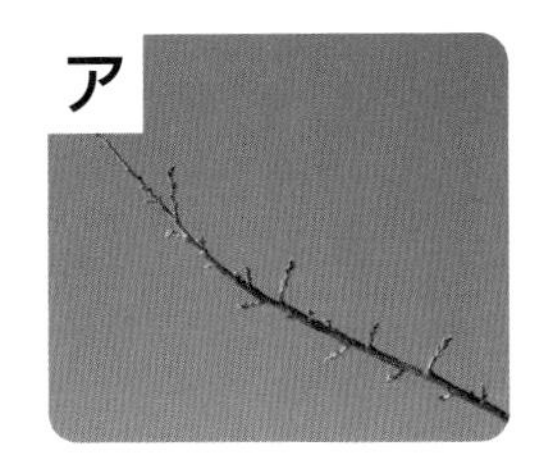
イ 
ウ 
エ 

(2) ツルレイシのようすは、どのように変わりますか。春から冬まで、順にならべましょう。

（　　）→（　　）→（　　）→（　　）

ア 
イ 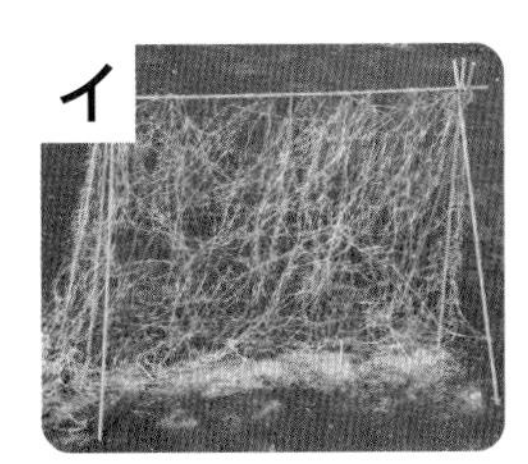
ウ 
エ 

(3) 季節と植物の関係について、正しいものを1つ選んで、（　）に○をつけましょう。

ア（　）気温が高い季節も低い季節も、植物は同じように育つ。
イ（　）気温が高い季節のほうが、植物はよく育つ。
ウ（　）気温が低い季節のほうが、植物はよく育つ。

★冬

教科書 156～169ページ　答え 34ページ

よく出る

1 冬に見られる生物のようすを２つ選んで、（　　）に○をつけましょう。

1つ10点(20点)

ア（　　）

カブトムシ

イ（　　）

ナナホシテントウ

ウ（　　）

サクラ

エ（　　）

ツルレイシ

よく出る

2 １年間のオオカマキリのようすをまとめました。

1つ5点(35点)

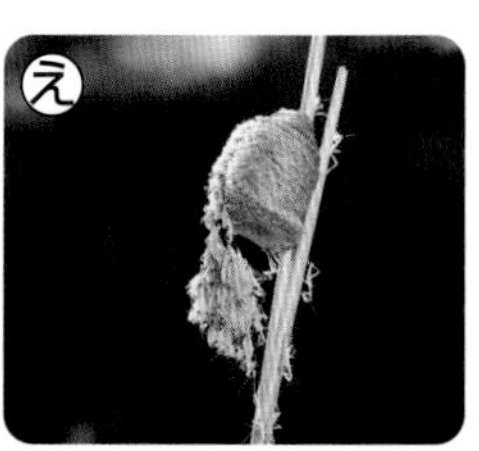

(1) 次の文は、うの◎について説明したものです。（　　）に当てはまる言葉を書きましょう。

● うの◎は（①　　　　　　）とよばれるもので、中にはたくさんの（②　　　　　　）が入っている。

(2) 冬から春、春から夏へと季節が変わるにつれて、気温はどうなりますか。

（　　　　　　　　）

(3) (2)のとき、動物の活動は活発になりますか、にぶくなりますか。

（　　　　　　　　）

(4) 夏から秋、秋から冬へと季節が変わるにつれて、気温はどうなりますか。

（　　　　　　　　）

(5) (4)のとき、見られる動物の種類はどうなりますか。正しいものを１つ選んで、（　　）に○をつけましょう。

ア（　　）だんだん多くなる。　　イ（　　）だんだん少なくなる。

ウ（　　）ほとんど変わらない。

(6) 気温がいちばん高いときのオオカマキリのようすは、あ～えのどれですか。

（　　）

3 あ～えは、季節ごとの自然のようすと、そのときの気温をはかった温度計のようすを表しています。

(1)は1つ5点、(2)は全部できて10点(20点)

(1) あの温度計が表す温度の読み方と書き方を答えましょう。　技能

読み方(　　　　　　)

書き方(　　　　　　)

(2) うは春の自然と温度計のようすを表しています。うをはじまりとして、あ～えを季節の順にならべかえましょう。

思考・表現

う→(　　　)→(　　　)→(　　　)

できたらスゴイ!

4 冬の動物のようすと気温の関係について考えます。

思考・表現

(1)は10点、ほかは1つ5点(25点)

(1) 記述 ヒキガエルは冬の間、土の中ですごします。その理由を「温度」に着目して説明しましょう。

(　　　　　　　　　　　　　　　　)

(2) ヒキガエルと同じような冬のすごし方をする動物を1つ選んで、(　)に○をつけましょう。

ア(　)オオカマキリ　　イ(　)ツバメ

ウ(　)カブトムシ　　エ(　)スズメ

(3) オナガガモは、日本より北の地いきからわたってきて、日本で冬をすごします。この理由を説明した次の文の、(　)の中の正しいほうを○でかこみましょう。

- 冬になると、日本より北の地いきは日本よりも(① あたたかく ・ 寒く)なり、オナガガモにとって日本のほうが(② すごしやすい ・ すごしにくい)ため。

ふりかえり

2がわからないときは、64ページの1にもどってかくにんしましょう。
4がわからないときは、62ページの1にもどってかくにんしましょう。

学習日　　月　　日

9. もののあたたまり方

①金ぞくのあたたまり方

◎めあて　金属がどのようにあたたまっていくか、かくにんしよう。

教科書　170〜174ページ　答え　35ページ

次の（　）に当てはまる言葉を書くか、当てはまるものを○でかこもう。

1 金ぞくは、どのようにあたたまるのだろうか。

教科書　170〜174ページ

▶金ぞくのぼうの
はしを熱したとき

ぼうの（①　はし　・　真ん中　）からろうがとけて、もう一方のはしのほうに順に広がっていく。

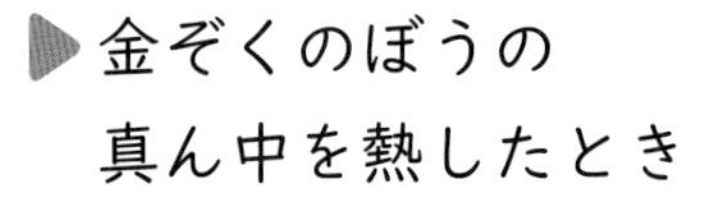

▶金ぞくのぼうの
真ん中を熱したとき

ぼうの（②　はし　・　真ん中　）からろうがとけて、左右に順に広がっていく。

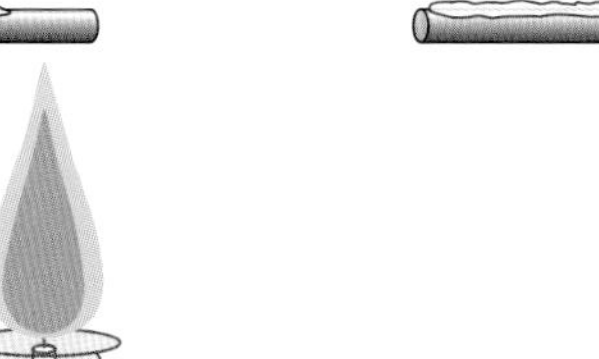

▶金ぞくのぼうをななめにして、
真ん中を熱したとき

ぼうの（③　はし　・　真ん中　）からろうがとけて、上下に順に広がっていく。

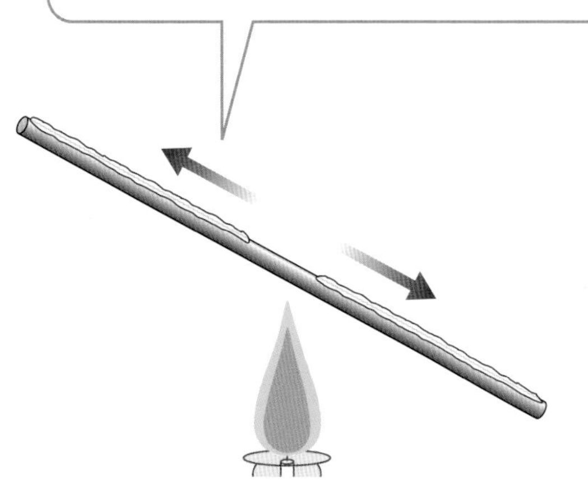

▶金ぞくの板の
真ん中を熱したとき

板の（④　はし　・　真ん中　）からろうがとけて、順に全体に広がっていく。

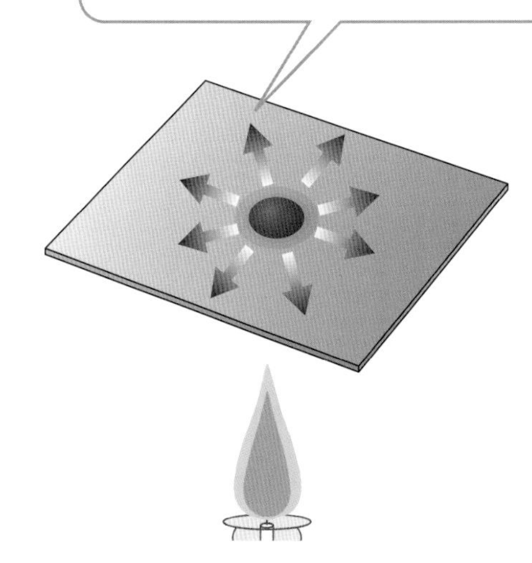

▶金ぞくは、（⑤　　　　　　　　　）ところから順に、遠くのほうへとあたたまる。

①金ぞくは、熱せられたところから順に、遠くのほうへとあたたまる。

熱の伝わりやすさは金ぞくによってちがい、伝わりやすいほうから順に、銀、銅、金、アルミニウム、ニッケル、鉄です。そのため、銅やアルミニウムは、調理器具によく使われます。

9. もののあたたまり方

①金ぞくのあたたまり方

教科書 170～174ページ　答え 35ページ

1 金ぞくのぼうのあたたまり方を調べます。

① 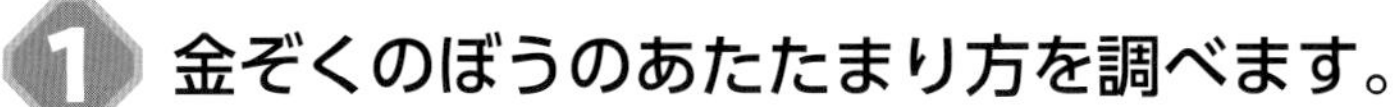

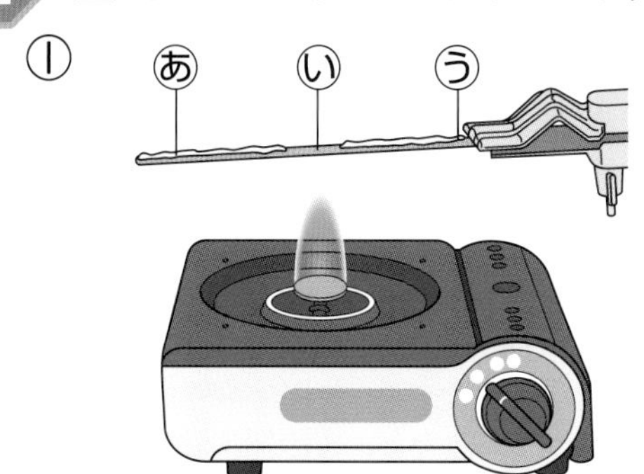

② 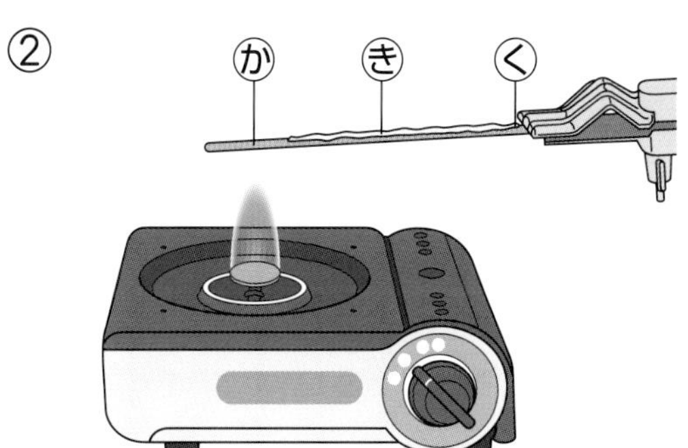

(1) 金ぞくのあたたまり方を調べるためには、金ぞくのぼうに何をぬるとよいですか。1つ選んで、(　)に○をつけましょう。

ア(　)油　　イ(　)絵の具　　ウ(　)ろう　　エ(　)のり

(2) ①で、いちばん先にあたたまるのは、あ～うのどの部分ですか。(　　)

(3) ②で、はやくあたたまる順にか～くをならべかえましょう。

(　　)→(　　)→(　　)

2 ろうをぬった金ぞくの板の真ん中を熱して、あたたまり方を調べます。

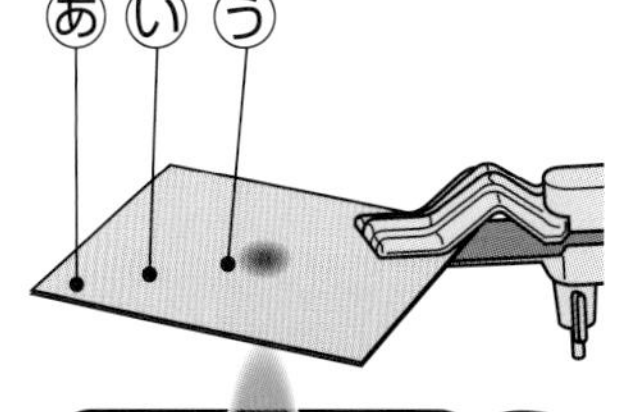

(1) いちばんはじめにあたたまるのは、あ～うのどの部分ですか。(　　)

(2) しばらく熱したとき、ろうはどのようになりますか。正しいものを1つ選んで、(　)に○をつけましょう。

ア(　)　　イ(　)　　ウ(　)

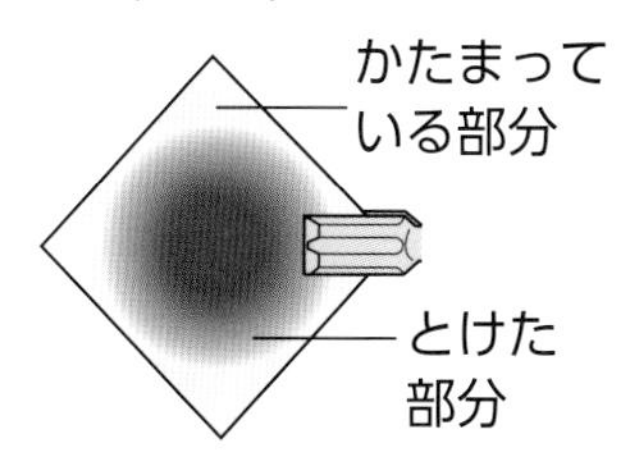

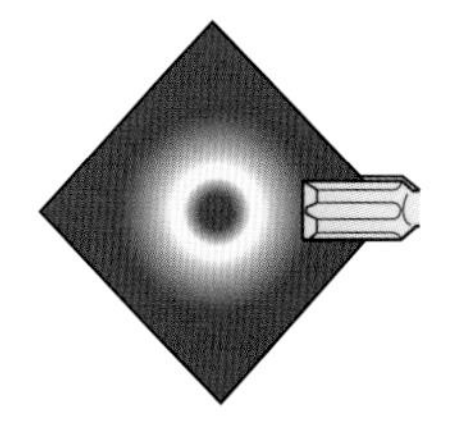

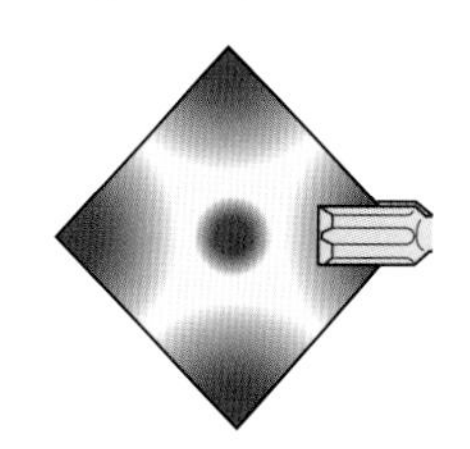

(3) 金ぞくはどのようにあたたまりますか。正しいものを1つ選んで、(　)に○をつけましょう。

ア(　)どこを熱しても、同時に全体があたたまる。

イ(　)熱せられたところから順に遠くのほうへ、だんだんあたたまる。

ウ(　)熱せられたところから遠い部分から、だんだんあたたまる。

学習日　月　日

9. もののあたたまり方

②水と空気のあたたまり方

めあて
水や空気がどのようにあたたまっていくか、かくにんしよう。

教科書 175〜183ページ　答え 36ページ

次の(　)に当てはまる言葉を書くか、当てはまるものを〇でかこもう。

1 水は、どのようにあたたまるのだろうか。

教科書 175〜178ページ

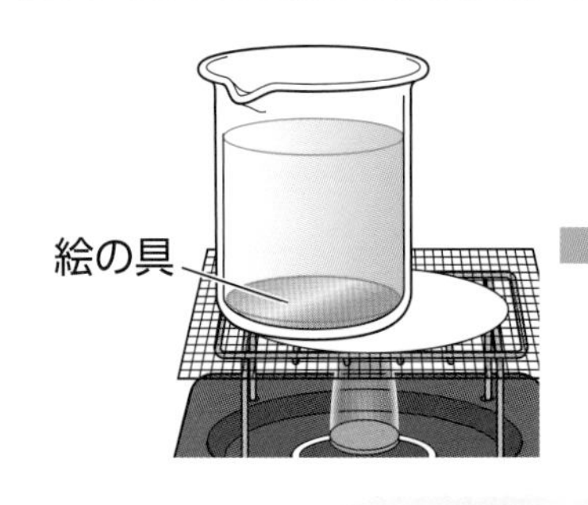

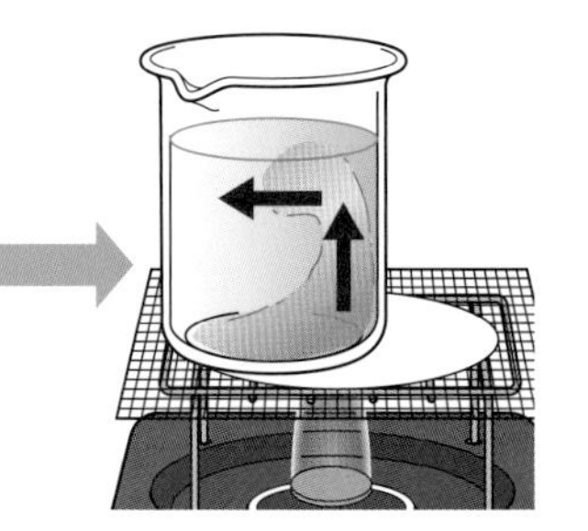

絵の具の動きは、
水の動きを表しているから、
あたためられた水が
上に動いたことがわかるね。

▶水は、(①　　　　　　)ところが
あたたまって、温度が(② 高く ・ 低く)なる。
温度が(②)なった水が(③ 上 ・ 下)に
動くことで、全体があたたまる。

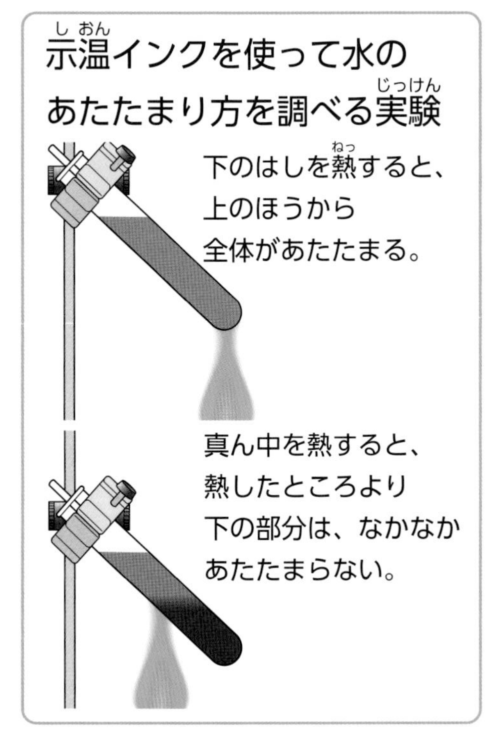

示温インクを使って水の
あたたまり方を調べる実験
下のはしを熱すると、
上のほうから
全体があたたまる。
真ん中を熱すると、
熱したところより
下の部分は、なかなか
あたたまらない。

2 空気は、どのようにあたたまるのだろうか。

教科書 179〜182ページ

だんぼうしている部屋では、
上のほうの空気が、下のほうの
空気よりあたたかいことがあるね。

線こうのけむりの動きは、
空気の動きを表しているから、
あたためられた空気が
上に動いたことがわかるね。

▶空気は、(① 金ぞく ・ 水)と同じように、(②　　　　　　)ところが
あたたまって、温度が(③ 高く ・ 低く)なる。温度が(③)なった空気が
(④ 上 ・ 下)に動くことで、全体があたたまる。

①水や空気は熱せられたところがあたたまり、あたたまった水や空気が上に動くことで、全体があたたまる。

冷たい空気や水は、下のほうに動きます。エアコンで冷ぼうをする場合、ふき出し口を上向き(水平)にすると、冷たい空気が上から下に動き、部屋全体が早く冷えます。

9. もののあたたまり方

②水と空気のあたたまり方

教科書 175～183ページ　答え 36ページ

1 水のあたたまり方を調べました。

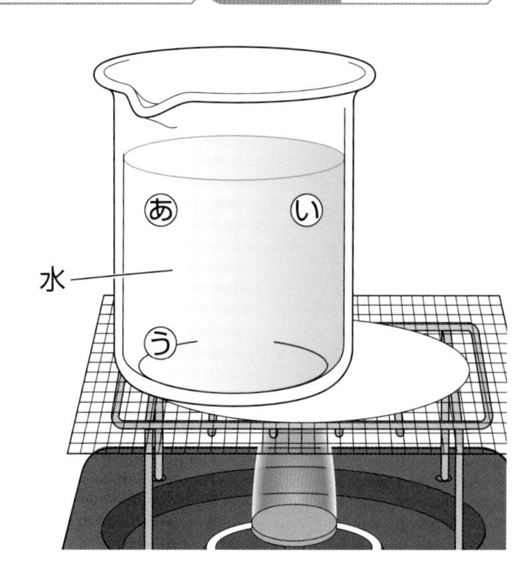

(1) あ～うの部分は、どのような順であたたまりますか。正しいものを１つ選んで、（　）に○をつけましょう。

ア（　）あが最初にあたたまり、その後、いとうがほぼ同時にあたたまる。

イ（　）いが最初にあたたまり、その後、あ、うの順にあたたまる。

ウ（　）うが最初にあたたまり、その後、あ、いの順にあたたまる。

(2) 次の文は、(1)で答えたようになる理由を説明したものです。（　）に当てはまる言葉を書きましょう。

● 熱せられて温度が（①　　　）なった水は、（②　　　）に動くから。

2 空気のあたたまり方を調べました。

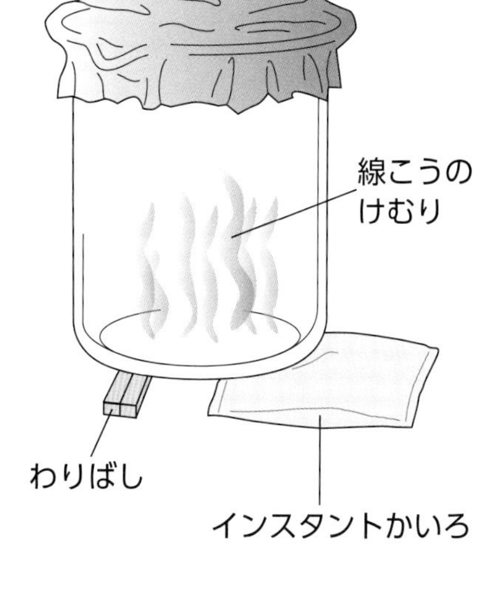

(1) 線こうのけむりを入れたのは、何を見やすくするためですか。（　　　）

(2) 線こうのけむりはどのように動きますか。正しいものを１つ選んで、（　）に○をつけましょう。

ア（　）

イ（　）

ウ（　）

(3) (2)で答えたようになるのはなぜですか。正しいものを１つ選んで、（　）に○をつけましょう。

ア（　）あたためられて温度が高くなった空気が、上に動くから。

イ（　）あたためられて温度が高くなった空気が、横に動くから。

ウ（　）あたためられて温度が高くなった空気が、全体に広がるから。

(4) 空気のあたたまり方は、金ぞくと水のどちらと同じですか。（　　　）

9. もののあたたまり方

教科書 170～185ページ　答え 37ページ

よく出る

1 金ぞくのぼうをななめにして熱しました。

1つ7点、(2)は全部できて7点(14点)

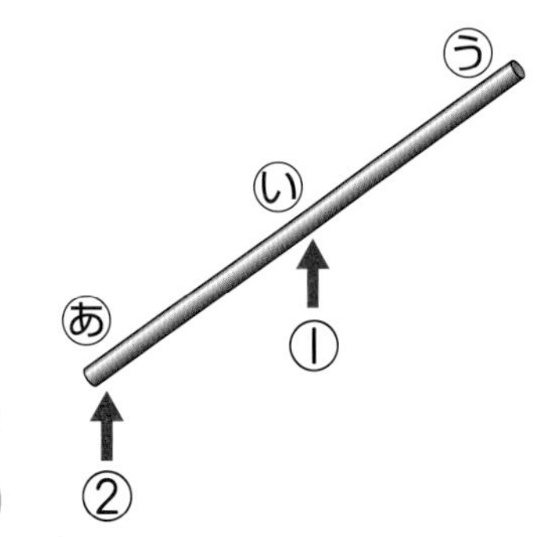

(1) ①の部分を熱したとき、あとうはどのような順であたたまりますか。正しいほうの(　　)に○をつけましょう。

ア(　　)あとうはほとんど同時にあたたまる。

イ(　　)うが先にあたたまり、その後、あがあたたまる。

(2) ②の部分を熱したとき、はやくあたたまる順にあ～うをならべかえましょう。　(　　)→(　　)→(　　)

2 正方形の金ぞくの板にろうをぬり、一部を熱します。

思考・表現

(3)は10点、ほかは1つ7点(24点)

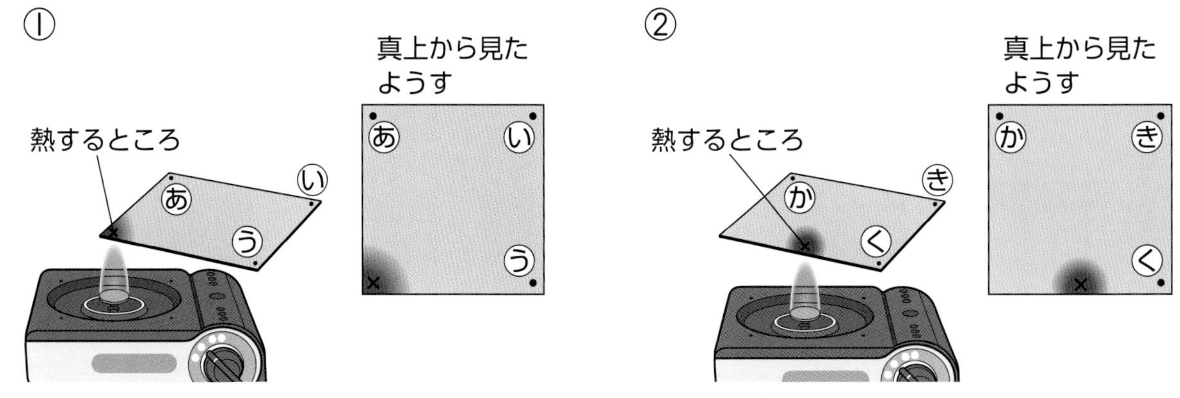

(1) ①で、ろうがとけるのがいちばんおそいのは、あ～うのどこですか。　(　　)

(2) ②で、ほとんど同時にろうがとけるのは、か～くのどことどこですか。　(　　)

(3) 記述 (1)、(2)のようになるのは、金ぞくがどのようにあたたまるからですか。

(　　)

よく出る

3 水のあたたまり方を調べました。

(3)は10点、ほかは1つ7点(24点)

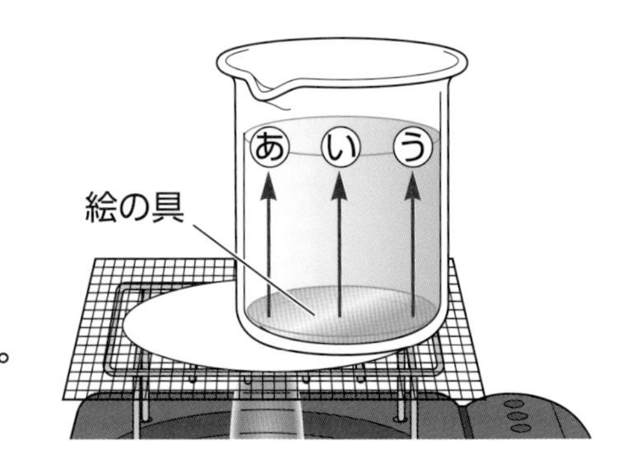

(1) 絵の具を水の中に入れたのはなぜですか。正しいほうの(　　)に○をつけましょう。　技能

ア(　　)水があたたまりやすくなるようにするため。

イ(　　)水の動きをわかりやすくするため。

(2) 絵の具が上に動くのはどの部分ですか。正しいものを１つ選んで、(　　)に○をつけましょう。

ア(　　)㋐の部分　　イ(　　)㋑の部分　　ウ(　　)㋒の部分

エ(　　)㋐、㋑、㋒のすべての部分

(3) 記述 ふろに入るとき、上のほうは水が熱くなっているのに、下のほうはまだ冷たいことがあります。このようになる理由を説明しましょう。　思考・表現

(　　　　　　　　　　　　　　　　)

よく出る

4 空気のあたたまり方を調べます。

1つ7点(21点)

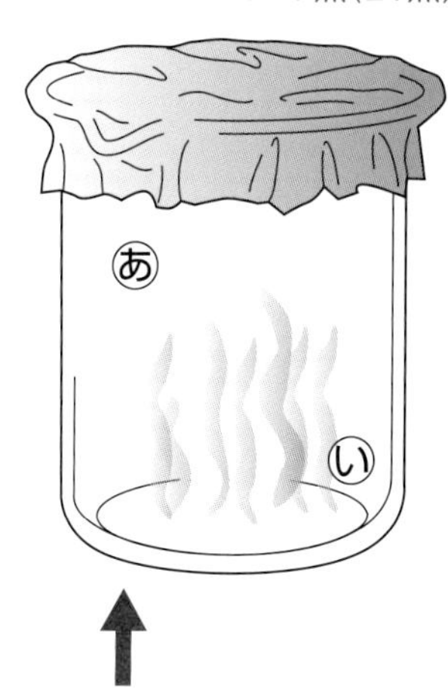

あ
い

(1) ↑の部分を熱したとき、先にあたたまるのは㋐、㋑のどちらですか。　(　　)

(2) 次の文は、(1)のようになる理由を説明したものです。(　　)に当てはまる言葉を下の［　］から選んで書きましょう。

- 空気が熱せられると、温度が(①　　　)なって(②　　　)のほうへ動くから。

低く　　高く　　上　　下　　横

できたらスゴイ！

5 エアコンで部屋全体をはやくあたためられる方法を考えます。　思考・表現

(1)は7点、(2)は10点(17点)

ふき出し口を
上向きにする。

ふき出し口を
下向きにする。

(1) エアコンから出る空気は、ふき出し口の向きに出ていきます。部屋全体をはやくあたためられるのは、ふき出し口の向きを上向き、下向きのどちらにしたときですか。

(　　　　)

(2) 記述 (1)の向きだと部屋全体がはやくあたたまるのは、なぜですか。

(　　　　　　　　　　　　　　　　)

ふりかえり
❶がわからないときは、68ページの❶にもどってかくにんしましょう。
❺がわからないときは、70ページの❷にもどってかくにんしましょう。

ぴったり1 じゅんび

3分でまとめ

10. すがたを変える水

①熱したときの水のようす

学習日　　月　　日

めあて
水を熱し続けたときの、温度や水のようすをかくにんしよう。

教科書 186〜196ページ　答え 38ページ

次の(　)に当てはまる言葉を書くか、当てはまるものを○でかこもう。

1 水がふっとうしているときに出るあわは何だろうか。

教科書 186〜193ページ

▶熱(ねっ)した水からあわがさかんに出るじょうたいを、水の(①　　　　　　)という。

▶ふっとうしている水の中から出ているあわは、(②　　　　　　)である。

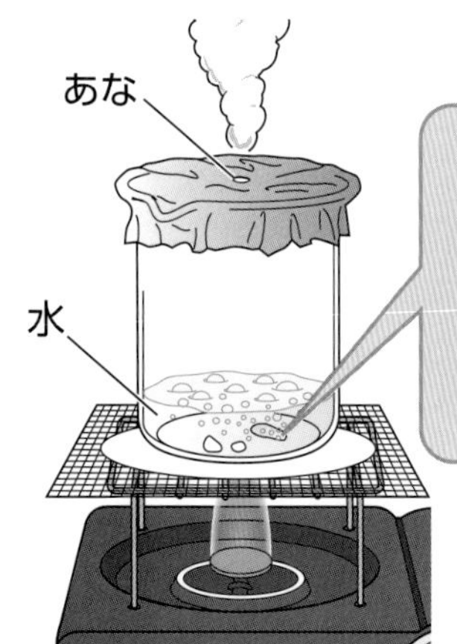

水が急にあわ立ち、ふき出すのをふせぐため、必(かなら)ずふっとう石を入れてから熱する。

(③　　　　　　)は、目に見える。

(④　　　　　　)は、目に見えない。

▶湯気は、(⑤　　　　　　)が冷(ひ)やされてできた、小さな(⑥　　　　)のつぶである。

▶湯気は、空気中で(⑦　　　　　　)して、(⑧　　　　　　)になる。

2 水を熱し続(つづ)けると、どうなるのだろうか。

教科書 194〜196ページ

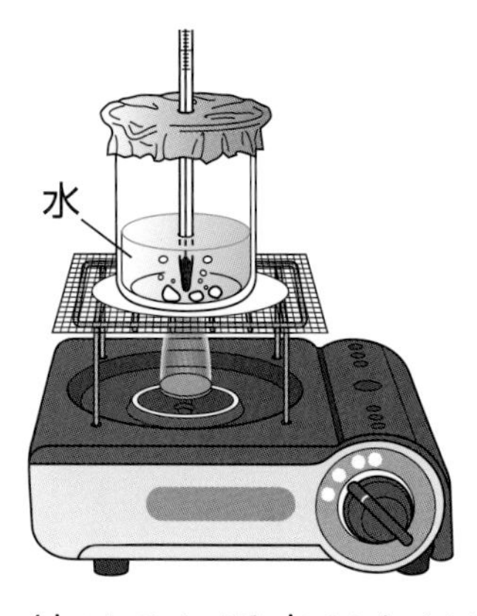

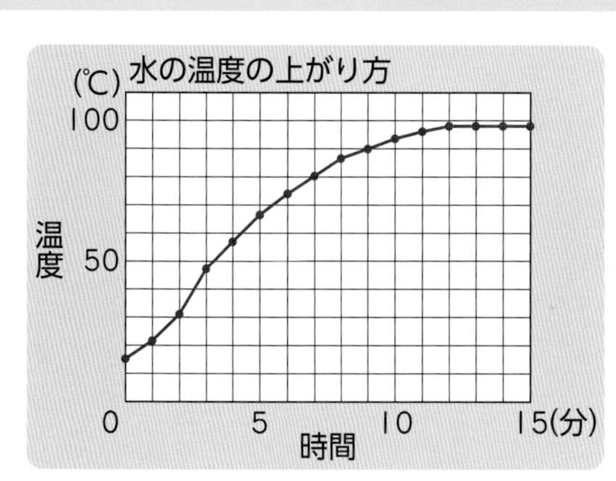

▶水を熱し続けると温度が上がり、およそ(①　80　・　100　)℃でふっとうする。

▶ふっとうしている間、水の温度は(②　上がり続ける　・　変(か)わらない　)。

ここが だいじ!

①熱した水から、あわがさかんに出ているじょうたいを、ふっとうという。

②ふっとうしている水の中から出ているあわは、水(すい)じょう気(き)である。

③水はおよそ100℃でふっとうし、ふっとうしている間は温度が変わらない。

水が水じょう気に変化(へんか)すると、体積(たいせき)が約(やく)1700倍になります。そのため、水をみっぺいして加熱(かねつ)すると、きけんです。なべのふたには、水じょう気などをにがすための、あながあります。

ぴったり2 練習

10. すがたを変える水

①熱したときの水のようす

教科書 186〜196ページ　答え 38ページ

1 **ビーカーに入れた水を熱(ねっ)すると、あなから白いけむりのようなものが出て、水の中からはあわがさかんに出るようになりました。**

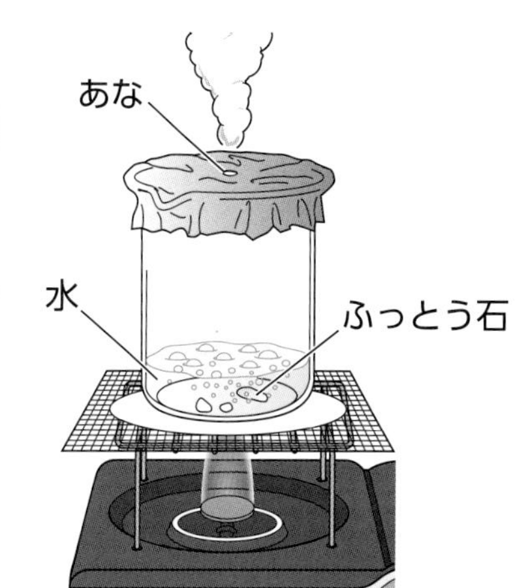

(1) ふっとう石を入れてから水を熱するのはなぜですか。正しいものを1つ選(えら)んで、(　)に○をつけましょう。

ア(　　)水の温度を上がりやすくするため。

イ(　　)水が急にあわ立たないようにするため。

ウ(　　)ビーカーがわれないようにするため。

(2) 熱した水の中から、あわがさかんに出るじょうたいを何といいますか。

(　　　　　)

(3) 水の中から出るあわは、水が目にみえないすがたに変(か)わったものです。これを何といいますか。

(　　　　　)

(4) あなから出た、白いけむりのようなものを何といいますか。

(　　　　　)

(5) (4)は、(3)が冷(ひ)やされて、小さな何のつぶに変わったものですか。

(　　　　　)

2 **水を熱し続(つづ)けたときの、温度の変化(へんか)と水のようすの関係(かんけい)を調べました。**

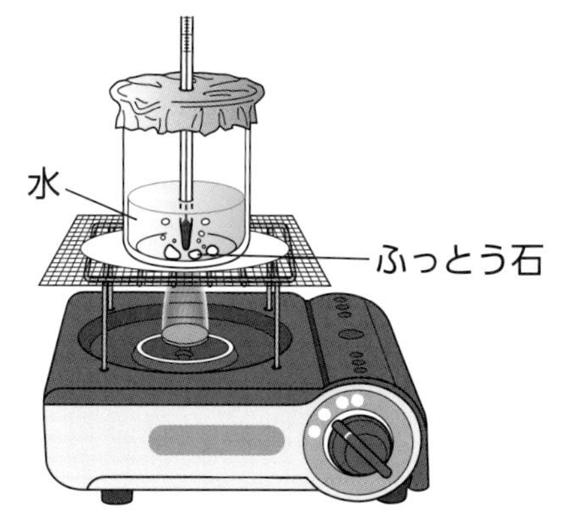

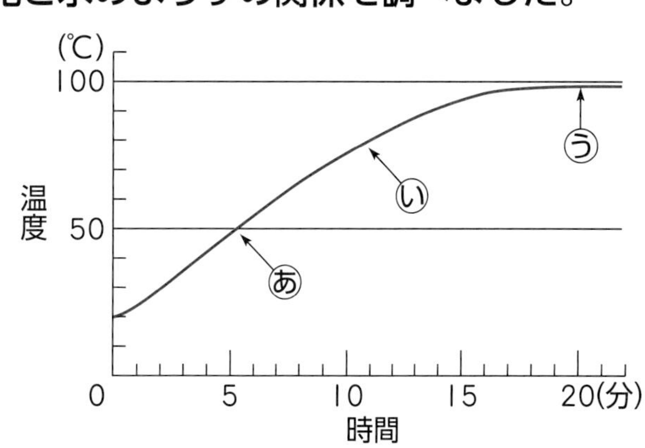

(1) 水がふっとうしているのは、あ〜うのどのときですか。(　　　)

(2) 水のふっとうについてまとめます。(　　)に当てはまる数を書きましょう。

● 水を熱し続けると温度が上がり、およそ(　　　　)℃でふっとうする。

(3) 水がふっとうしている間、温度はどうなりますか。

(　　　　　)

ぴったり1 じゅんび

10. すがたを変える水

②冷やしたときの水のようす
③温度と水のすがた

学習日　月　日

めあて
水を冷やし続けたときの、温度や水のようすをかくにんしよう。

教科書 197〜203ページ　答え 39ページ

次の(　)に当てはまる言葉を書くか、当てはまるものを○でかこもう。

1 水を冷やし続けると、どうなるのだろうか。

教科書 197〜200ページ

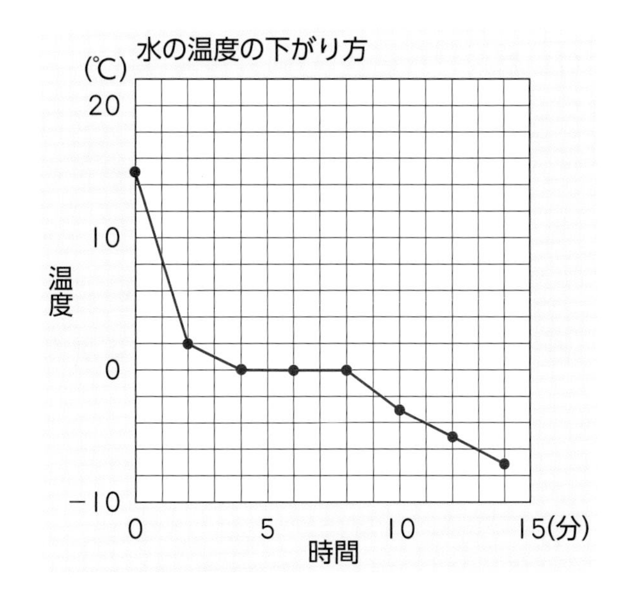

- 水を冷やし続けると温度が下がり、(① 0 ・ 100)℃になるとこおり始める。
- 水がこおり始めてから、全部が氷になるまでの間、温度は(② 下がり続ける ・ 変わらない)。
- 全部が氷になった後も冷やし続けると、温度は(③　　　　)。
- 水が氷になると、体積は(④ 大きく ・ 小さく)なる。

2 温度と水のすがたの関係をまとめよう。

教科書 201ページ

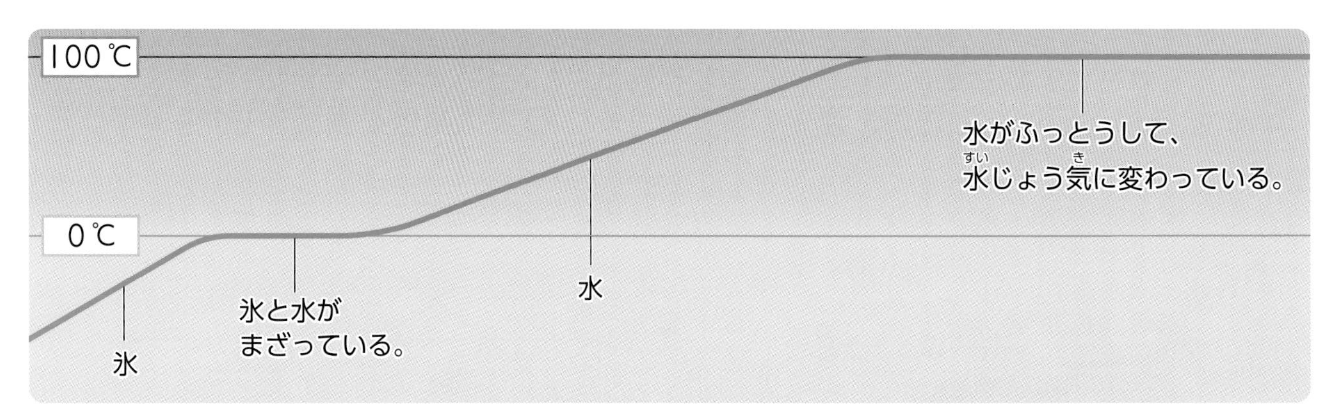

- 水じょう気のように、目に見えないすがたを(①　　　　)という。
- 水のように、目に見えて、入れものによって形が変わるすがたを(②　　　　)という。
- 氷のように、目に見えて、かたまりになっているすがたを(③　　　　)という。
- 水は、(④　　　　)によって固体、えき体、気体とすがたを変える。

ここがだいじ!

①水は0℃になるとこおり始め、全部こおるまでは温度が変わらない。
②水が氷になると、体積が大きくなる。
③水は、温度によって固体、えき体、気体とすがたを変える。

ぴたトリビア
寒い地いきでは、冬に水道管の中にたまった水をぬくことがあります。これは、水道管の中の水がこおることによって体積がふえ、水道管がはれつするのをふせぐためです。

学習日　月　日

10. すがたを変える水

②冷やしたときの水のようす
③温度と水のすがた

教科書 197〜203ページ　答え 39ページ

1 水を冷やし続けたときの、温度の変化と水のようすの関係を調べました。

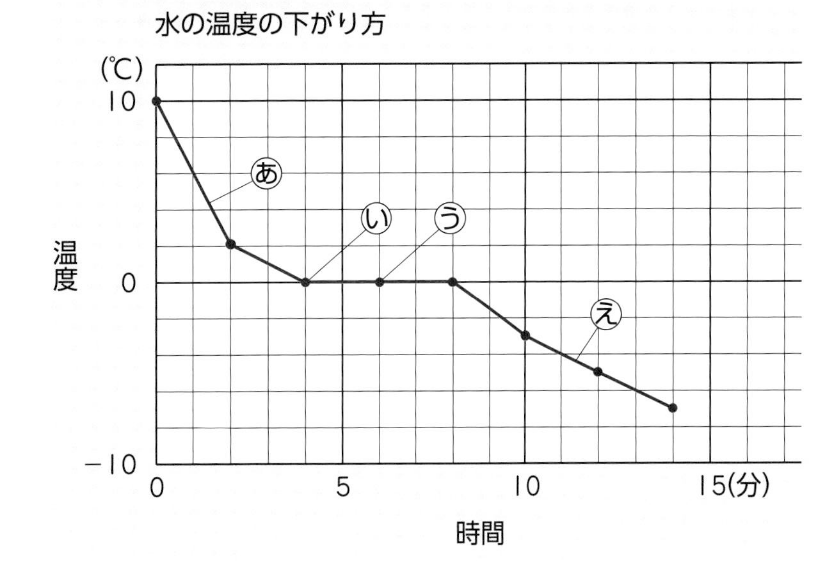

(1) 水がこおり始めたのは、図のあ〜えのいつですか。

(　　)

(2) 水が氷になると、体積はどうなりますか。

(　　　　　)

2 温度と水のすがたの関係をまとめます。

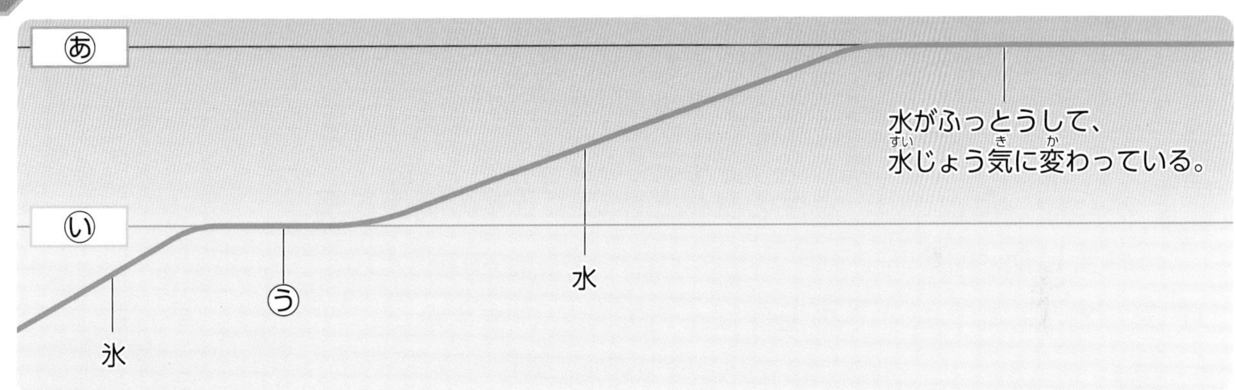

(1) 水、氷、水じょう気のようなすがたを何といいますか。それぞれ□から選んで書きましょう。

水(　　　　)　氷(　　　　)　水じょう気(　　　　)

えき体　　気体　　固体

(2) あ、いに当てはまる温度を書きましょう。　あ(　　　　)　い(　　　　)

(3) うのとき、水はどのようなすがたですか。正しいものを1つ選んで、(　)に○をつけましょう。

ア(　)全部が水である。
イ(　)全部が氷である。
ウ(　)水と氷がまざっている。

10. すがたを変える水

教科書 186〜205ページ　答え 40ページ

1 あなを開けたアルミニウムはくのふたをして、水をふっとうさせました。

⑷は10点、ほかは1つ5点(25点)

(1) 水が急にあわ立ち、ふき出さないようにするために入れるあを何といいますか。　技能

(　　　　　　)

(2) あなの上のほうには、湯気が見られました。湯気は、固体(こたい)、えき体、気体のどれですか。(　　　　　　)

(3) 記述 からの試験管(しけんかん)をあなからビーカーに入れると、試験管はどうなりますか。　思考・表現

(　　　　　　　　　　　　　　　　　　　　)

(4) 記述 (3)のようになるのはなぜですか。　思考・表現

(　　　　　　　　　　　　　　　　　　　　)

よく出る

2 水を熱(ねっ)したときの、温度の変化(へんか)と水のようすの関係(かんけい)を調べました。

⑶は1つ5点、ほかは1つ5点(20点)

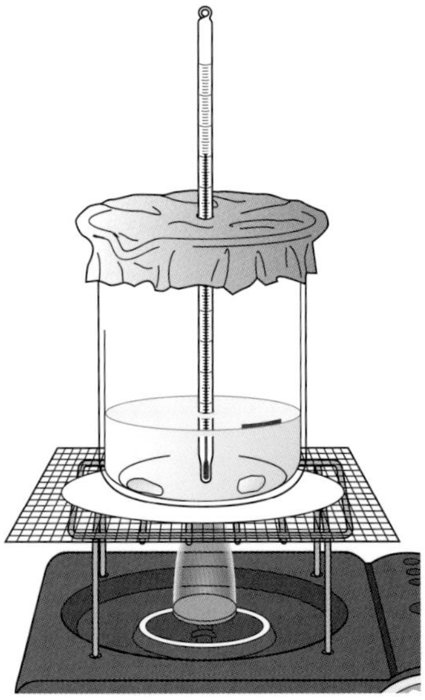

(1) ふっとうし始めたときの温度は、何℃くらいですか。

(　　　　　　)

(2) ふっとうし始めてからも熱し続(つづ)けると、温度はどうなりますか。正しいものを１つ選(えら)んで、(　)に○をつけましょう。

ア(　　)変(か)わらない。
イ(　　)上がる。
ウ(　　)下がる。

(3) 次の文は、ふっとうしているときに起こっていることを説明(せつめい)したものです。(　)に当てはまる言葉を、下の[　]から選んで書きましょう。

● 水が(①　　　　　　)から(②　　　　　　)へと、すがたを変えている。

固体	えき体	気体

よく出る

3 水を冷(ひ)やしたときのようすを調べます。

(1)(2)は1つ4点、(3)(4)は1つ5点(22点)

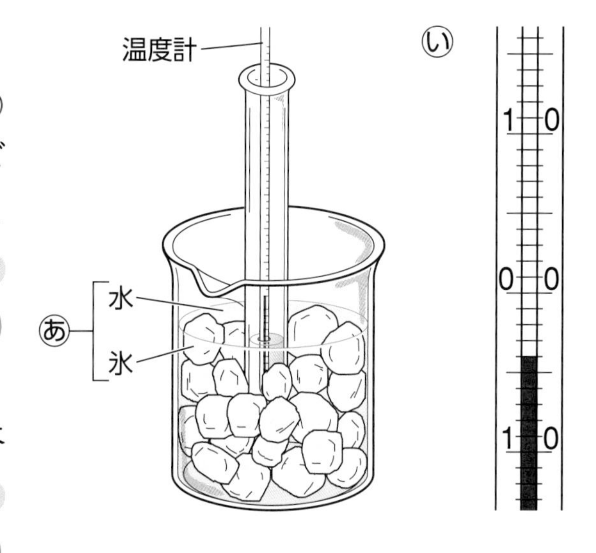

(1) 試験管の中の水をこおらせるためには、ビーカーに入れるあに、さらに何をまぜるとよいですか。　技能

(　　　　)

(2) しばらく冷やすと、温度計はいのようになりました。いが表す温度の読み方と書き方を答えましょう。　技能

読み方(　　　　　　)

書き方(　　　　　　)

(3) (2)のとき、試験管の中の水はどのようなじょうたいですか。正しいものを1つ選んで、(　　)に○をつけましょう。

ア(　　)気体だけになっている。

イ(　　)えき体だけになっている。

ウ(　　)固体だけになっている。

エ(　　)えき体と固体がまざっている。

(4) 水を冷やしたときの温度の変わり方を1つ選んで、(　　)に○をつけましょう。

ア(　　)　イ(　　)

ウ(　　)　エ(　　)

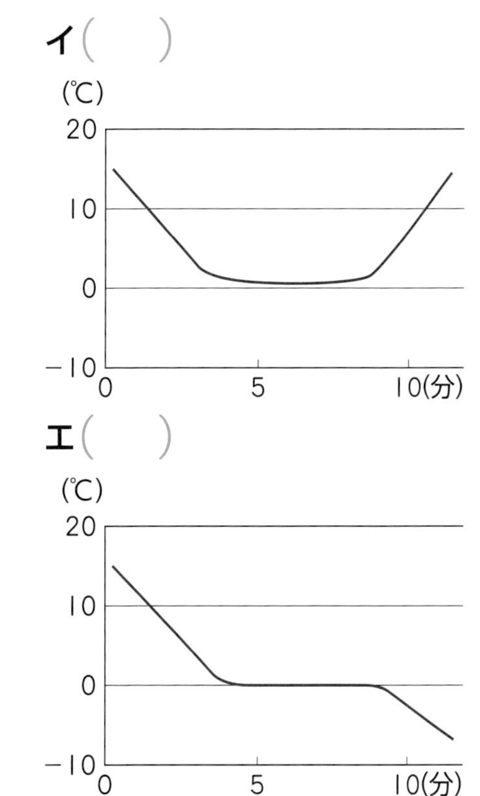

4 水のすがたの変わり方をまとめます。

1つ2点（18点）

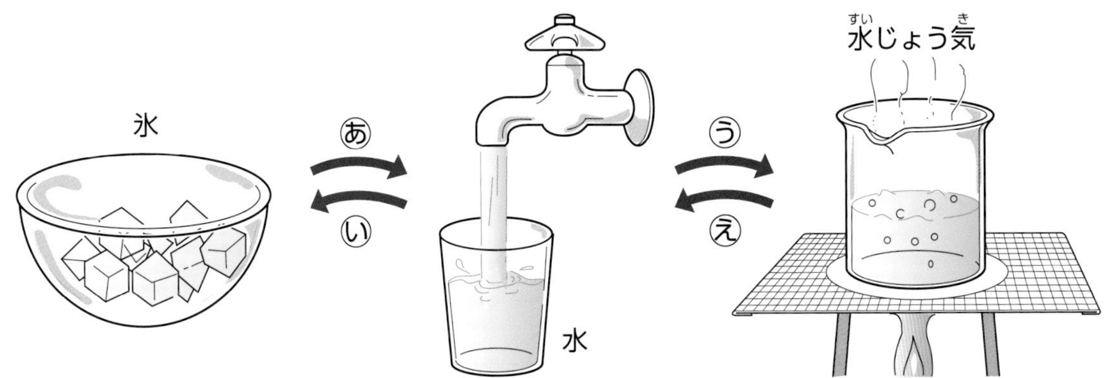

(1) ㋐〜㋓に当てはまる言葉は、それぞれあたためる、冷やすのどちらですか。

㋐（　　　　　　）　㋑（　　　　　　）

㋒（　　　　　　）　㋓（　　　　　　）

(2) 水のすがたをえき体といいます。氷と水じょう気のすがたを何といいますか。

氷（　　　　）　水じょう気（　　　　）

(3) もののすがたについて、正しいものには○、まちがっているものには×を、（　）につけましょう。

①（　　）水は、ふっとうしたときだけ、水じょう気になる。

②（　　）水じょう気は、目に見えない。

③（　　）鉄のかたまりを高温に熱すると、えき体になる。

できたらスゴイ！

5 水が入ったペットボトルに、「凍らせないでください。」という注意書きがありました。

(1)は5点、(2)は10点（15点）

(1) 水を冷やして氷にすると、体積はどうなりますか。

（　　　　　　）

(2) 記述 (1)をもとに、水が入ったペットボトルをこおらせてはいけない理由を説明しましょう。　思考・表現

（　　　　　　　　　　　　　　）

ふりかえり

❷がわからないときは、74ページの❶❷にもどってかくにんしましょう。
❺がわからないときは、76ページの❶にもどってかくにんしましょう。

夏のチャレンジテスト

教科書 6～65ページ

月　日

名前

時間 40分

知識・技能	思考・判断・表現	ごうかく80点
／60	／40	／100

答え 42ページ

知識・技能

1 気温や水温をはかります。

1つ3点(9点)

(1) 気温や水温をはかるとき、温度計に日光が直せつ当たらないようにするのはなぜですか。理由を説明(せつめい)した次の文の(　　)に当てはまる言葉を書きましょう。

- 日光には、ものを(　　　　　　)はたらきがあるから。

(2) 気温をはかると、温度計はあのようになりました。

① 目もりを読むとき、ア～ウのどこから見ればよいですか。(　　　)

② あのとき、気温は何℃ですか。(　　　　　　)

あ

ア
イ
ウ

20
10

3 図のような回路をつくってスイッチを入れると、モーターがあの向きに回りました。

1つ3点(9点)

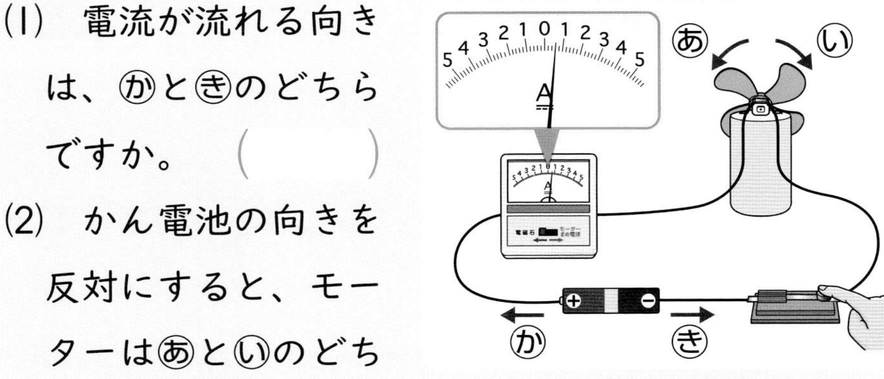

(1) 電流が流れる向きは、かときのどちらですか。(　　　)

(2) かん電池の向きを反対にすると、モーターはあといのどちらの向きに回りますか。(　　　)

(3) (2)のときのかんいけん流計のはりのふれ方を、次のア～ウから選(えら)びましょう。(　　　)

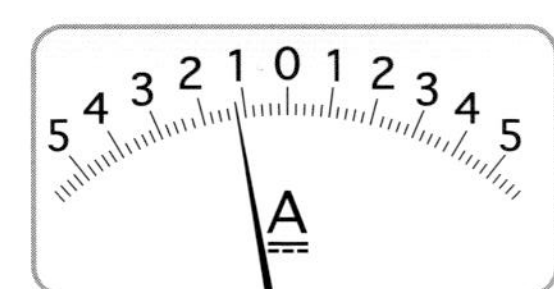

2 ある日の午前10時から午後3時まで、1時間ごとに気温をはかり、結果を表にまとめました。

(1)は9点、(2)は3点(12点)

午前10時から午後3時までの気温

時こく	気温（℃）
午前10時	17
午前11時	18
午前12時	20
午後 1 時	22
午後 2 時	24
午後 3 時	23

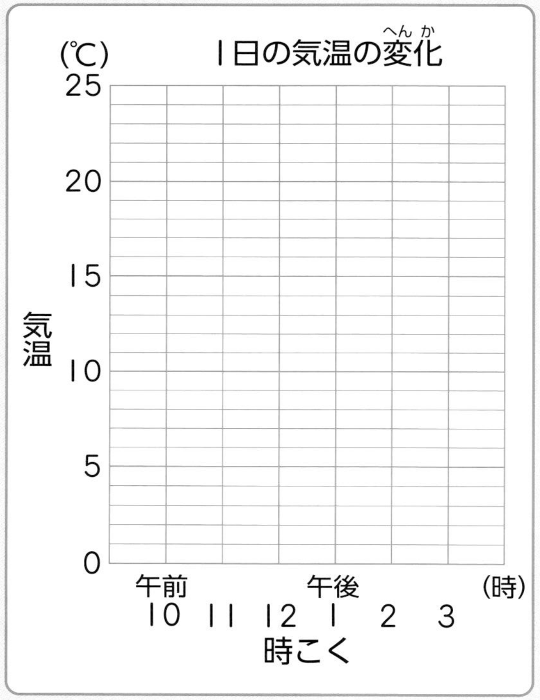

1日の気温の変化

(℃) 25 20 15 10 5 0 気温

午前 10 11 12 午後 1 2 3 (時) 時こく

(1) 表をもとに、この日の気温の変化を、上に折れ線グラフで表しましょう。

(2) この日の天気は、晴れとくもりのどちらですか。

(　　　　)

4 図のように、注しゃ器に空気をとじこめ、ピストンをおしました。

1つ4点(12点)

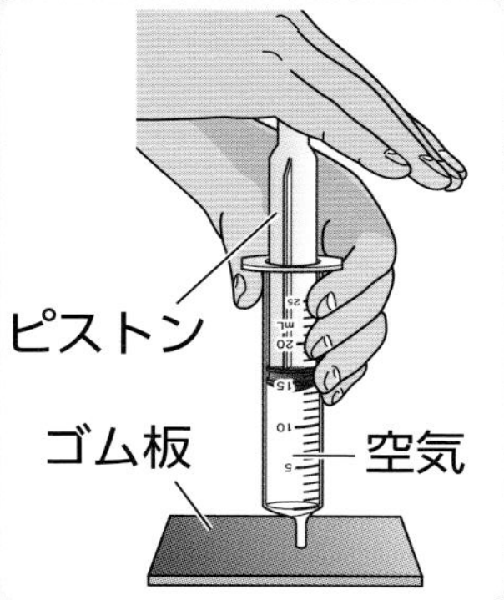

ピストン
ゴム板
空気

(1) ピストンの位置は、どうなりますか。正しいものに○をつけましょう。

ア(　　)上がる。

イ(　　)下がる。

ウ(　　)変わらない。

(2) (1)のようになる理由を説明します。(　　)に当てはまる言葉を書きましょう。

● とじこめた空気に力を加えると、体積が(　　　　)なるから。

(3) 空気のかわりに水をとじこめてピストンをおすと、ピストンの位置はどうなりますか。

(　　　　)

うらにも問題があります。

(切り取り線)

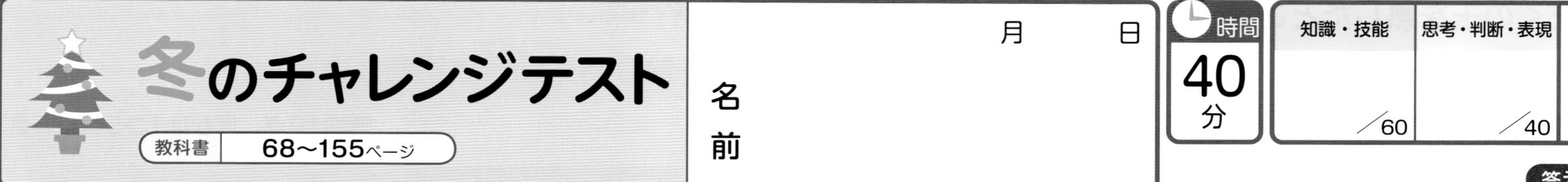

冬のチャレンジテスト

教科書　68～155ページ

名前　　　月　　日

時間 40分

知識・技能	思考・判断・表現	ごうかく80点
／60	／40	／100

答え 44ページ

知識・技能

1 雨が上がった後、校庭には水たまりがありましたが、すな場にはありませんでした。　1つ3点(9点)

(1) 水たまりのようすから、校庭とすな場では、どちらのほうが土のつぶが大きいといえますか。

（　　　　　　）

(2) 次の日の昼には、校庭の水たまりがなくなっていました。この理由を説明（せつめい）した次の文の（　　）に当て

3 秋の生物のようすを調べました。

1つ3点(9点)

(1) 秋に見られる動物のようすを2つ選（えら）んで、○をつけましょう。

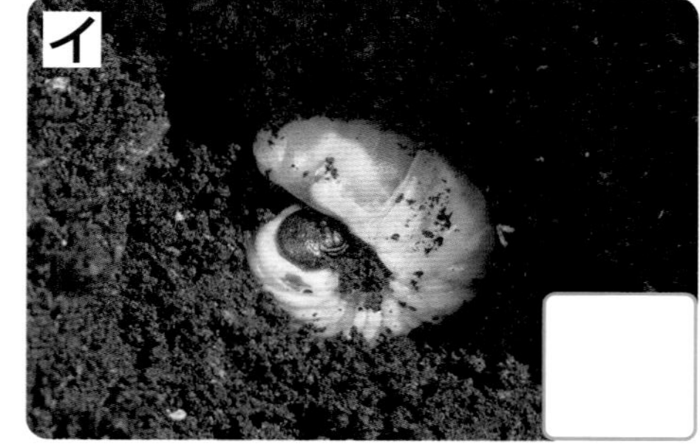

(2) 秋になると、植物の葉がかれ始めたり、落ちたりするのは、夏とくらべて気温がどうなるからですか。

はまる言葉を書きましょう。

● 水たまりの水が、土にしみこんだり、（　　　　）になって空気中に出ていったりしたから。

(3)　水が(2)のようにして空気中に出ていくことを何といいますか。（　　　　）

2 うでを曲げたときのきん肉のようすを調べます。

1つ3点(12点)

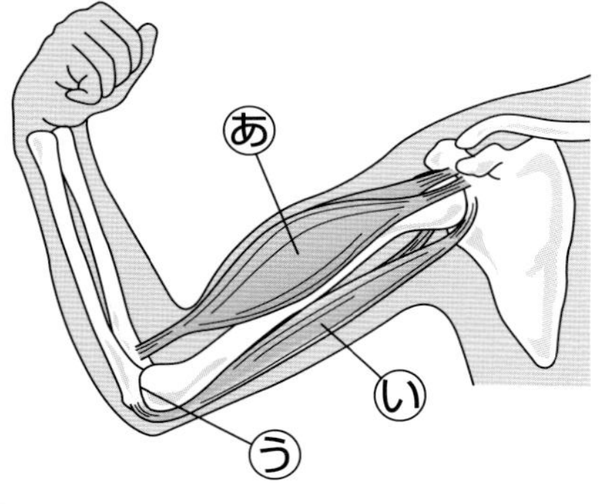
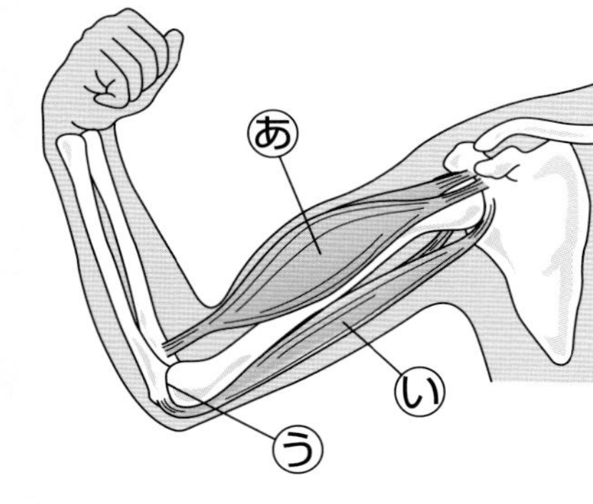

(1)　ちぢんでいるきん肉は、あといのどちらですか。（　　）

(2)　うでをのばすとき、あ、いのきん肉は、それぞれどうなりますか。

あ（　　　　）　い（　　　　）

(3)　うでを曲げるときには、ほねとほねのつなぎ目のうの部分で曲がります。うのように、体が曲がるところを何といいますか。（　　　　）

4 せっけん水のまくをつけた試験管を、氷水に入れたり、湯に入れたりします。

1つ3点(12点)

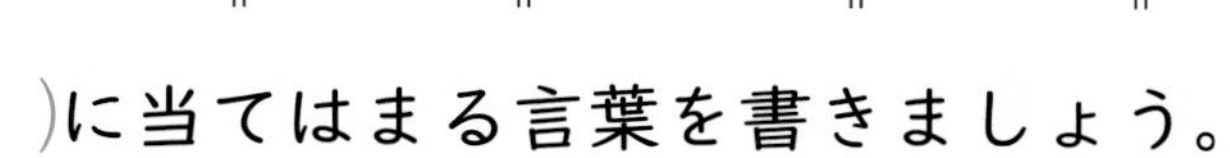

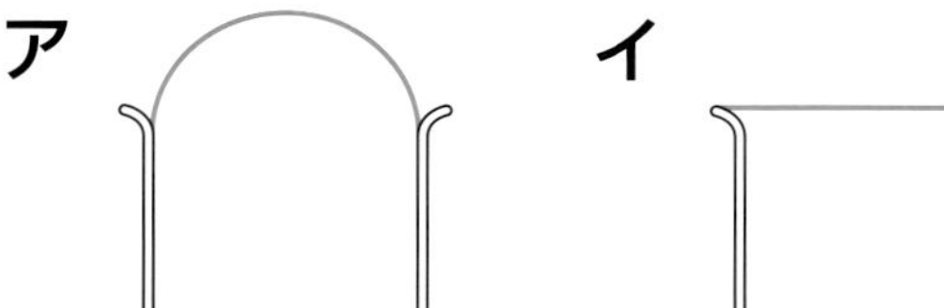

(1)　①氷水に入れたときと、②湯に入れたときのようすは、それぞれア～ウのどれですか。

①（　　）　②（　　）

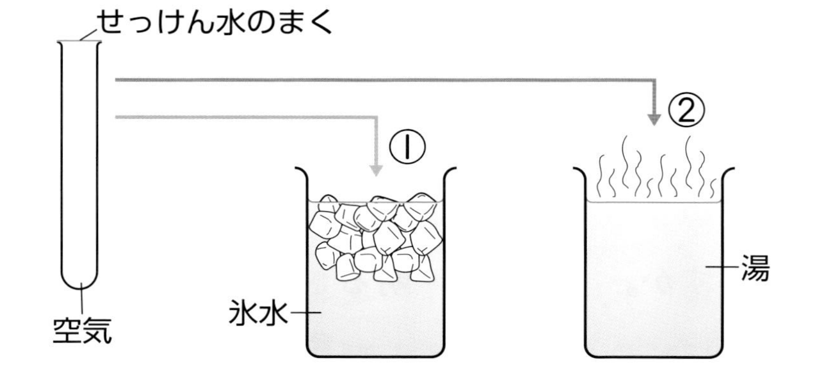

(2)　次の文の（　　）に当てはまる言葉を書きましょう。

● 空気は、あたためると体積が（①　　　　）なり、冷やすと体積が（②　　　　）なる。

うらにも問題があります。

春のチャレンジテスト

教科書　156～205ページ

名前　　　　月　　日

時間 40分

知識・技能	思考・判断・表現	ごうかく80点
／60	／40	／100

答え 46ページ

知識・技能

1 冬の生物のようすを調べました。

1つ3点(9点)

(1) 冬に見られる動物のようすを2つ選(えら)んで、○をつけましょう。

ア

イ

ウ

エ

(2) 冬のサクラのようすに○をつけましょう。

ア(　　)葉、くき、根はかれ、たねが残(のこ)っている。

イ(　　)葉とくきはかれるが、根はかれずに残る。

3 水のあたたまり方を調べます。

1つ3点(9点)

(1) 水の動きを見やすくするために、水に入れるとよいものに○をつけましょう。

ア(　　)食塩(しょくえん)　　イ(　　)絵の具

ウ(　　)氷　　エ(　　)ろう

(2) ▲の部分を熱(ねっ)したとき、水はどのように動きますか。正しいものに○をつけましょう。

ア 

イ 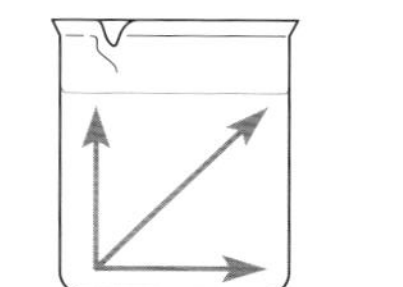 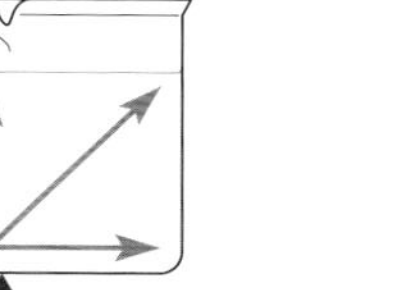

ウ 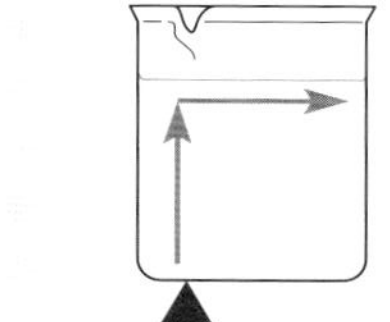

(3) 温度の高い水はどこへ向かって動きますか。正しいほうに○をつけましょう。

ア(　　)上のほう　　イ(　　)下のほう

ウ(　　)葉を落とすがかれず、えだには芽がある。

2 季節(きせつ)ごとのヒキガエルのようすと、そのときの気温のようすをならべました。

(1)は4点、(2)は全部できて5点(9点)

(1) あのときの気温は何℃ですか。

(　　　　　)

(2) あ～えを、春から冬まで順(じゅん)にならべましょう。

(　　)→(　　)→(　　)→(　　)

4 だんぼうしている部屋(へや)で、上のほうの空気と下のほうの空気の温度を３回ずつはかりました。

1つ4点(12点)

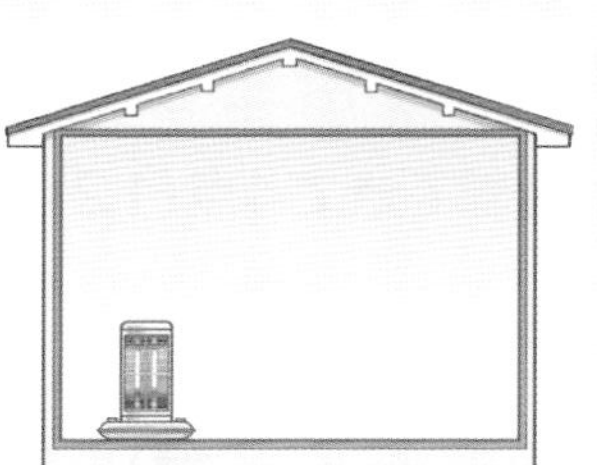

場所	空気の温度		
	1回目	2回目	3回目
あ	15℃	16℃	17℃
い	22℃	21℃	23℃

(1) 部屋の上のほうの空気の温度を表しているのは、あ、いのどちらですか。　(　　)

(2) (1)のように考えた理由を説明(せつめい)します。次の文の(　　)に当てはまる言葉を書きましょう。

- あたためられた空気は、(　　　　　)のほうに動くから。

(3) 空気のあたたまり方について、正しいものに○をつけましょう。

ア(　　)水と同じようにあたたまる。

イ(　　)金ぞくと同じようにあたたまる。

ウ(　　)水とも金ぞくともあたたまり方がちがう。

うらにも問題があります。

(切り取り線)

4年 理科のまとめ 学力しんだんテスト

月　日

名前

答え 48ページ

1 モーターを使って、電気のはたらきを調べました。

各4点(12点)

(1) ㋑、㋒のようなかん電池のつなぎ方を、それぞれ何といいますか。

㋑(　　　　　　)　㋒(　　　　　　)

(2) スイッチを入れたとき、モーターがいちばん速く回るのは、㋐～㋓のどれですか。(　　　)

2 ある日の気温の変化を調べました。

3 ある日の夜、はくちょうざを午後8時と午後10時に観察し、記録しました。

各4点(8点)

(1) はくちょうざのデネブは、赤色ですか、白色ですか。(　　　　)

(2) 時こくとともに、星ざの中の星のならび方は変わりますか、変わりませんか。(　　　　)

4 注しゃ器の先にせんをして、ピストンをおしました。

各4点(8点)

各4点(16点)

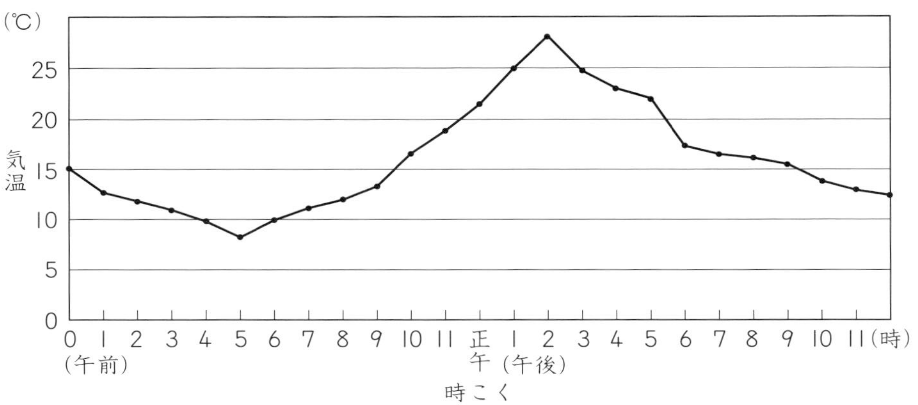

(1)　この日にいちばん気温が高くなったのは何時ですか。　(　　　　　)

(2)　この日の気温がいちばん高いときと低い（ひく）ときの気温の差（さ）は、何℃くらいですか。正しいほうに○をつけましょう。

①(　　　)10℃くらい　②(　　　)20℃くらい

(3)　この日の天気は、①と②のどちらですか。正しいほうに○をつけましょう。

①(　　　)晴れ　②(　　　)雨

(4)　(3)のように答えたのはなぜですか。

(　　　　　　　　　　　　　　　　)

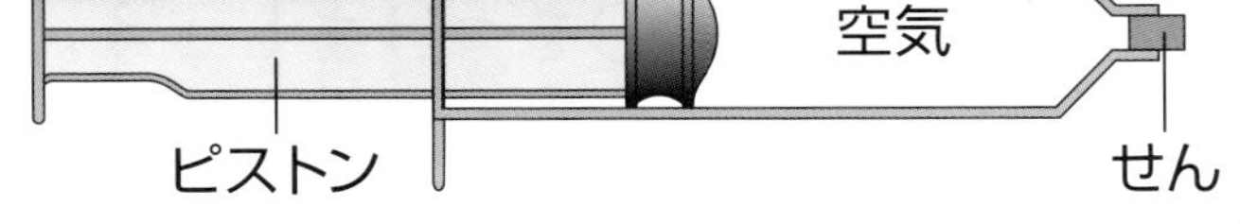

(1)　注しゃ器のピストンをおすと、空気の体積（たいせき）はどうなりますか。　(　　　　　)

(2)　注しゃ器のピストンを強くおすと、おし返す力はどうなりますか。正しいほうに○をつけましょう。

①(　　　)大きくなる。　②(　　　)小さくなる。

5 うでのきん肉やほねのようすを調べました。

各4点(8点)

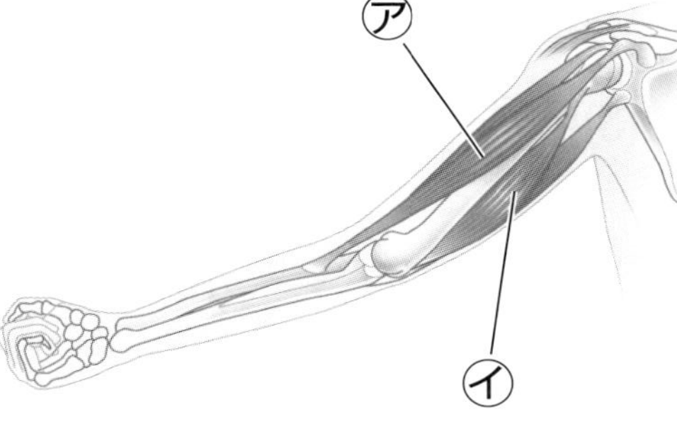

(1)　うでをのばしたとき、きん肉がちぢむのは、㋐、㋑のどちらですか。　(　　　)

(2)　ほねとほねがつながっている部分を何といいますか。　(　　　　　)

うらにも問題があります。

(切り取り線)

教科書ぴったりトレーニング

丸つけラクラクかいとう

この「丸つけラクラクかいとう」はとりはずしてお使いください。

大日本図書版 理科４年

「丸つけラクラクかいとう」では問題と同じ紙面に、赤字で答えを書いています。

①問題がとけたら、まずは答え合わせをしましょう。

②まちがえた問題やわからなかった問題は、てびきを読んだり、教科書を読み返したりしてもう一度見直しましょう。

おうちのかたへ では、次のようなものを示しています。

- 学習のねらいやポイント
- 他の学年や他の単元の学習内容とのつながり
- まちがいやすいことやつまずきやすいところ

お子様への説明や、学習内容の把握などにご活用ください。

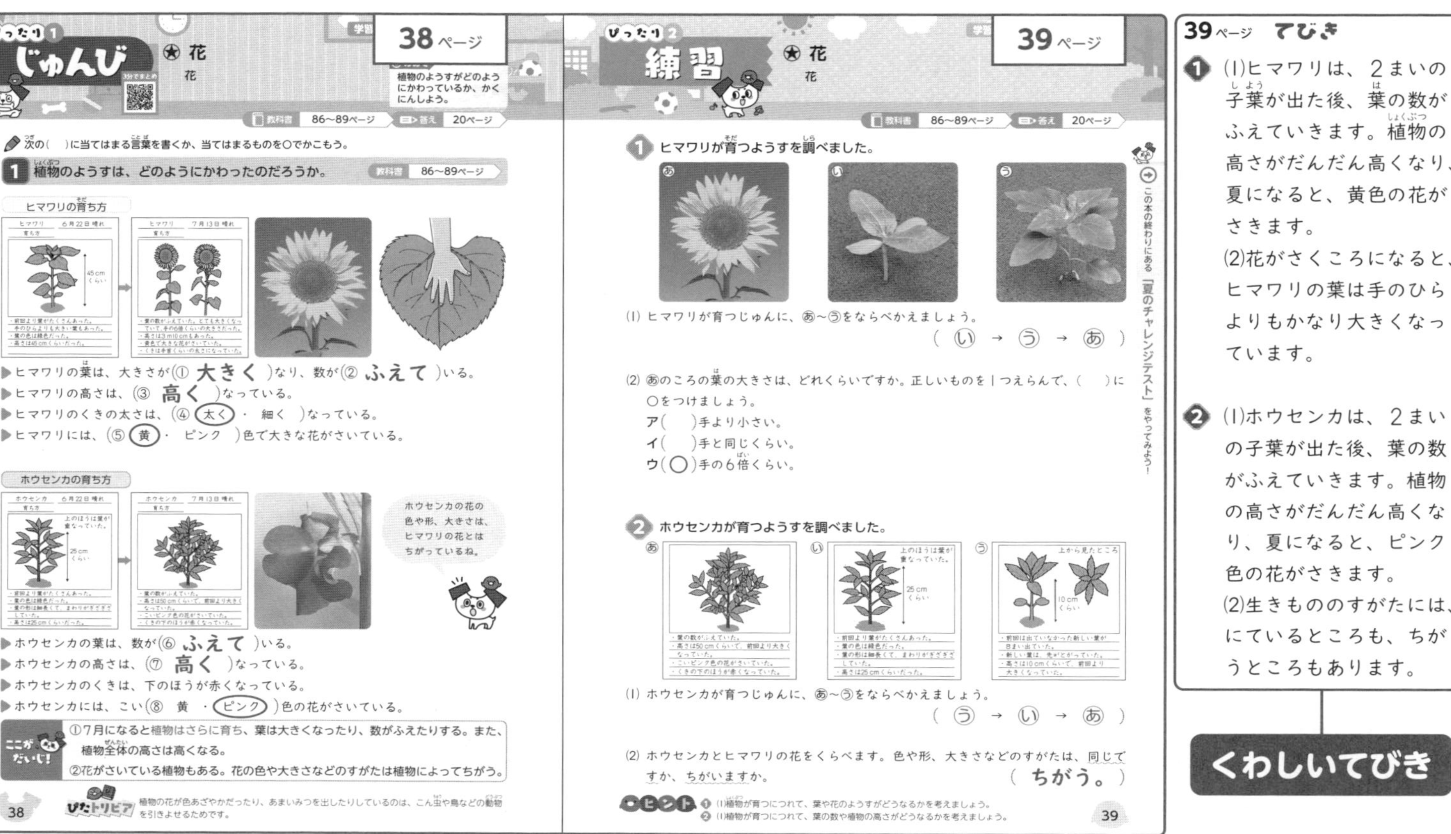

ぴったり1 じゅんび ★ 花　38ページ

教科書 86～89ページ　答え 20ページ

次の（　）に当てはまる言葉を書くか、当てはまるものを○でかこもう。

1 植物のようすは、どのようにかわったのだろうか。　教科書 86～89ページ

ヒマワリの育ち方

▶ヒマワリの葉は、大きさが（① 大きく ）なり、数が（② ふえて ）いる。
▶ヒマワリの高さは、（③ 高く ）なっている。
▶ヒマワリのくきの太さは、（④ 太く ・ 細く ）なっている。
▶ヒマワリには、（⑤ 黄 ・ ピンク ）色で大きな花がさいている。

ホウセンカの育ち方

▶ホウセンカの葉は、数が（⑥ ふえて ）いる。
▶ホウセンカの高さは、（⑦ 高く ）なっている。
▶ホウセンカのくきは、下のほうが赤くなっている。
▶ホウセンカには、こい（⑧ 黄 ・ ピンク ）色の花がさいている。

ここがだいじ！ ①7月になると植物はさらに育ち、葉は大きくなったり、数がふえたりする。また、植物全体の高さは高くなる。
②花がさいている植物もある。花の色や大きさなどのすがたは植物によってちがう。

ぴたトリビア 植物の花が色あざやかだったり、あまいみつを出したりしているのは、こん虫や鳥などの動物を引きよせるためです。

38

ぴったり2 練習 ★ 花　39ページ

教科書 86～89ページ　答え 20ページ

1 ヒマワリが育つようすを調べました。

(1) ヒマワリが育つじゅんに、あ～うをならべかえましょう。
（ い → う → あ ）

(2) あのころの葉の大きさは、どれくらいですか。正しいものを１つえらんで、（　）に○をつけましょう。
ア（　）手より小さい。
イ（　）手と同じくらい。
ウ（ ○ ）手の６倍くらい。

2 ホウセンカが育つようすを調べました。

(1) ホウセンカが育つじゅんに、あ～うをならべかえましょう。
（ う → い → あ ）

(2) ホウセンカとヒマワリの花をくらべます。色や形、大きさなどのすがたは、同じですか、ちがいますか。
（ ちがう。 ）

ヒント 1 (1)植物が育つにつれて、葉や花のようすがどうなるかを考えましょう。
2 (1)植物が育つにつれて、葉の数や植物の高さがどうなるかを考えましょう。

このの本の終わりにある「夏のチャレンジテスト」をやってみよう！

39

39ページ　てびき

1 (1)ヒマワリは、２まいの子葉が出た後、葉の数がふえていきます。植物の高さがだんだん高くなり、夏になると、黄色の花がさきます。
(2)花がさくころになると、ヒマワリの葉は手のひらよりもかなり大きくなっています。

2 (1)ホウセンカは、２まいの子葉が出た後、葉の数がふえていきます。植物の高さがだんだん高くなり、夏になると、ピンク色の花がさきます。
(2)生きもののすがたには、にているところも、ちがうところもあります。

くわしいてびき

見やすい答え

おうちのかたへ

おうちのかたへ ★ 花

「2.たねまき」「★ 葉がふえたころ」に続いて、植物が育つようすを観察して、植物の育ち方と体のつくりについて学習します。ここでは、開花の前後を扱います。複数の植物が育つようすを比較して、育ち方の共通点を見つけたり、花のようすの違いを見つけたりすることができるか、などがポイントです。

※紙面はイメージです。

ぴったり1 じゅんび

1. 天気と気温

天気と気温

2ページ

天気と1日の気温の変化の関係をかくにんしよう。

教科書 6~11ページ　答え 2ページ

次の(　)に当てはまる言葉を書くか、当てはまるものを○でかこもう。

1 気温のはかり方をまとめよう。　教科書 9、220~221ページ

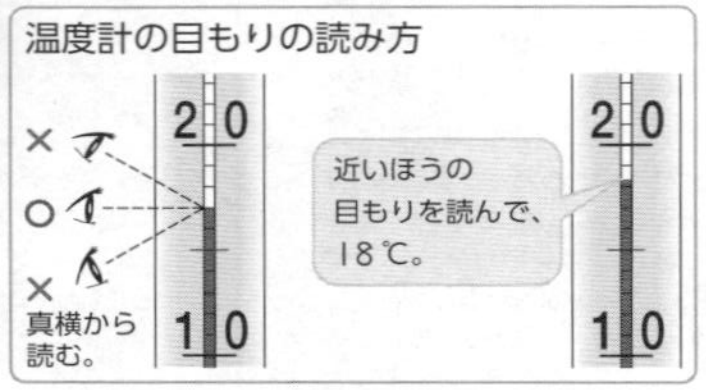

▶空気の温度のことを(① **気温**)といい、次のようにしてはかる。

(1) 周(まわ)りがよく開けた、風通しの(② (よい)・ 悪い)ところではかる。

(2) 地面から(③ (1.2~1.5 m)・ 12~15 cm)の高さではかる。

(3) 日光が温度計に直せつ(④ 当たる ・(当たらない))ようにしてはかる。

▶同じじょうけんで気温がはかれるように作られたあを(⑤ **百葉箱**)という。

2 天気によって、1日の気温の変化(へんか)はどうちがうのだろうか。　教科書 6~11ページ

▶天気の「晴れ」と「くもり」は、空全体の(① **雲**)の量(りょう)で決まる。

▶1日の気温は、昼は(② (高く)・ 低(ひく)く)、朝や夜は(③ 高い ・(低い))ことが多い。

▶晴れの日は、1日の気温の変化が(④ (大きい)・ 小さい)。

▶くもりや雨の日は、太陽が(⑤ **雲**)でさえぎられるため、1日の気温の変化が(⑥ 大きい ・(小さい))。

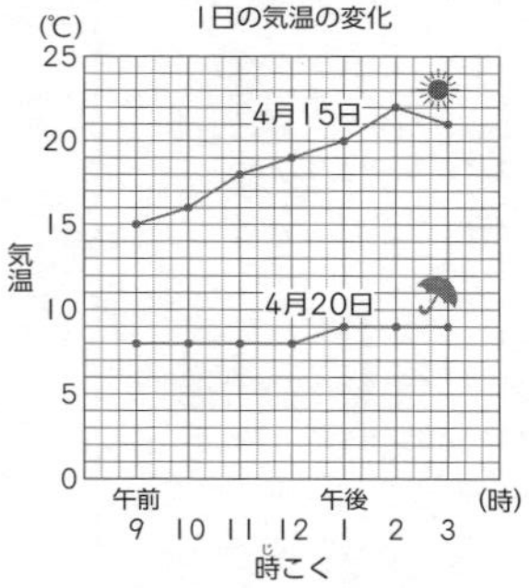

ここがだいじ!
①1日の気温は、昼は高く、朝や夜は低い。
②1日の気温は、晴れの日は変化が大きく、くもりや雨の日は変化が小さい。

ぴたトリビア　気温は、地面がしばふになっているところではかります。日中に気温をはかるとき、地面がアスファルトになっているところではかると、しばふになっているところより高くなります。

ぴったり2 練習

1. 天気と気温

天気と気温

3ページ

教科書 6~11ページ　答え 2ページ

1 温度計を使って、空気の温度をはかります。

(1) 空気の温度のことを何といいますか。　(**気温**)

(2) 気温のはかり方で、正しいほうの(　)に○をつけましょう。

ア(○)　日光に当てない。　イ(　)　日光に当てる。

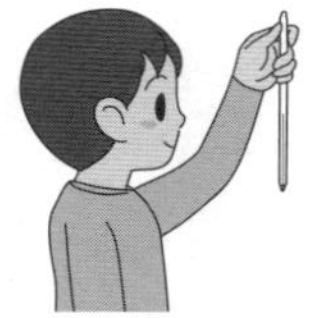

(3) 気温をはかるところとして、よいほうの(　)に○をつけましょう。

ア(　)周(まわ)りに建物(たてもの)などがあり、風通しが悪いところ。

イ(○)周りに建物などがなく、風通しがよいところ。

(4) 気温は、地面からの高さがどれくらいのところではかりますか。よいものを1つ選(えら)んで、(　)に○をつけましょう。

ア(　)1.2~1.5 cm　イ(　)12~15 cm　ウ(○)1.2~1.5 m

2 晴れの日と雨の日に、午前9時から午後3時まで1時間おきに気温を調べ、結果(けっか)をグラフに表しました。

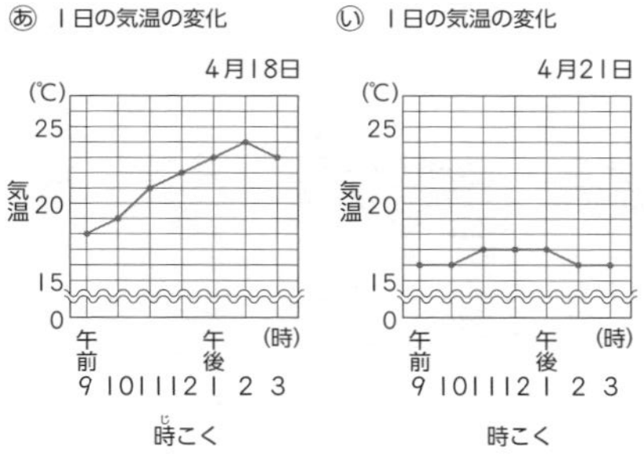

(1) あのグラフで、気温が最(もっと)も高くなっているのは何時ですか。
(**午後2時**)

(2) いのグラフで、気温が最も低(ひく)いときは何℃ですか。
(**16℃**)

(3) 1日の気温の変化(へんか)が小さいのは、4月18日と4月21日のどちらですか。
(**4月21日**)

(4) 4月18日と4月21日の天気は、「晴れ」と「雨」のどちらですか。
4月18日(**晴れ**)　4月21日(**雨**)

ヒント
1 (2)日光が当たると、ものはあたたかくなります。
2 (4)くもりや雨の日は、太陽が雲でさえぎられます。

3ページ てびき

1 (4)温度計が地面に近いと、温度計がしめす温度が地面の温度のえいきょうを受けてしまいます。

おうちのかたへ
水温のはかり方は「2. 春」で学習します。

2 (3)1日の気温の変化(へんか)は、
4月18日は
24−18=6より6℃、
4月21日は17−16=1
より1℃です。
(4)雨の日は雲で太陽がさえぎられるため、気温の変化が小さくなります。

おうちのかたへ　1. 天気と気温
天気によって1日の気温の変化のしかたに違いがあることを学習します。ここでは、気温を正しく調べることができるか、晴れの日とくもりや雨の日の気温の変化のしかたを理解しているか、などがポイントです。

1. 天気と気温

4ページ

/100 合格 70 点

教科書 6～13ページ　答え 3ページ

1 1日のうちで、気温がどのように変化するか調べます。

1つ8点(24点)

(1) 同じじょうけんで気温がはかれるように作られた右のあを何といいますか。　（ 百葉箱 ）

(2) あは、どのようなじょうけんで気温がはかれるように作られていますか。正しいものを1つ選んで、（　）に○をつけましょう。　技能

ア（　）風通しがよく、中の温度計に日光が直せつ当たる。
イ（○）風通しがよく、中の温度計に日光が直せつ当たらない。
ウ（　）風通しが悪く、中の温度計に日光が直せつ当たる。
エ（　）風通しが悪く、中の温度計に日光が直せつ当たらない。

(3) あは、何の高さが地面から1.2～1.5 mになるように作られていますか。正しいものを1つ選んで、（　）に○をつけましょう。　技能

ア（　）屋根の高さ　イ（○）温度計の高さ　ウ（　）ゆかの高さ

2 ある日の午前10時から午後3時まで、1時間ごとに気温をはかり、結果を表にまとめました。

(2)は10点、ほかは1つ8点(26点)

時こく	午前10時	午前11時	午前12時	午後1時	午後2時	午後3時
気温(℃)	17	18	18	19	19	18

(1) 気温をはかる場所について、正しいほうの（　）に○をつけましょう。　技能

ア（○）毎回、同じ場所ではかる。
イ（　）1時間ごとに、場所を変えてはかる。

(2) 作図 表をもとに、気温の変化を折れ線グラフに表しましょう。　技能

(3) この日の天気は、「晴れ」と「雨」のどちらだと考えられますか。　（ 雨 ）

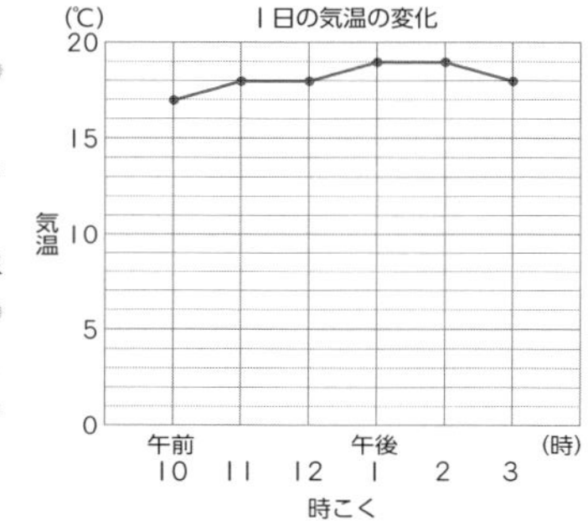

3 晴れの日とくもりの日の1日の気温の変化を、1つのグラフにまとめました。　よく出る

1つ8点(32点)

(1) 天気の「晴れ」と「くもり」は、空に広がる何の量によって決まりますか。　（ 雲 ）

(2) あのグラフで、1時間の気温の上がり方が最も大きいのはいつですか。（　）に○をつけましょう。　技能

ア（○）午前10時から午前11時まで
イ（　）午前12時から午後1時まで
ウ（　）午後2時から午後3時まで

(3) 晴れの日の気温の変化を表しているのは、あ、いのどちらですか。　（ あ ）

(4) (3)のように考えられる理由として、最もよいものを選んで、（　）に○をつけましょう。

ア（○）晴れの日は、雨の日よりも、1日の気温の変化が大きいから。
イ（　）晴れの日は、雨の日よりも、1日の気温の変化が小さいから。
ウ（　）晴れの日は、雨の日と1日の気温の変化のしかたがにているから。

4 自記温度計を使って、4月16日から4月20日までの気温の変化を調べました。　できたらスゴイ！

思考・表現 (1)は8点、(2)は10点(18点)

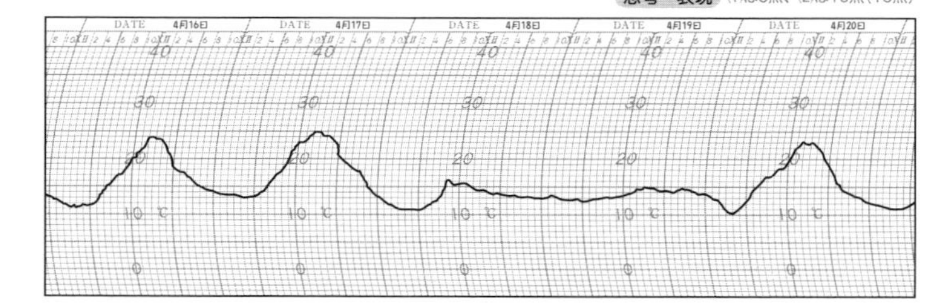

(1) 日の出からしばらくは晴れていて、しだいに雲が広がり、昼には天気がくもりに変わったと考えられるのは、何月何日ですか。　（ 4月18日 ）

(2) 記述 雲が広がることで、(1)の日のような気温の変化になるのはなぜですか。
（ 雲が太陽をさえぎるから。 ）

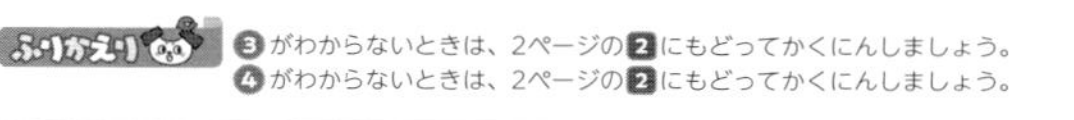

3がわからないときは、2ページの2にもどってかくにんしましょう。
4がわからないときは、2ページの2にもどってかくにんしましょう。

4～5ページ　てびき

1 気温は、風通しがよく、地面からの高さが1.2～1.5 mのところで、日光が直せつ当たらないようにしてはかります。

2 (1)同じ場所ではからないと、気温の変化を正しく調べられません。
(2)それぞれの時こくの気温を表すところに点を打った後、点と点を順に直線で結びます。
(3)気温の変化が小さく、グラフが山の形になっていないので、天気は「雨」だと考えられます。なお、晴れの日は気温の変化が大きく、グラフが山の形になります。

3 (2)グラフが右上がりで、かたむきが最も急なのは、午前10時から午前11時までの間です。

4 (1)午前中は晴れの日、午後はくもりや雨の日と同じ気温の変化をしている日をさがします。

ぴったり1 じゅんび

2. 春

①1年間の観察1

6ページ

春に見られる動物のようすをかくにんしよう。

教科書 14~22ページ　答え 4ページ

次の(　)に当てはまる言葉を書くか、当てはまるものを○でかこもう。

1 生物のようすと気温の関係の調べ方をまとめよう。　教科書 14~17ページ

▶(① (いつも同じ場所)・ 毎回ちがう場所)で観察する。
▶観察する生物を(② (決めて)・ 決めずに)、活動のしかたや成長のようすがどのように変わるか調べる。
(1) 小さな生物は、(③ (虫めがね)・ そうがん鏡)を使って観察する。
(2) 遠くにいる生物は、(④ 虫めがね ・(そうがん鏡))を使って観察する。
▶観察したときの気温や水温もはかる。
●水温をはかるときは、温度計を自分のかげに入れて、(⑤ 日光)が直せつ当たらないようにする。
▶季節ごとの生物のようすを、観察カードに記録する。

2 春になると、動物のようすはどのように変わるのだろうか。　教科書 18~22ページ

ツバメ

オオカマキリ
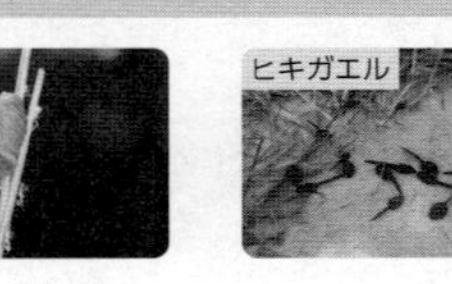

ヒキガエル

▶ツバメは、草やどろで(① 巣)を作っている。
▶オオカマキリは、たまごから(② (よう虫)・ 成虫)が出てきている。
▶ヒキガエルは、(③ ひな ・(おたまじゃくし))が水中に見られる。
▶春になると、気温が(④ (上がり)・ 下がり)、動物がたまごからかえったり、活動を(⑤ (始めたり)・ やめたり)する。
▶春になると、見られる動物の数が(⑥ (多く)・ 少なく)なったり、種類が変わったりする。

ここがだいじ! ①春になると、気温が上がり、動物がたまごからかえったり、活動を始めたりして、見られる数が多くなる。

ぴたトリビア　オオカマキリのたまごは、「らんのう」とよばれるあわのようなもので包まれています。らんのうの中には、数百ものたまごが入っています。

ぴったり2 練習

2. 春

①1年間の観察1

7ページ

教科書 14~22ページ　答え 4ページ

1 生物のようすと気温の関係を調べる計画を立てます。

(1) 観察する生物は、どのようにしますか。正しいほうの(　)に○をつけましょう。
ア(　)季節ごとに、観察する生物を変える。
イ(○)季節が変わっても、同じ生物を観察する。
(2) 遠くにいる鳥のようすを観察します。使うとよいものを1つ選んで、(　)に○をつけましょう。
ア(　) しゃ光板　イ(○) そうがん鏡　ウ(　) 方位じしん　エ(　) 虫めがね
(3) 水の中の生物を観察したときは、水温もはかります。水温をはかるとき、温度計を自分のかげに入れてはかるのは、温度計に何が当たらないようにするためですか。
(日光)

2 春の動物のようすを調べました。

ツバメ　オオカマキリ　ヒキガエル

(1) 上のツバメは何をしていますか。次の文の(　)に当てはまる言葉を書きましょう。
●草やどろで巣を(作って)いる。
(2) 上のオオカマキリやヒキガエルのようすとして正しいものを、[　]から1つ選んで、記号を書きましょう。　オオカマキリ(㋛)　ヒキガエル(㋑)

㋐ たまごを産んでいる。　㋑ おたまじゃくしが泳いでいる。
㋒ 水中の植物を食べている。　㋛ たまごからよう虫が出てきている。

(3) 春になると、見られる動物の数は、どうなりますか。
(多くなる。)
(4) (3)のようになるのは、春の始まりとくらべて、気温がどうなるからですか。
「高くなるから。」でも○ (上がるから。)

ヒント 2 (2)(3)春になると、動物はたまごからかえったり、活動を始めたりします。

7ページ てびき

1 (2)しゃ光板は太陽を観察するとき、方位じしんは方位を調べるときに使います。
(3)日光が温度計に当たると、温度を正しくはかれません。

おうちのかたへ
虫眼鏡の使い方は、3年で学習しています。また、気温のはかり方は「1.天気と気温」で学習しています。

2 (1)ツバメは、草やどろを集めて巣を作り、その中にたまごを産みます。
(2)草についたあわのようなものの中には、カマキリのたまごがたくさん入っています。また、カエルの子をおたまじゃくしといいます。

おうちのかたへ　2. 春
身の回りの生物を観察して、動物の活動や植物の成長が季節によって違うことを学習します。ここでは春の生物を扱います。動物の活動や植物の成長の変化を捉えられているか、生物のようすの変化を気温と結びつけて考えられるか、などがポイントです。

ぴったり1 じゅんび
2. 春
①1年間の観察2

8ページ

春に見られる植物のようすをかくにんしよう。

教科書 18〜23ページ　答え 5ページ

次の(　)に当てはまる言葉を書くか、当てはまるものを○でかこもう。

1 春になると、植物のようすはどのように変わるのだろうか。　教科書 18〜22ページ

▶サクラは、春の始まりにさいた(① 花)が散り、えだから緑色の(② 葉)が出ている。

ツルレイシやヘチマのたねのまき方
(1) はちに土を入れ、水でしめらせる。
(2) たねをまいたら(③ 土)をかけ、(④ (あたたかい)・冷たい)場所に置く。
(3) 土がかわかないように、(⑤ 水やり)をする。

ツルレイシが育つようす

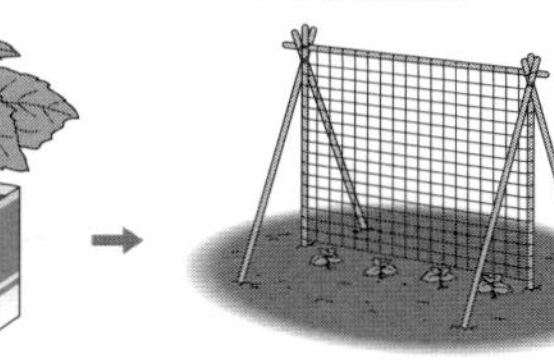

▶ツルレイシは、最初に2まいの(⑥ 子葉)が出た後、(⑥)とは(⑦ 同じ ・ (ちがう))形の葉が出てくる。さらに育つと、くきの先から、ひものような(⑧ まきひげ)が出てくる。

▶(⑧)がのびて、葉が5〜6まい出てきたら、広いところに植えかえる。ネットをはったり、(⑨ 風よけ ・ (ささえ))のぼうを立てたりして、くきがのびやすいようにする。

▶春になると、気温が上がり、植物は(⑩ 芽)が出たり、新しい(⑪ 葉)が出たりする。

ここがだいじ! ①春になると気温が上がり、植物は芽が出たり、新しい葉が出たりする。

ぴたトリビア 上の写真のサクラはソメイヨシノという種類で、学校や公園、神社などに多く植えられています。ソメイヨシノは江戸時代に人工的につくり出され、明治時代などに急速に広まりました。

ぴったり2 練習
2. 春
①1年間の観察2

9ページ

教科書 18〜23ページ　答え 5ページ

1 春の植物のようすを調べました。

(1) 春の始まりとくらべて、サクラのようすはどのように変わりますか。正しいほうの(　)に○をつけましょう。

ア(○)　イ(　)

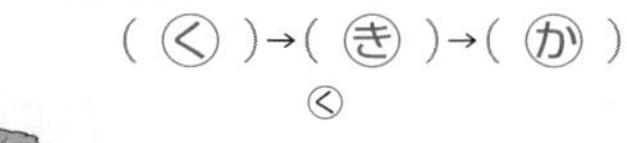

(2) 気温と植物のようすの関係について、正しいものを1つ選んで、(　)に○をつけましょう。

ア(　)春になると、気温が上がるので、植物が芽や葉を出さなくなる。
イ(○)春になると、気温が上がるので、植物が芽や葉を出す。
ウ(　)春になると、気温が下がるので、植物が芽や葉を出さなくなる。
エ(　)春になると、気温が下がるので、植物が芽や葉を出す。

2 ツルレイシのたねをまいて育て、観察します。

(1) ツルレイシのたねは、右のあ、いのどちらですか。　(あ)
(2) たねをまいた後、はちはどのような場所に置きますか。　(あたたかい場所)
(3) ツルレイシが育つ順に、か〜くをならべかえましょう。
(く)→(き)→(か)

(4) 花だんなどの広いところに植えかえるのがよいのは、(3)のか〜くのどのころですか。　(か)

おうちのかたへ
一年生の双子葉植物の育ち方は、3年で学習しています。ここでは、一年生の双子葉植物だけでなく、サクラなどの木本植物についても観察していきます。

9ページ てびき

1 (1)サクラは、花がさいた後に、葉がしげります。
(2)春になると、気温が上がります。それにつれて、植物は芽が出たり、新しい葉が出たりするなど、成長し始めます。

2 (1)いはヘチマのたねです。
(2)ツルレイシは、あたたかくなると、たねから芽を出します。
(3)ツルレイシは、最初に2まいの子葉が出た後、子葉とは形のちがう葉が出ます。
(4)まきひげがのびて、葉が5〜6まい出てきたころに、花だんなどの広いところに植えかえます。このとき、まきひげがまきつくための、ネットやぼうを立てます。

10ページ

2. 春

100 合格70点

教科書 14〜23ページ　答え 6ページ

1 ヒキガエルのようすを調べて、観察カードに記録しました。　技能

(3)は7点、ほかは1つ4点(35点)

あ ヒキガエル　い 学校の池　お 4月26日午前10時 晴れ 気温 21 ℃　う 2cmくらい　え ・ヒキガエルのおたまじゃくしが、たくさん泳いでいた。・体は黒っぽい色で、しっぽがあった。・体の大きさは、2cmくらいだった。

(1) 次の①〜④は、観察カードのあ〜えのどこに記録されていますか。
① 観察した場所　(い)
② 観察したようすの絵　(う)
③ 観察した生物の名前　(あ)
④ 気づいたこと　(え)

(2) 観察カードのおには、何が記録されていますか。次の文の(　)に当てはまる言葉を書きましょう。
●観察した(① **日時**)、(② **天気**)、(③ **気温**)の3つのことが記録されている。

(3) この観察カードに、さらに記録したほうがよいことは何ですか。次の文の(　)に当てはまる言葉を書きましょう。
●ヒキガエルは水の中にいたので、(**水温**)をはかって記録するとよい。

よく出る

2 春の動物のようすを調べました。　1つ8点(24点)

(1) 春に見られるオオカマキリのようすを1つ選んで、(　)に○をつけましょう。
ア(　)　イ(　)　ウ(○)

(2) 右のツバメは、何をしていますか。次の文の(　)に当てはまる言葉を書きましょう。
●集めた草やどろを使って、(**巣**)を作っている。

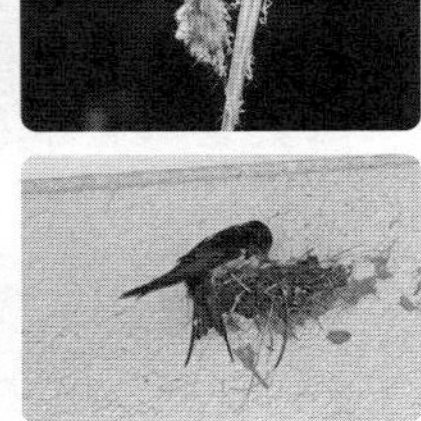

(3) 春になると、動物の活動はさかんになりますか、にぶくなりますか。
(**さかんになる。**)

11ページ

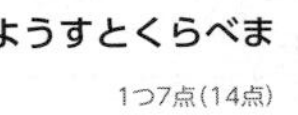

よく出る

3 サクラのようすを調べ、春の始まりのころのようすとくらべました。　1つ7点(14点)

(1) 観察から、サクラの育ち方について、どのようなことがわかりますか。正しいほうの(　)に○をつけましょう。
ア(　)サクラは、葉がしげった後に、花がさく。
イ(○)サクラは、花がさいた後に、葉がしげる。

(2) サクラ以外の植物についても調べました。植物のようすは、春の始まりのころとくらべて、どのようにちがいますか。正しいほうの(　)に○をつけましょう。
ア(○)芽を出したり、新しく葉を出したりする植物が多くなった。
イ(　)実ができたり、葉がかれたりする植物が多くなった。

4 ツルレイシのたねをはちにまいて育てています。　技能 (1)は7点、(2)は10点(17点)

(1) 花だんに植えかえるころとして最もよいものを選んで、(　)に○をつけましょう。
ア(　)子葉が出たころ。
イ(○)まきひげがのびて、葉が5〜6まいになったころ。
ウ(　)葉が10まい以上になって、しげったころ。

(2) 記述 花だんに植えかえるとき、くきがのびやすいように、どのような世話をしますか。
(**ネットをはる。(ささえのぼうを立てる。)**)

できたらスゴイ!

5 生物のようすが、季節によってどのように変わっていくか調べます。調べ方として最もよいものを選んで、(　)に○をつけましょう。　思考・表現 (10点)

ア(　) 観察する生物を決めて、春の間だけ観察し続ければいいよ。
イ(○) 観察する生物を決めて、季節が変わっても観察し続ければいいよ。

ウ(　) 観察する生物を決めずに、春の間だけ観察し続ければいいよ。
エ(　) 観察する生物を決めずに、季節が変わっても観察し続ければいいよ。

ふりかえり
3がわからないときは、8ページの1にもどってかくにんしましょう。
5がわからないときは、6ページの1にもどってかくにんしましょう。

10〜11ページ　てびき

1 (3)水中の生物を観察するときは、温度は気温と水温の両方を記録します。

2 (1)**ア**はよう虫で、夏に見られます。**イ**は成虫がたまごを産むようすで、秋に見られます。
(2)ツバメは、草やどろを集めて巣を作り、その中にたまごを産みます。

3 (2)春になって気温が上がると、植物は芽や新しい葉を出します。

4 ツルレイシは、まきひげがのびて、葉が5〜6まい出てきたころに、花だんなどの広いところに植えかえます。このとき、まきひげがまきつけるように、ネットをはったり、ぼうを立てたりします。

5 季節による変化を調べるので、春だけではなく、1年を通して観察します。また、観察する生物を決めて、生物のすがたやようすがどのように変化したかをくらべます。

ぴったり1 じゅんび

3. 電池のはたらき

①かん電池のはたらき

12ページ

かん電池の向きと電流の向きの関係をかくにんしよう。

教科書 24～30ページ　答え 7ページ

次の(　)に当てはまる言葉を書くか、当てはまるものを○でかこもう。

1 かん電池の向きを変えると、電流の向きは変わるのだろうか。 教科書 24～29ページ

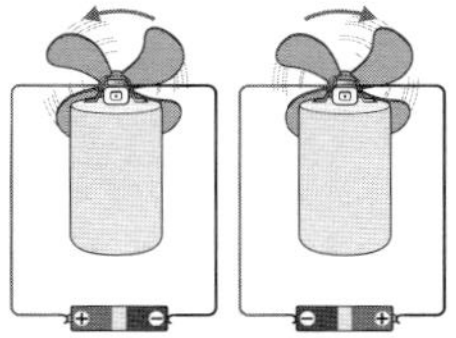

▶かん電池の向きを変えると、モーターの回る向きは
(① (変わる) ・ 変わらない)。

▶回路に流れる電気を(② 電流)という。

▶(②)には、向きが(③ (ある) ・ ない)。

▶かんいけん流計を使うと、電流の(④ 向き)と
(⑤ 大きさ)を調べることができる。

▶かんいけん流計のはりは、電流の向きと(⑥ (同じ) ・ 反対の)向きにふれる。

▶電流の大きさの単位はAで、(⑦ アンペア)と読む。

かんいけん流計の使い方

・かんいけん流計は、回路のとちゅうにつなぐ。
・かんいけん流計だけをかん電池につながない。

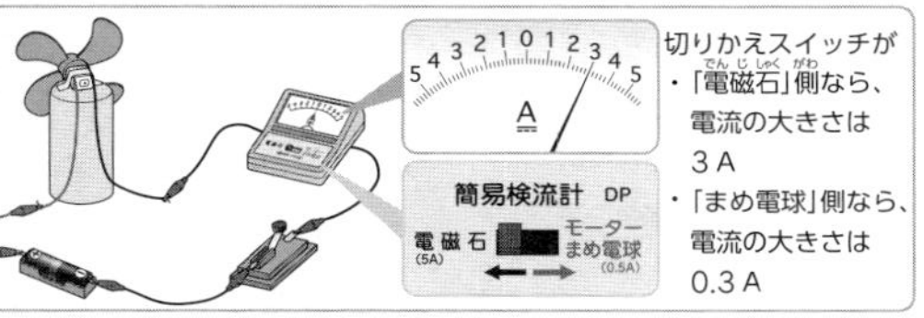

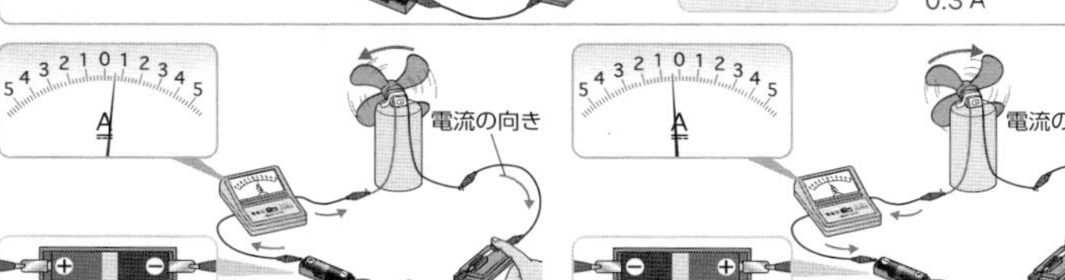

切りかえスイッチが
・「電磁石」側なら、電流の大きさは3A
・「まめ電球」側なら、電流の大きさは0.3A

▶かん電池の向きを変えると、電流の向きは(⑧ (変わる) ・ 変わらない)。

▶電流は、かん電池の(⑨ ＋)極から、モーターなどを通って、(⑩ －)極に向かって流れる。

▶かん電池の向きを反対にすると、モーターが回る向きが反対になるのは、回路に流れる(⑪ 電流)の向きが反対になるからである。

ここがだいじ!
①回路に流れる電気を電流という。
②電流は、かん電池の＋極から、モーターなどを通って、－極に向かって流れる。
③かん電池の向きを反対にすると、電流の向きも反対になる。

ぴたトリビア　リモコンなどでかん電池を入れる向きが決まっているのは、決まった向きに電流が流れたときだけはたらく部品が使われているからです。

ぴったり2 練習

3. 電池のはたらき

①かん電池のはたらき

13ページ

教科書 24～30ページ　答え 7ページ

1 図のような回路をつくると、電気が流れ、モーターが回りました。

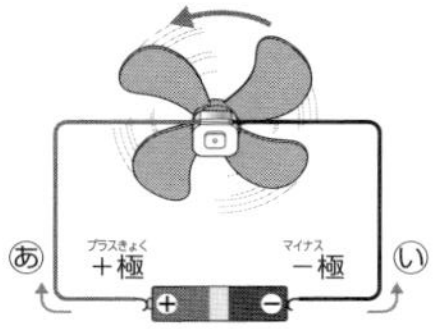

(1) 回路を流れる電気のことを何といいますか。
(電流)

(2) (1)の向きは、図のあ、いのどちらですか。
(あ)

(3) かん電池の向きを反対にすると、モーターはどうなりますか。正しいものを1つ選んで、(　)に○をつけましょう。

ア(　)回らない。
イ(　)図と同じ向きに回る。
ウ(◯)図とは反対向きに回る。

(4) (3)のようになる理由をまとめます。(　)の中に当てはまる言葉を書きましょう。

●かん電池の向きを反対にすると、(1)の(向き)が反対になるから。

2 かんいけん流計を使います。

(1) かんいけん流計を使うと、電流の何を調べることができますか。2つ書きましょう。
(電流の 向き)(電流の 大きさ)

(2) かんいけん流計を正しくつないでいるのはどれですか。1つ選んで、(　)に○をつけましょう。

ア(　)　イ(◯)　ウ(　)

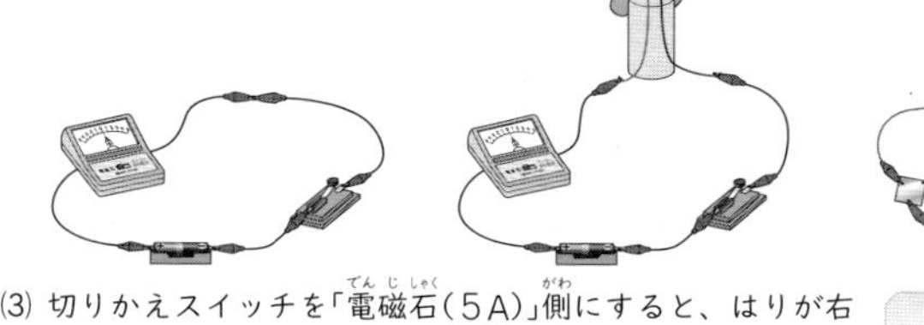

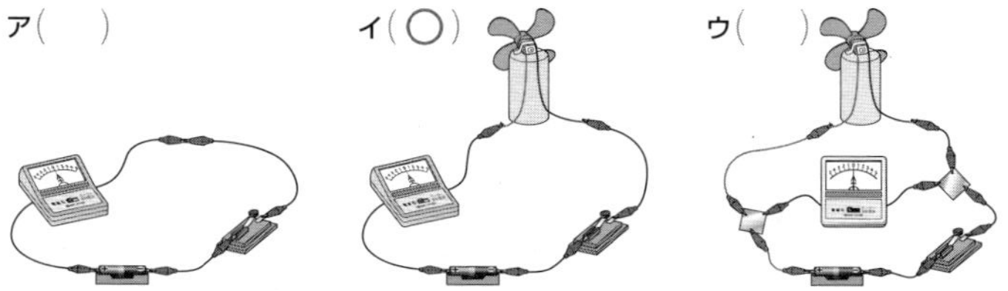

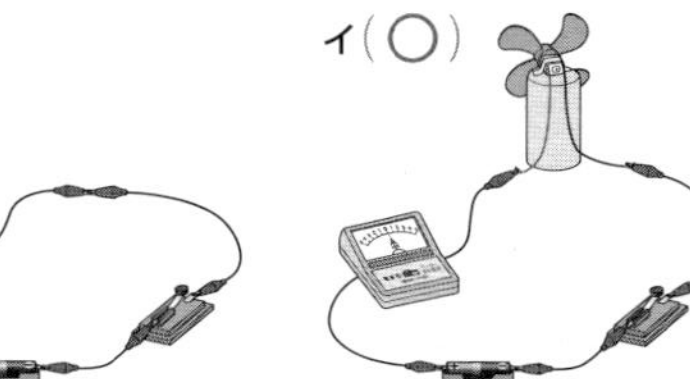

(3) 切りかえスイッチを「電磁石(5A)」側にすると、はりが右のようになりました。

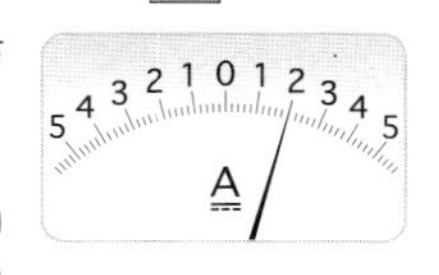

① 電流の大きさの単位Aの読み方を書きましょう。
(アンペア)

② 電流の大きさは何Aですか。
(2 A)

ヒント
1 (2)電流は、かん電池の＋極から出て、モーターなどを通って、－極に向かって流れます。
2 (3)はりがしめす目もりの数字が、電流の大きさです。

おうちのかたへ　3. 電池のはたらき

乾電池をつなぐ向きや数と、電流の向きや大きさの関係について学習します。乾電池をつなぐ向きや数を変えると電流の向きや大きさが変わることを、直列つなぎや並列つなぎなどの用語(名称)を使って理解しているか、などがポイントです。

13ページ　てびき

1 (2)電流の向きは、かん電池の＋極から出て、モーターなどを通り、かん電池の－極に入る向きです。

(3)、(4)かん電池の向きを変えると電流の向きが変わり、モーターが回る向きも変わります。

2 (1)はりがふれる向きで電流の向きがわかり、はりのふれはばで電流の大きさがわかります。

(2)かんいけん流計は、回路のとちゅうにつなぎます。

3. 電池のはたらき
②かん電池のつなぎ方

かん電池のつなぎ方と、電流の大きさやはたらきの関係をかくにんしよう。

教科書 31～37ページ　答え 8ページ

次の(　)に当てはまる言葉を書こう。

1 かん電池を2こにすると、モーターが回る速さはどうなるだろうか。　教科書 31～33ページ

▶かん電池2このつなぎ方は、右の2つある。

▶かん電池2こを直列つなぎにすると、モーターが回る速さは(③ 速く)なる。

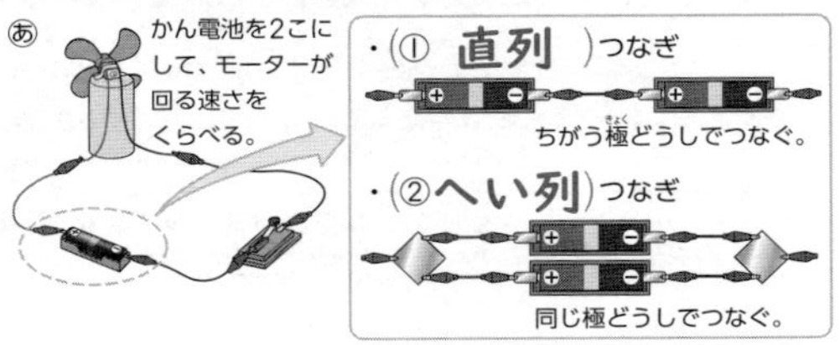

▶かん電池2こをへい列つなぎにすると、モーターが回る速さは(④ 変わらない)。

記号を使った回路の表し方

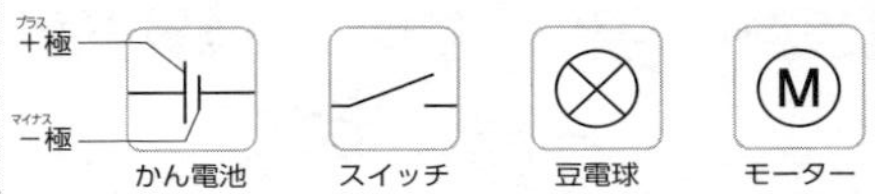

あの回路を記号を使って表したもの

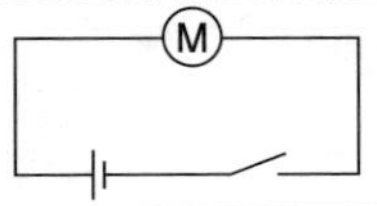

2 モーターの回る速さが変わるのは、どうしてだろうか。　教科書 34～36ページ

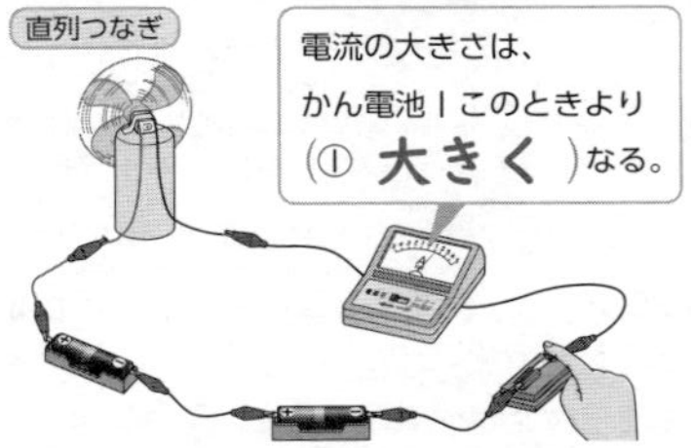

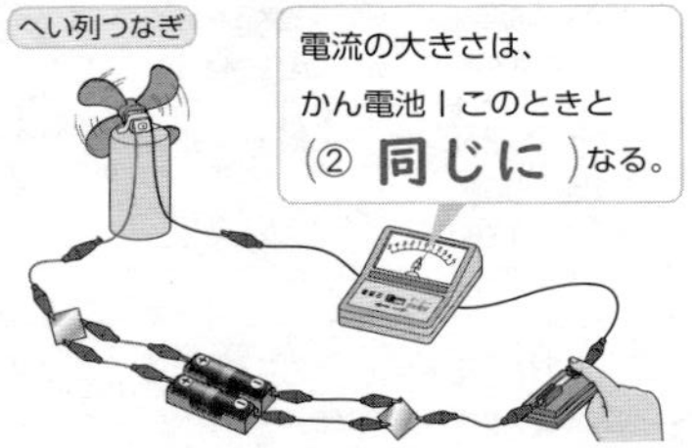

▶回路に流れる電流が大きいほど、モーターが回る速さは(③ 速く)なる。

ここがだいじ!
①かん電池2こを直列つなぎにすると、かん電池1このときより、回路に流れる電流が大きくなり、モーターが速く回る。
②へい列つなぎにすると、かん電池1このときと、電流の大きさが同じになる。

ぴたトリビア　直列つなぎでは、かん電池を1つはずすと回路は切れてしまいますが、へい列つなぎだと、かん電池を1つはずしても回路はつながっています。

3. 電池のはたらき
②かん電池のつなぎ方

教科書 31～37ページ　答え 8ページ

1 あ～うの回路をつくり、モーターが回る速さや、回路に流れる電流の大きさを調べました。

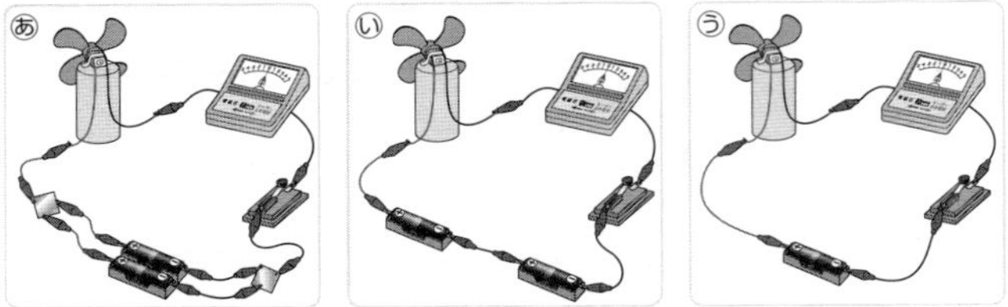

(1) あ、いのかん電池のつなぎ方を、それぞれ何といいますか。
あ(へい列つなぎ)　い(直列つなぎ)

(2) スイッチを入れると、あ、いのモーターが回る速さは、うとくらべてどうなりますか。[　]からそれぞれ1つ選んで、記号を書きましょう。
あ(ウ)　い(ア)

ア 速くなる。　イ おそくなる。　ウ 同じになる。

(3) スイッチを入れると、あ、いの回路に流れる電流の大きさは、うとくらべてどうなりますか。[　]からそれぞれ1つ選んで、記号を書きましょう。
あ(ウ)　い(ア)

ア 大きくなる。　イ 小さくなる。　ウ 同じになる。

(4) (2)、(3)からわかることをまとめます。(　)の中の正しいものを、それぞれ○でかこみましょう。

- かん電池2こを直列つなぎにすると、かん電池1このときとくらべて、
回路に流れる電流の大きさは(① (大きく) ・ 同じに ・ 小さく)なる。
そのため、モーターが回る速さは(② (速く) ・ 同じに ・ おそく)なる。
- かん電池2こをへい列つなぎにすると、かん電池1このときとくらべて、
回路に流れる電流の大きさは(③ 大きく ・ (同じに) ・ 小さく)なる。
そのため、モーターが回る速さは(④ 速く ・ (同じに) ・ おそく)なる。

ヒント 1 (1)あはかん電池の同じ極どうし、いはかん電池のちがう極どうしをつないでいます。
(4)回路に流れる電流の大きさが変わると、モーターが回る速さも変わります。

15ページ　てびき

1 (1)あのように、かん電池2こを同じ極どうしでつなぐつなぎ方を、へい列つなぎといいます。また、いのように、かん電池2こをちがう極どうしでつなぐつなぎ方を、直列つなぎといいます。

(2)～(4)あのようにかん電池2こをへい列つなぎにしても、電流の大きさはかん電池1このときと変わらず、モーターが回る速さもかん電池1このときと変わりません。いのようにかん電池2こを直列つなぎにすると、電流の大きさはかん電池1このときより大きくなり、モーターが回る速さはかん電池1このときより速くなります。

3. 電池のはたらき

16ページ

/100 合格70点

教科書 24〜39ページ　答え 9ページ

よく出る

1 かん電池、モーター、かんいけん流計、スイッチをつないで右のような回路をつくり、スイッチを入れると、モーターが㋑の向きに回りました。　(4)は10点、ほかは1つ5点(35点)

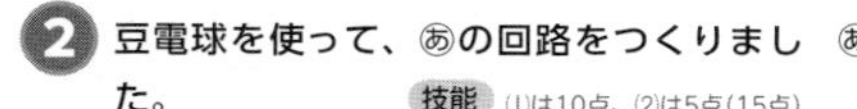

(1) かんいけん流計を使うと、何を調べることができますか。2つ書きましょう。

(電流の向き)
(電流の大きさ)

(2) 作図 回路に流れた電流の向きを、図の□に矢印でかきましょう。

(3) かん電池の向きを反対にしました。

① モーターが回る向きは、㋐、㋑のどちらになりますか。(㋐)

② かんいけん流計のはりは、右、左のどちらにふれますか。(右)

(4) 記述 (3)のようになったのはなぜですか。「電流」という言葉を使って説明しましょう。　思考・表現

(回路に流れる電流の向きが反対になったから。)

2 豆電球を使って、㋐の回路をつくりました。　技能 (1)は10点、(2)は5点(15点)

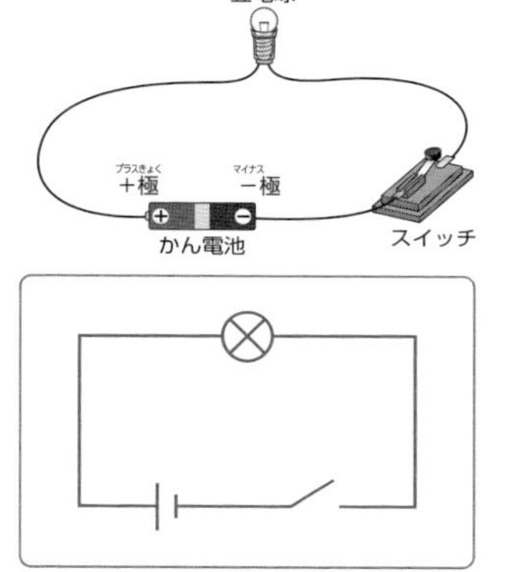
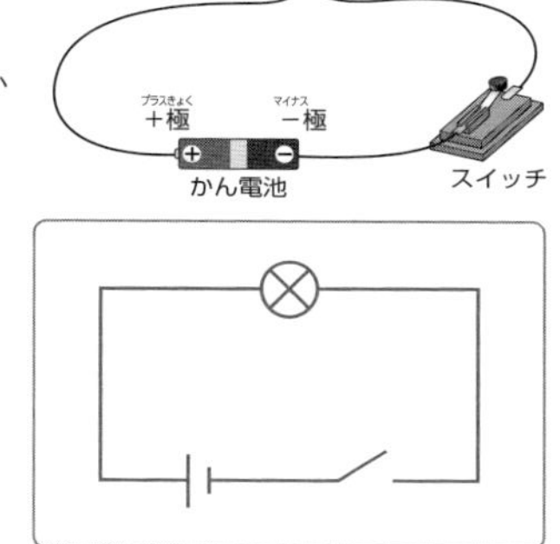

(1) 作図 ㋐の回路を、記号を使って表すとどうなりますか。右の□にかきましょう。

(2) かん電池を2こにふやします。やってはいけないつなぎ方はどれですか。1つ選んで、( )に×をつけましょう。

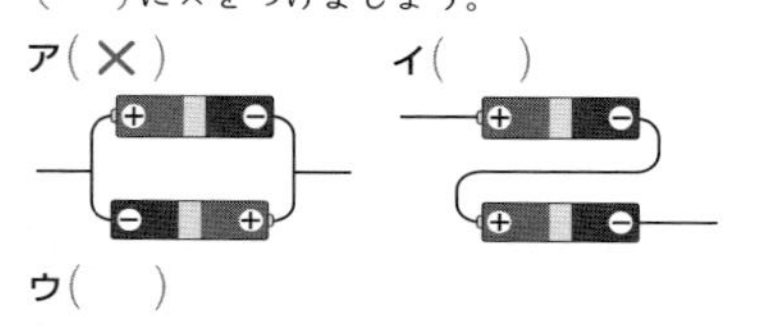

ア(×)　イ(　)　ウ(　)

17ページ

よく出る

3 かん電池の数やつなぎ方を変えて、豆電球の明るさや回路に流れる電流の大きさをくらべました。　(4)は10点、ほかは1つ5点(30点)

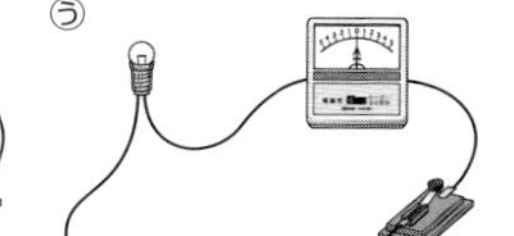

(1) かん電池2こがへい列つなぎになっているのは、㋑、㋒のどちらですか。(㋒)

(2) スイッチを入れたとき、豆電球の明るさが㋐と同じになるのは、㋑、㋒のどちらですか。(㋒)

(3) スイッチを入れたとき、㋐の回路に流れる電流の大きさは0.2Aでした。㋑、㋒の回路を流れる電流の大きさとしてよいものを、□からそれぞれ1つ選んで、記号を書きましょう。　㋑(ウ)　㋒(イ)

ア 0.2Aより小さい。　イ 0.2A　ウ 0.2Aより大きい。

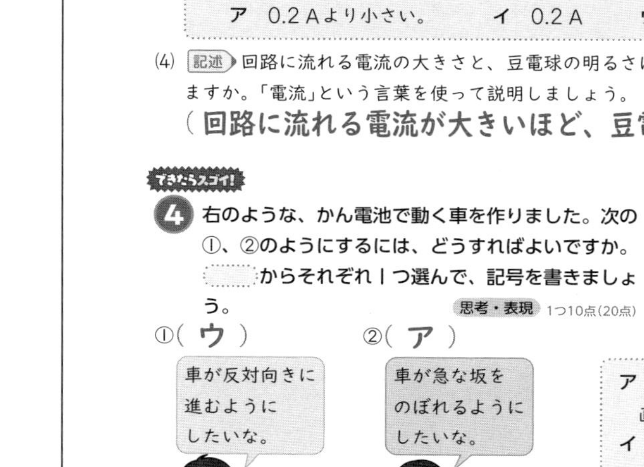

(4) 記述 回路に流れる電流の大きさと、豆電球の明るさには、どのような関係がありますか。「電流」という言葉を使って説明しましょう。　思考・表現

(回路に流れる電流が大きいほど、豆電球が明るくなる。)

できたらスゴイ!

4 右のような、かん電池で動く車を作りました。次の①、②のようにするには、どうすればよいですか。□からそれぞれ1つ選んで、記号を書きましょう。　思考・表現 1つ10点(20点)

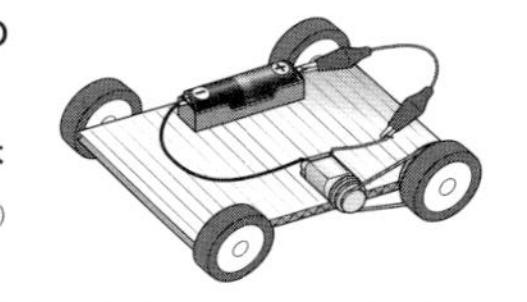
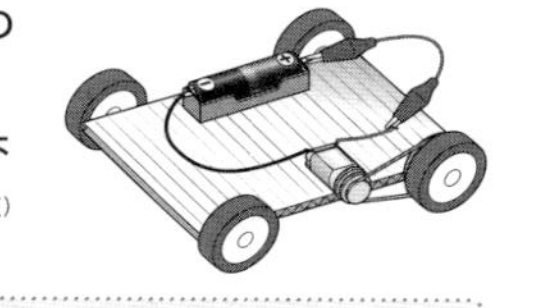

①(ウ)

②(ア)

ア かん電池を2こにして、直列つなぎでつなぐ。
イ かん電池を2こにして、へい列つなぎでつなぐ。
ウ かん電池の向きを変える。

ふりかえり ❸がわからないときは、14ページの❶❷にもどってかくにんしましょう。
❹がわからないときは、12ページの❶、14ページの❶にもどってかくにんしましょう。

	かん電池	スイッチ	モーター	豆電球
記号	─┤├─ (+ −)	＿／ ＿	Ⓜ	⊗

16〜17ページ てびき

1 (1)はりがふれる向きで電流の向きがわかり、はりのふれはばで電流の大きさがわかります。

(2)電流は、かん電池の＋(プラス)極(きょく)→モーターなど→かん電池の－(マイナス)極と流れます。

2 (1)豆電球などは左下の表の記号で表し、導線(どうせん)は線で表します。

(2)アは、かん電池が熱(あつ)くなり、とてもきけんです。

3 (2)、(3)かん電池2こを直列つなぎにすると、電流が大きくなり、豆電球は明るくなります。かん電池2こをへい列つなぎにすると、電流の大きさは変(か)わらず、豆電球の明るさも変わりません。

4 ①電流の向きが反対になると、モーターが回る向きが反対になり、車が進む向きも反対になります。

②電流が大きくなると、モーターが速く回り、車が急な坂でものぼれるようになります。

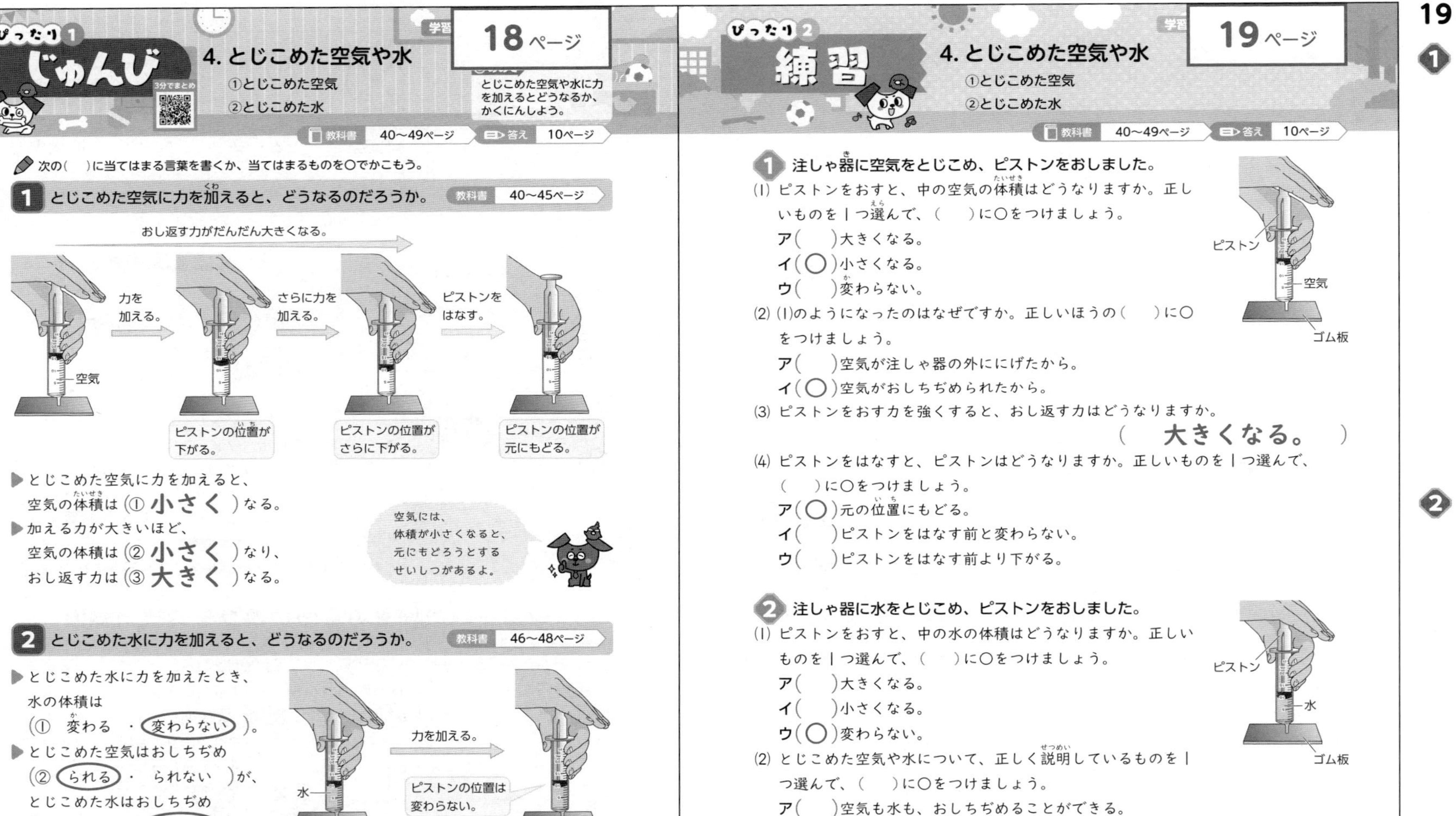

ぴったり1 じゅんび

3分でまとめ

18ページ

学習

4. とじこめた空気や水

①とじこめた空気
②とじこめた水

とじこめた空気や水に力を加えるとどうなるか、かくにんしよう。

教科書 40~49ページ　答え 10ページ

次の(　)に当てはまる言葉を書くか、当てはまるものを○でかこもう。

1 とじこめた空気に力を加えると、どうなるのだろうか。 教科書 40~45ページ

▶とじこめた空気に力を加えると、
空気の体積は (① 小さく) なる。
▶加える力が大きいほど、
空気の体積は (② 小さく) なり、
おし返す力は (③ 大きく) なる。

2 とじこめた水に力を加えると、どうなるのだろうか。 教科書 46~48ページ

▶とじこめた水に力を加えたとき、
水の体積は
(① 変わる ・ (変わらない))。
▶とじこめた空気はおしちぢめ
(② (られる) ・ られない)が、
とじこめた水はおしちぢめ
(③ られる ・ (られない))。

ここがだいじ！
①空気をとじこめて力を加えると、体積が小さくなり、おし返す力が大きくなる。
②水をとじこめて力を加えても、体積は変わらない。

ぴたトリビア　自転車や自動車には、空気入りのタイヤが使われています。タイヤの中の空気がおしちぢめられることで、地面からのしんどうやしょうげきをやわらげています。

18

ぴったり2 練習

19ページ

学習

4. とじこめた空気や水

①とじこめた空気
②とじこめた水

教科書 40~49ページ　答え 10ページ

1 注しゃ器に空気をとじこめ、ピストンをおしました。

(1) ピストンをおすと、中の空気の体積はどうなりますか。正しいものを１つ選んで、(　)に○をつけましょう。
ア(　)大きくなる。
イ(○)小さくなる。
ウ(　)変わらない。

(2) (1)のようになったのはなぜですか。正しいほうの(　)に○をつけましょう。
ア(　)空気が注しゃ器の外ににげたから。
イ(○)空気がおしちぢめられたから。

(3) ピストンをおす力を強くすると、おし返す力はどうなりますか。
(　大きくなる。　)

(4) ピストンをはなすと、ピストンはどうなりますか。正しいものを１つ選んで、(　)に○をつけましょう。
ア(○)元の位置にもどる。
イ(　)ピストンをはなす前と変わらない。
ウ(　)ピストンをはなす前より下がる。

2 注しゃ器に水をとじこめ、ピストンをおしました。

(1) ピストンをおすと、中の水の体積はどうなりますか。正しいものを１つ選んで、(　)に○をつけましょう。
ア(　)大きくなる。
イ(　)小さくなる。
ウ(○)変わらない。

(2) とじこめた空気や水について、正しく説明しているものを１つ選んで、(　)に○をつけましょう。
ア(　)空気も水も、おしちぢめることができる。
イ(○)空気はおしちぢめることができるが、水はおしちぢめることができない。
ウ(　)空気はおしちぢめることができないが、水はおしちぢめることができる。
エ(　)空気も水も、おしちぢめることができない。

ヒント　1 (3)(4)空気には、体積が小さくなると元にもどろうとするせいしつがあります。

19

19ページ　てびき

1 (1)、(2)とじこめた空気に力を加えると、空気はおしちぢめられ、体積が小さくなります。
(3)、(4)体積が小さくなった空気は、元にもどろうとします。空気の体積が小さくなるほど、元にもどろうとするはたらきが大きくなり、おし返す力が大きくなります。

2 (1)とじこめた水に力を加えても、水はおしちぢめられず、体積は変わりません。

おうちのかたへ　4. とじこめた空気や水

閉じこめた空気や水に力を加えたときの現象について学習します。閉じこめた空気に力を加えると体積が小さくなって押し返す力が大きくなることや、閉じこめた水に力を加えても体積が変化しないことを理解しているか、などがポイントです。

4. とじこめた空気や水

20ページ

/100　合格70点

教科書 40～51ページ　答え 11ページ

よく出る

1 あのように、注しゃ器に空気をとじこめ、ピストンをおしました。

(6)(8)は1つ10点、ほかは1つ7点(62点)

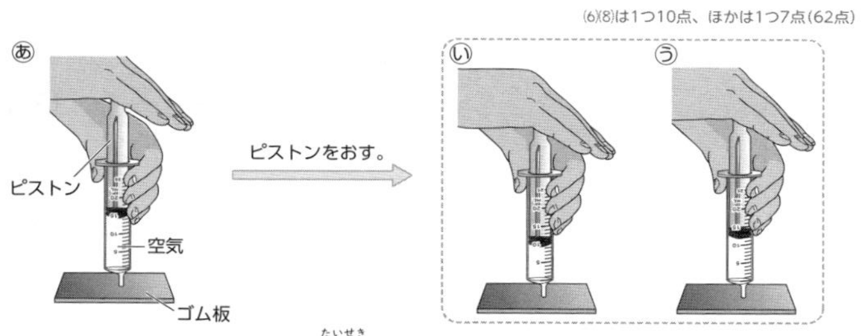

(1) ピストンをおすと、中の空気の体積はどうなりますか。
（ 小さくなる。 ）

(2) ピストンをおす力を大きくすると、空気に加わる力はどうなりますか。
（ 大きくなる。 ）

(3) ピストンをおす力が大きいのは、い、うのどちらですか。（ い ）

(4) 空気がおし返す力が大きいのは、い、うのどちらですか。（ い ）

(5) おしたピストンをはなすと、ピストンはどうなりますか。
（ 元の位置にもどる。 ）

(6) 記述 (5)のようになるのは、空気にどのようなせいしつがあるからですか。「体積」という言葉を使って説明しましょう。 思考・表現
（体積が小さくなると、元にもどろうとするせいしつ。）

(7) えのように、空気のかわりに水をとじこめました。ピストンをおすと、中の水の体積はどうなりますか。
（ 変わらない。 ）

え　水

(8) 記述 (7)のようになる理由を、とじこめた空気と水のせいしつをくらべながら説明しましょう。 思考・表現
（とじこめた空気は力を加えるとおしちぢめられるが、とじこめた水は力を加えてもおしちぢめられないから。）

21ページ

2 あのように、かたいプラスチックのつつに空気と水を半分ずつ入れ、おしぼうでせんをおします。

思考・表現 (1)は1つ6点、(2)は10点(28点)

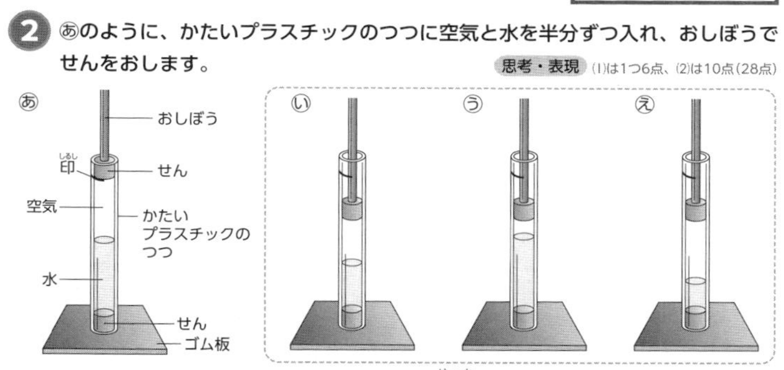

(1) じゅんさん、さやかさん、ゆうすけさんは、結果がどのようになると予想していますか。い～えからそれぞれ1つ選んで、記号を書きましょう。

空気だけが
おしちぢめられると
思うよ。
じゅんさん
水だけが
おしちぢめられると
思うよ。
さやかさん
空気も水も
おしちぢめられると
思うよ。
ゆうすけさん

じゅんさん（ う ）　さやかさん（ え ）　ゆうすけさん（ い ）

(2) おしぼうでせんをおすと、どうなりますか。い～えから1つ選んで、記号を書きましょう。（ う ）

できたらスゴイ！

3 ペットボトルや空気ポンプを使って、右のようなふん水をつくりました。

思考・表現 (10点)

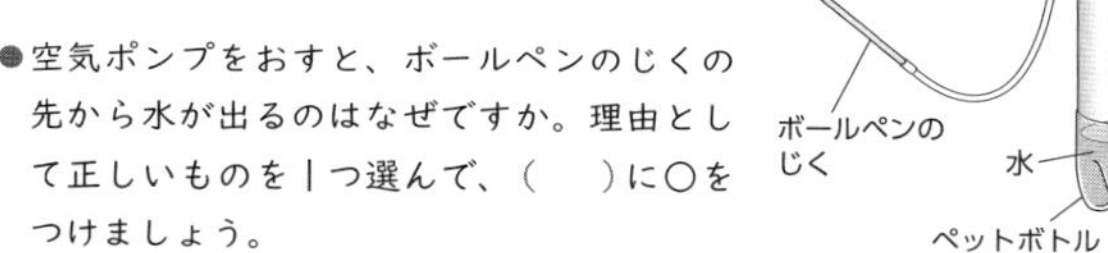

●空気ポンプをおすと、ボールペンのじくの先から水が出るのはなぜですか。理由として正しいものを1つ選んで、（　）に○をつけましょう。

ア（○）空気に力を加えると、元にもどろうとするから。
イ（　）水に力を加えると、元にもどろうとするから。
ウ（　）空気や水に力を加えると、元にもどろうとするから。

ふりかえり
1がわからないときは、18ページの1 2にもどってかくにんしましょう。
3がわからないときは、18ページの1 2にもどってかくにんしましょう。

20～21ページ てびき

1 (3)、(4)空気に加わる力が大きいほど、空気の体積が小さくなり、元にもどろうとしておし返す力が大きくなります。

2 (1)じゅんさんは、空気の体積だけが小さくなると予想しています。さやかさんは、水の体積だけが小さくなると予想しています。ゆうすけさんは、空気と水の両方の体積が小さくなると予想しています。
(2)力を加えると、空気はおしちぢめられますが、水はおしちぢめられません。したがって、空気の部分の体積は小さくなりますが、水の部分の体積は変わりません。

3 空気ポンプをおして力を加えると、空気がおしちぢめられ、体積が小さくなります。体積が小さくなった空気は元にもどろうとするので、水がおし出され、ボールペンのじくの先から水が出ます。

ぴったり1 じゅんび ★夏 ②夏の生物のようす

22ページ

夏に見られる動物や植物のようすをかくにんしよう。

教科書 52~57ページ 答え 12ページ

次の(　)に当てはまる言葉を書くか、当てはまるものを○でかこもう。

1 夏になると、生物のようすはどのように変わるのだろうか。 教科書 52~56ページ

ツバメ：親が子に(① 食べもの)をあたえている。

カブトムシ：成虫が集まり、木のしるをすっている。

オオカマキリ：春より大きくなったよう虫が見られる。

ヒキガエル：池から出てきたヒキガエルには、(② あし)がついている。

▶夏になると、春よりも気温が(③ 上がる ・ 下がる)。
▶動物は、春よりも活動が(④ 活発に ・ にぶく)なり、見られる数が(⑤ 多く ・ 少なく)なる。春とはちがう種類の動物も見られる。

サクラ　ツルレイシ

▶サクラは、春よりも葉の数が(⑥ ふえ ・ へり)、緑色がこくなっている。
▶ツルレイシは、春よりも葉の数が(⑦ ふえ ・ へり)、まきひげがたくさん出ている。ところどころに、黄色の(⑧ 花)がついている。
▶植物は、葉が(⑨ しげったり ・ かれたり)、くきがのびたり、葉の色が(⑩ こく ・ うすく)なったりして、よく成長する。

ここが だいじ！
①夏になると、春とくらべて気温が上がる。
②夏になると、動物の活動は活発になり、植物はよく成長する。

ぴたトリビア　セミのよう虫は土の中で育ち、暑くなると地上に出てきて成虫になります。セミは、種類によって、鳴き声や鳴く時間がちがいます。

22

ぴったり2 練習 ★夏 ②夏の生物のようす

23ページ

教科書 52~57ページ 答え 12ページ

1 夏の動物のようすを調べました。

(1) 夏の動物のようすとして正しいものには○、まちがっているものには×を、(　)につけましょう。

①(×) オオカマキリ　②(○) カブトムシ　③(×) ツバメ　④(○) ヒキガエル

(2) 動物の活動のようすについて、正しいものを1つ選んで、(　)に○をつけましょう。

ア(　)春と変わらない。　イ(○)春より活発になる。
ウ(　)春よりにぶくなる。

(3) 見られる動物の数は、春とくらべて多くなりますか、少なくなりますか。
(　多くなる。　)

2 夏の植物のようすを調べました。

(1) 夏のサクラのようすとして正しいものを1つ選んで、(　)に○をつけましょう。

ア(　)　イ(　)　ウ(○)

(2) ツルレイシのようすは、春とくらべてどうなりますか。正しいものをすべて選んで、(　)に○をつけましょう。

ア(○)葉の数が多くなる。
イ(　)まきひげがほとんど見られなくなる。
ウ(○)ツルレイシ全体の高さが高くなる。
エ(○)ところどころに花がつく。

(3) 夏の植物のようすについてまとめます。(　)に当てはまる言葉を書きましょう。

●葉の数が多くなったり、くきがのびたりするなど、よく(成長)する。

23

23ページ てびき

❶ (1)①は、オオカマキリのたまごからよう虫が出てくるようすで、春に見られます。③は、ツバメがどろや草を使って巣を作るようすで、春に見られます。

❷ (1)アは秋のようすで、葉が赤くなっています。イは春の始まりのころのようすで、花がさいています。
(2)夏になると、ツルレイシはよく成長し、まきひげの数も多くなります。

おうちのかたへ ★夏

「2. 春」に続いて、身の回りの生物を観察して、動物の活動や植物の成長が季節によって違うことを学習します。ここでは夏の生物を扱います。動物の活動や植物の成長の変化を捉えられているか、生物のようすの変化を気温と結びつけて考えられるか、などがポイントです。

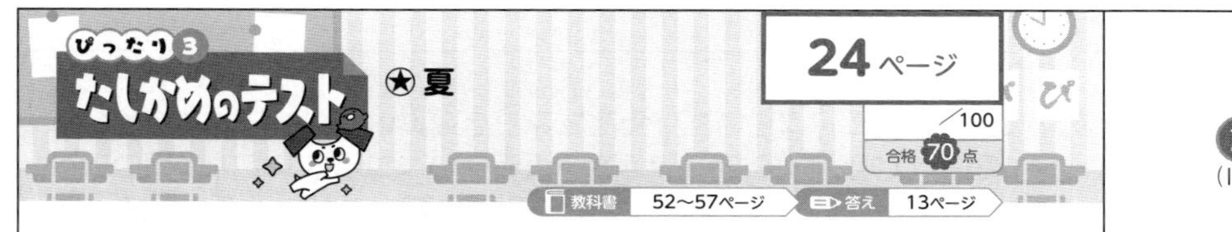

★夏

24ページ

/100　合格 70 点

教科書 52～57ページ　答え 13ページ

よく出る

1 夏の動物のようすを調べました。

(3)は15点、ほかは1つ5点(50点)

(1) 次の①～④の動物について、夏に見られるようすをそれぞれ選んで、(　)に○をつけましょう。

① オオカマキリ　ア(○)　イ(　)

② カブトムシ　ア(○)　イ(　)

③ ツバメ　ア(○)　イ(　)

④ ヒキガエル　ア(　)　イ(○)

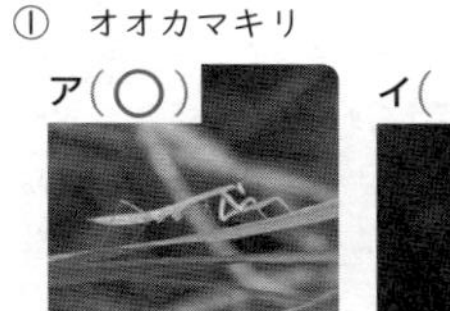
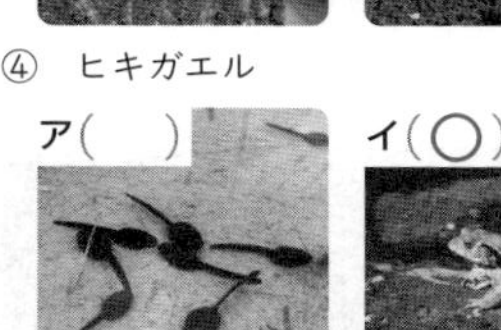

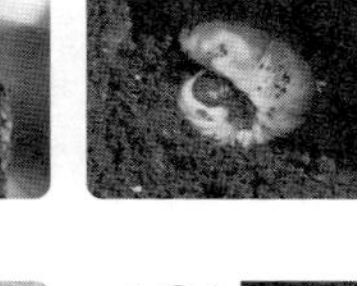
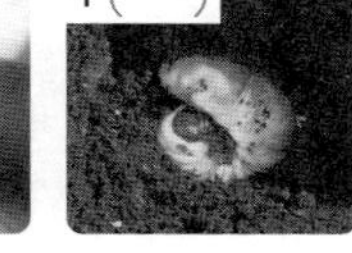
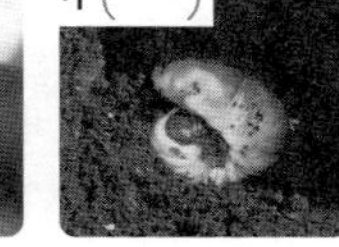
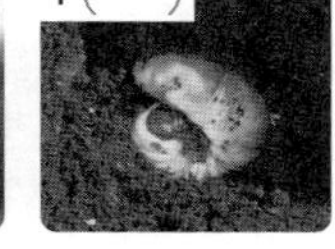
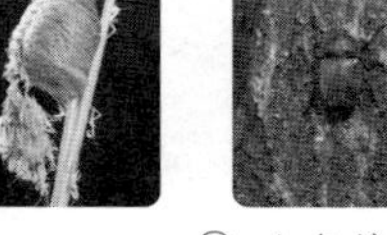

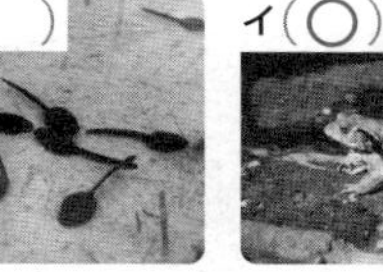

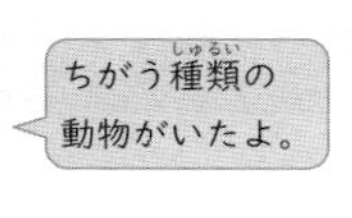
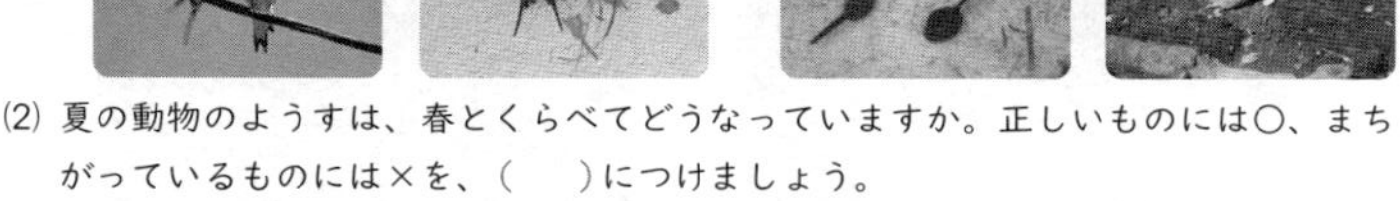

(2) 夏の動物のようすは、春とくらべてどうなっていますか。正しいものには○、まちがっているものには×を、(　)につけましょう。

①(×) 見られる数が少なくなったよ。

②(○) ちがう種類の動物がいたよ。

③(×) 活動がにぶくなったよ。

(3) 記述 夏になると、動物のようすが(2)のように変わるのはなぜですか。「気温」という言葉を使って説明しましょう。　思考・表現

(　気温が春より上がったから。　)

25ページ

2 夏の植物のようすを調べました。

1つ10点(20点)

(1) サクラのようすを観察して、記録しました。右のあに入る説明として最もよいものを選んで、(　)に○をつけましょう。　技能

ア(　)・黄色やオレンジ色の葉がふえていた。・葉の元のところには、小さな芽がついていた。

イ(○)・葉がふえて、こい緑色になっていた。また、大きさが大きくなっていた。

ウ(　)・葉が落ちて、えだだけになっていた。・芽には、黄緑色の小さな葉のようなものがつまっていた。

サクラ
校庭
7月7日午前10時
くもり 気温 24℃
あ

(2) 夏になると、植物のようすはどのように変わりますか。正しいものを1つ選んで、(　)に○をつけましょう。

ア(　)春とくらべて、かれたり、葉を落としたりするものが多くなる。

イ(　)春とくらべて、葉の色が変わったり、実がなったりするものが多くなる。

ウ(○)春とくらべて、葉がしげったり、くきがのびたりするものが多くなる。

3 育てているツルレイシを2週間おきに観察して、記録しました。

1つ10点(30点)

(1) 5月から7月にかけて、気温はどのように変わっていますか。

(　上がっている。　)

(2) 気温が(1)のように変わるにつれて、ツルレイシの葉の数はどうなっていますか。

(　ふえている。　)

(3) 気温が(1)のように変わるにつれて、ツルレイシの高さはどうなっていますか。

(高くなっている。)

ふりかえり 1がわからないときは、22ページの1にもどってかくにんしましょう。

24～25ページ　てびき

1 (1)①イは、たまごからよう虫が出てくるようすで、春に見られます。
②イはよう虫で、秋から春にかけて見られます。よう虫は土の中で育ち、さなぎになり、夏になると成虫となって地上に出てきます。
③イは、どろや草で巣を作るようすで、春に見られます。
④アは、おたまじゃくしで、春に見られます。

2 (2)夏になると、春よりも気温が上がります。植物は葉がしげったり、くきがのびたりするなど、よく成長します。また、花がさいたり、実がなったりするものもあります。

3 (1)気温は21℃→22℃→24℃→26℃と少しずつ上がっています。
(2)、(3)観察カードの絵や説明から、気温が上がるにつれて、葉の数がふえ、高さが高くなっていることが読みとれます。

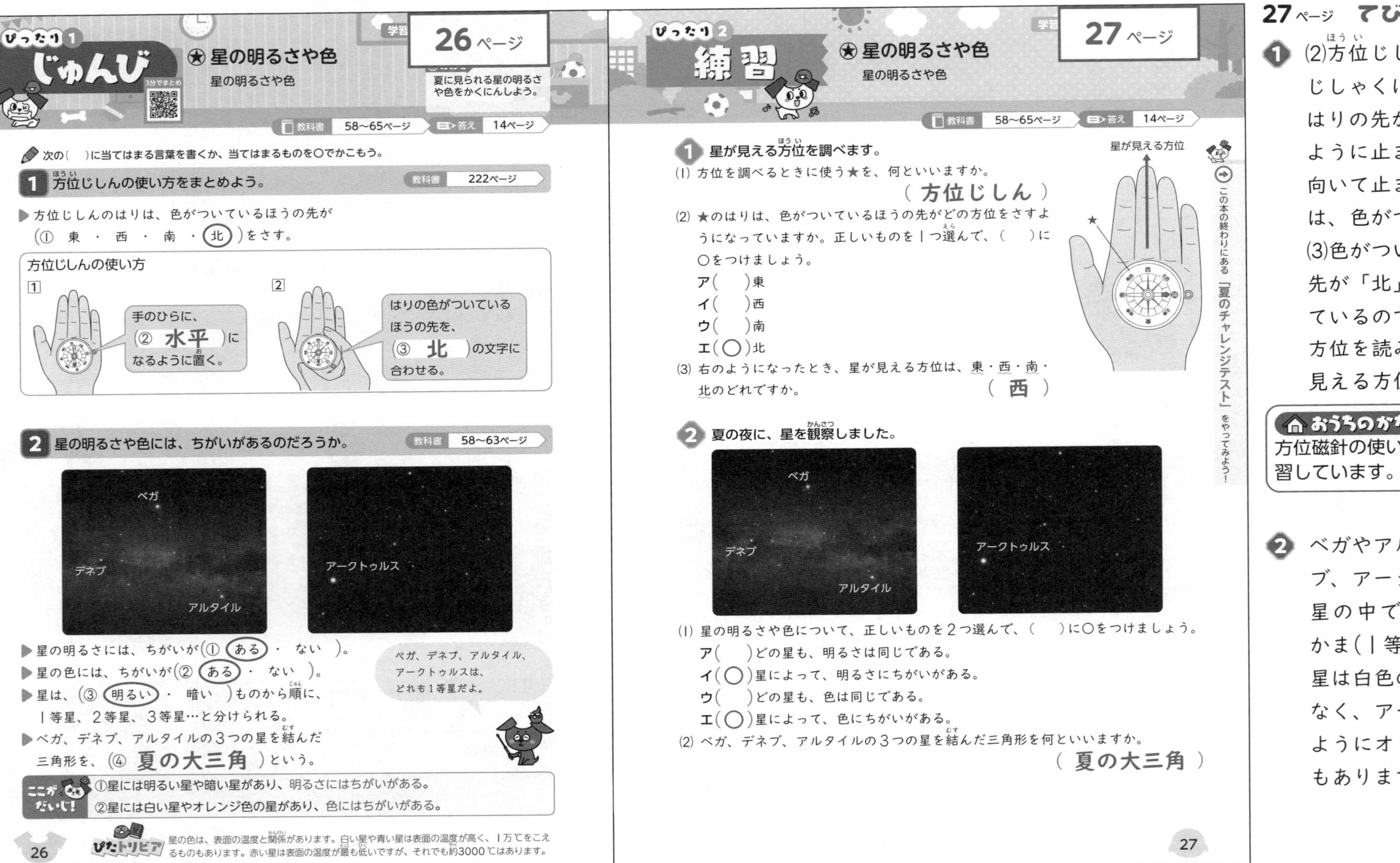

ぴったり1 じゅんび
★ 星の明るさや色
星の明るさや色
26ページ
夏に見られる星の明るさや色をかくにんしよう。
教科書 58～65ページ　答え 14ページ

次の(　)に当てはまる言葉を書くか、当てはまるものを○でかこもう。

1 方位じしんの使い方をまとめよう。 教科書 222ページ

▶方位じしんのはりは、色がついているほうの先が
(① 東 ・ 西 ・ 南 ・ (北))をさす。

方位じしんの使い方
1 手のひらに、(② 水平)になるように置く。
2 はりの色がついているほうの先を、(③ 北)の文字に合わせる。

2 星の明るさや色には、ちがいがあるのだろうか。 教科書 58～63ページ

ベガ　デネブ　アルタイル　アークトゥルス

ベガ、デネブ、アルタイル、アークトゥルスは、どれも1等星だよ。

▶星の明るさには、ちがいが(① (ある) ・ ない)。
▶星の色には、ちがいが(② (ある) ・ ない)。
▶星は、(③ (明るい) ・ 暗い)ものから順に、1等星、2等星、3等星…と分けられる。
▶ベガ、デネブ、アルタイルの3つの星を結んだ三角形を、(④ 夏の大三角)という。

ここがだいじ！
①星には明るい星や暗い星があり、明るさにはちがいがある。
②星には白い星やオレンジ色の星があり、色にはちがいがある。

ぴたトリビア 星の色は、表面の温度と関係があります。白い星や青い星は表面の温度が高く、1万℃をこえるものもあります。赤い星は表面の温度が最も低いですが、それでも約3000℃はあります。

26

ぴったり2 練習
★ 星の明るさや色
星の明るさや色
27ページ
教科書 58～65ページ　答え 14ページ

1 星が見える方位を調べます。
(1) 方位を調べるときに使う★を、何といいますか。
(方位じしん)
(2) ★のはりは、色がついているほうの先がどの方位をさすようになっていますか。正しいものを1つ選んで、(　)に○をつけましょう。
ア(　)東
イ(　)西
ウ(　)南
エ(○)北
(3) 右のようになったとき、星が見える方位は、東・西・南・北のどれですか。
(西)

星が見える方位

この本の終わりにある「夏のチャレンジテスト」をやってみよう！

2 夏の夜に、星を観察しました。

ベガ　デネブ　アルタイル　アークトゥルス

(1) 星の明るさや色について、正しいものを2つ選んで、(　)に○をつけましょう。
ア(　)どの星も、明るさは同じである。
イ(○)星によって、明るさにちがいがある。
ウ(　)どの星も、色は同じである。
エ(○)星によって、色にちがいがある。
(2) ベガ、デネブ、アルタイルの3つの星を結んだ三角形を何といいますか。
(夏の大三角)

27

おうちのかたへ　★ 星の明るさや色
夜空の星の明るさや色について学習します。ここでは、夏の大三角やアークトゥルスなど、夏に見られる星を扱います。方位磁針を正しく使えるか、星の明るさや色には違いがあることを理解しているか、などがポイントです。なお、星座や星の動きについては、「6. 月と星の位置の変化」で扱います。

27ページ　てびき

1 (2)方位じしんのはりは、じしゃくになっていて、はりの先が北と南を向くように止まります。北を向いて止まるほうの先には、色がついています。
(3)色がついているほうの先が「北」の文字と合っているので、文字ばんの方位を読みとれば、星が見える方位がわかります。

おうちのかたへ
方位磁針の使い方は、3年で学習しています。

2 ベガやアルタイル、デネブ、アークトゥルスは、星の中で最も明るいなかま(1等星)です。また、星は白色のものだけではなく、アークトゥルスのようにオレンジ色のものもあります。

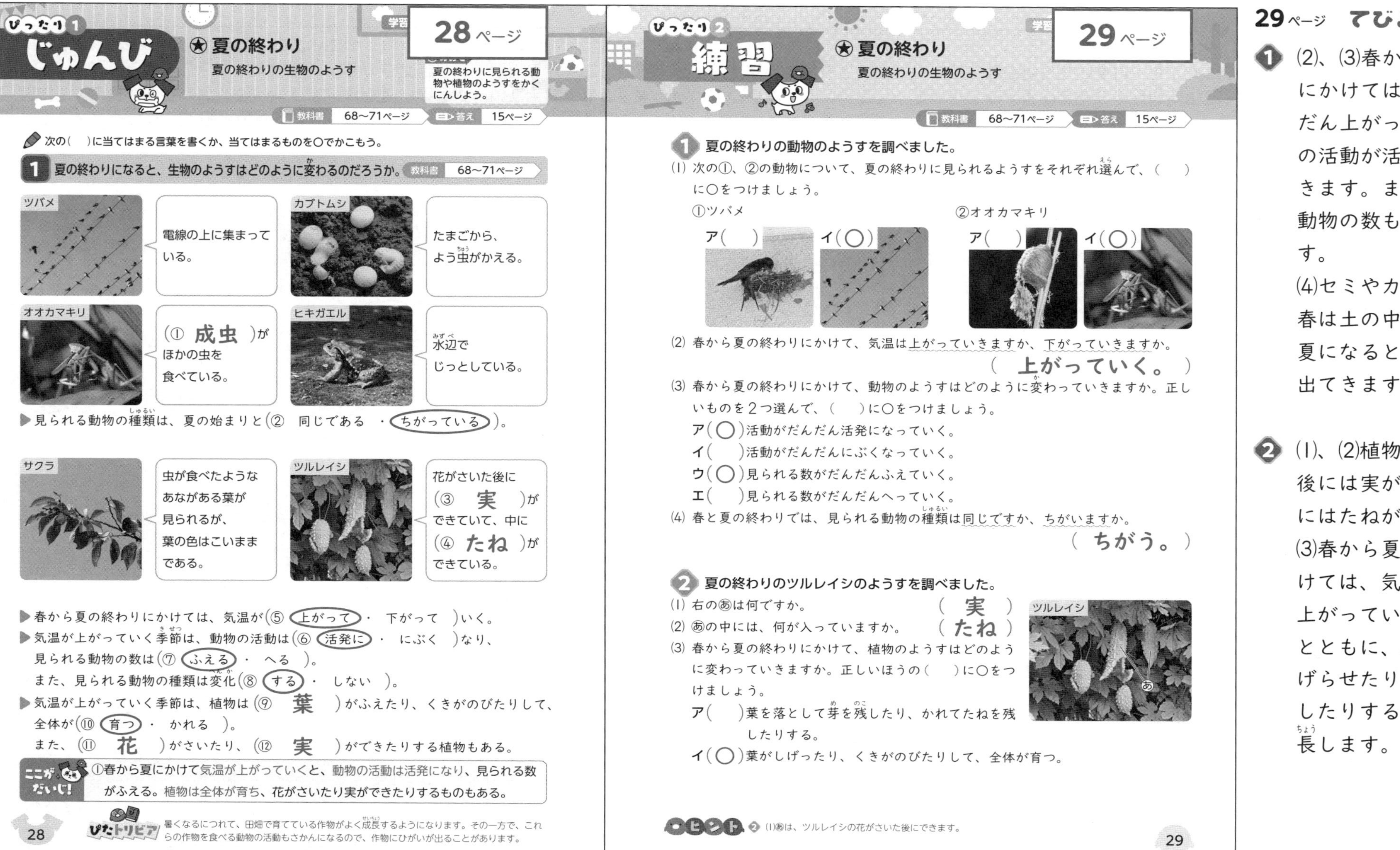

ぴったり1 じゅんび

★夏の終わり
夏の終わりの生物のようす

学習 28ページ
夏の終わりに見られる動物や植物のようすをかくにんしよう。

教科書 68～71ページ　答え 15ページ

次の(　)に当てはまる言葉を書くか、当てはまるものを○でかこもう。

1 夏の終わりになると、生物のようすはどのように変わるのだろうか。　教科書 68～71ページ

ツバメ　電線の上に集まっている。
カブトムシ　たまごから、よう虫がかえる。
オオカマキリ　(① 成虫)がほかの虫を食べている。
ヒキガエル　水辺でじっとしている。

▶見られる動物の種類は、夏の始まりと(② 同じである ・ (ちがっている))。

サクラ　虫が食べたようなあながある葉が見られるが、葉の色はこいままである。
ツルレイシ　花がさいた後に(③ 実)ができていて、中に(④ たね)ができている。

▶春から夏の終わりにかけては、気温が(⑤ (上がって) ・ 下がって)いく。
▶気温が上がっていく季節は、動物の活動は(⑥ (活発に) ・ にぶく)なり、見られる動物の数は(⑦ (ふえる) ・ へる)。
また、見られる動物の種類は変化(⑧ (する) ・ しない)。
▶気温が上がっていく季節は、植物は(⑨ 葉)がふえたり、くきがのびたりして、全体が(⑩ (育つ) ・ かれる)。
また、(⑪ 花)がさいたり、(⑫ 実)ができたりする植物もある。

ここがだいじ！ ①春から夏にかけて気温が上がっていくと、動物の活動は活発になり、見られる数がふえる。植物は全体が育ち、花がさいたり実ができたりするものもある。

28　ぴたトリビア　暑くなるにつれて、田畑で育てている作物がよく成長するようになります。その一方で、これらの作物を食べる動物の活動もさかんになるので、作物にひがいが出ることがあります。

ぴったり2 練習

★夏の終わり
夏の終わりの生物のようす

学習 29ページ

教科書 68～71ページ　答え 15ページ

1 夏の終わりの動物のようすを調べました。

(1) 次の①、②の動物について、夏の終わりに見られるようすをそれぞれ選んで、(　)に○をつけましょう。
①ツバメ　ア(　)　イ(○)
②オオカマキリ　ア(　)　イ(○)

(2) 春から夏の終わりにかけて、気温は上がっていきますか、下がっていきますか。
(上がっていく。)

(3) 春から夏の終わりにかけて、動物のようすはどのように変わっていきますか。正しいものを2つ選んで、(　)に○をつけましょう。
ア(○)活動がだんだん活発になっていく。
イ(　)活動がだんだんにぶくなっていく。
ウ(○)見られる数がだんだんふえていく。
エ(　)見られる数がだんだんへっていく。

(4) 春と夏の終わりでは、見られる動物の種類は同じですか、ちがいますか。
(ちがう。)

2 夏の終わりのツルレイシのようすを調べました。

(1) 右のあは何ですか。　(実)
(2) あの中には、何が入っていますか。　(たね)
(3) 春から夏の終わりにかけて、植物のようすはどのように変わっていきますか。正しいほうの(　)に○をつけましょう。
ア(　)葉を落として芽を残したり、かれてたねを残したりする。
イ(○)葉がしげったり、くきがのびたりして、全体が育つ。

ツルレイシ

ヒント **2** (1)あは、ツルレイシの花がさいた後にできます。

29

29ページ　てびき

1 (2)、(3)春から夏の終わりにかけては、気温がだんだん上がっていき、動物の活動が活発になっていきます。また、見られる動物の数もふえていきます。
(4)セミやカブトムシは、春は土の中にいますが、夏になると成虫になって出てきます。

2 (1)、(2)植物の花がさいた後には実ができ、その中にはたねが入っています。
(3)春から夏の終わりにかけては、気温がだんだん上がっていきます。これとともに、植物は葉をしげらせたり、くきをのばしたりするなど、よく成長します。

おうちのかたへ　★夏の終わり

「2. 春」「★夏」に続いて、身の回りの生物を観察して、動物の活動や植物の成長が季節によって違うことを学習します。ここでは夏の終わりの生物を扱います。動物の活動や植物の成長の変化を捉えられているか、生物のようすの変化を気温と結びつけて考えられるか、などがポイントです。

30ページ

ぴったり1 じゅんび

5. 雨水のゆくえ

①流れる水のゆくえ
②土のつぶの大きさと水のしみこみ方

水が流れたり、しみこんだりするようすをかくにんしよう。

教科書 72〜83ページ　答え 16ページ

次の(　)に当てはまる言葉を書くか、当てはまるものを○でかこもう。

1 水は、どのような場所に流れていくのだろうか。　教科書 75〜78ページ

▶水が流れる向きは、地面の(① かたむき)と関係がある。
▶水は、(② (高い)・低い)場所から(③ 高い・(低い))場所に流れていき、やがて最も(④ 高い・(低い))場所に集まって、たまる。

水が高い場所から低い場所に流れるから、浴室などのはい水口は、低いところにつくられているんだね。

2 水は、土のつぶの大きさによって、しみこみ方がちがうのだろうか。　教科書 80〜82ページ

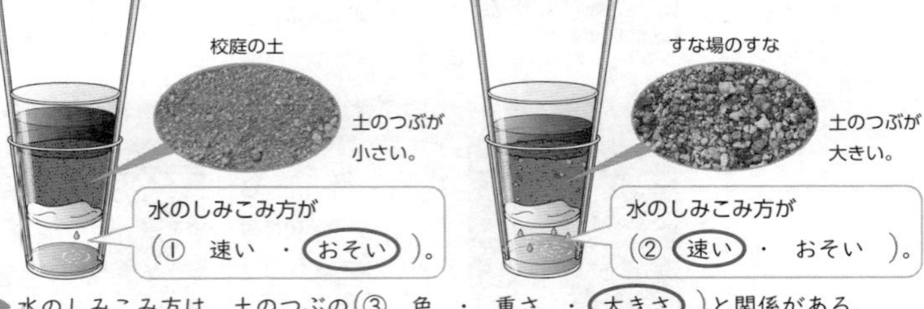

水のしみこみ方が(① 速い・(おそい))。
水のしみこみ方が(② (速い)・おそい)。

▶水のしみこみ方は、土のつぶの(③ 色・重さ・(大きさ))と関係がある。
▶土のつぶが(④ (大きい)・小さい)ほど、水が速くしみこむ。

ここが だいじ！
①水は、高い場所から低い場所に流れる。
②土のつぶが大きいほど、水が速くしみこむ。

ぴたトリビア　水は低い場所へと流れてたまります。線路などの下をくぐる道路(アンダーパス)や地下道は、周りより低くなっているので、大雨のときは水がたまりやすく、きけんです。

30

31ページ

ぴったり2 練習

5. 雨水のゆくえ

①流れる水のゆくえ
②土のつぶの大きさと水のしみこみ方

教科書 72〜83ページ　答え 16ページ

1 地面のかたむきと水が流れる向きの関係を調べます。

(1) 地面のかたむきを、上の図のようにして調べました。地面が高くなっているのは、あ、いのどちらですか。　(あ)

(2) 上の図のように、ラップフィルムの上から水を流すと、水たまりができました。水たまりができたところの地面の高さは、周りとくらべて高くなっていますか、低くなっていますか。　(低くなっている。)

(3) 地面のかたむきと水が流れる向きの関係についてまとめます。(　)に当てはまる言葉を書きましょう。
- 水は、地面の高さが(① 高い)場所から(② 低い)場所に流れ、高さが最も(③ 低い)場所に集まる。

2 図のようなそうちを作って、同じ量の水を同時に入れ、土のつぶの大きさと水のしみこみ方の関係を調べました。

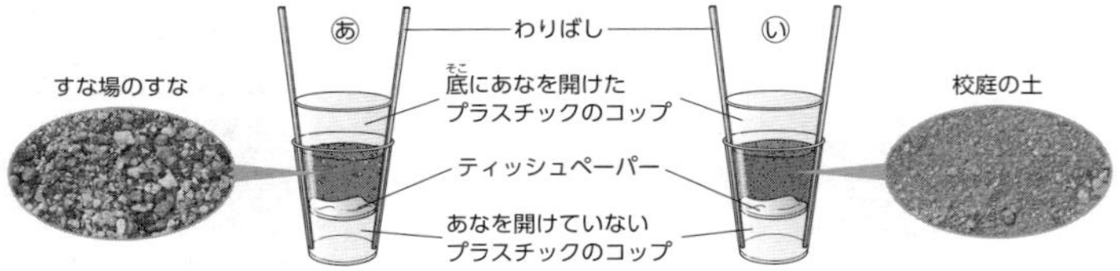

(1) すな場のすなと校庭の土では、どちらのほうがつぶが大きいですか。　(すな場のすな)

(2) 水が速くしみこむのは、あ、いのどちらですか。　(あ)

(3) 土のつぶの大きさと水のしみこみ方の関係についてまとめます。(　)に当てはまる言葉を書きましょう。
- 土のつぶが大きいほど、水がしみこむ速さが(速い)。

31

31ページ てびき

1 (1)入れものが下がっているいのほうが、地面が低くなっています。

(2)、(3)水には、高いところから低いところに向かって流れるせいしつがあります。そのため、地面が最も低くなっているところに水が集まります。

おうちのかたへ
雨が降ると雨水が川に流れ込むことを、ここでの学習内容と結びつけて考えさせ、大雨が降ったときにどのような危険があるかを考えさせるとよいでしょう。

2 (2)、(3)水のしみこみ方は、土のつぶの大きさと関係があります。つぶが大きい土ほど、水がしみこむ速さが速く、水がしみこみやすいといえます。

おうちのかたへ　5. 雨水のゆくえ

地面に降った雨水の流れ方やそのゆくえ、水蒸気の結露について学習します。水は高いところから低いところに流れること、水のしみこみ方は土の粒の大きさによって違うこと、水は水面や地面から蒸発して水蒸気となること、空気中の水蒸気が結露して水に変わることを理解しているか、などがポイントです。なお、水の状態変化については、「10. すがたを変える水」で学習します。

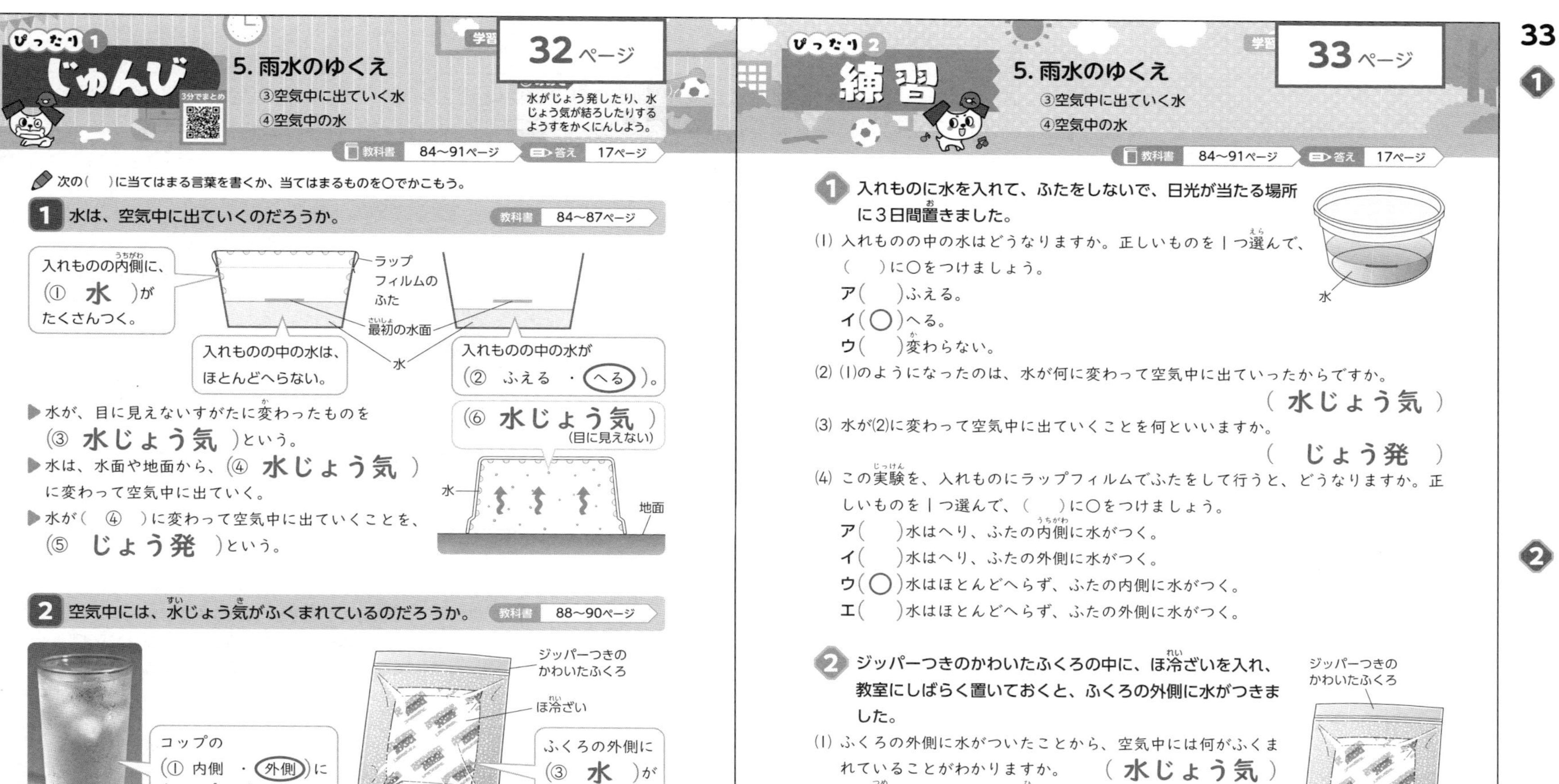

ぴったり1 じゅんび

5. 雨水のゆくえ
③空気中に出ていく水
④空気中の水

32ページ

水がじょう発したり、水じょう気が結ろしたりするようすをかくにんしよう。

教科書 84~91ページ　答え 17ページ

次の（　）に当てはまる言葉を書くか、当てはまるものを○でかこもう。

1 水は、空気中に出ていくのだろうか。 教科書 84~87ページ

入れものの内側に、（① 水 ）がたくさんつく。
ラップフィルムのふた
最初の水面
水
入れものの中の水は、ほとんどへらない。
入れものの中の水が（② ふえる ・ へる ）。
（⑥ 水じょう気 ）（目に見えない）
水
地面

▶水が、目に見えないすがたに変わったものを（③ 水じょう気 ）という。
▶水は、水面や地面から、（④ 水じょう気 ）に変わって空気中に出ていく。
▶水が（ ④ ）に変わって空気中に出ていくことを、（⑤ じょう発 ）という。

2 空気中には、水じょう気がふくまれているのだろうか。 教科書 88~90ページ

コップの（① 内側 ・ 外側 ）に（② 水 ）がつく。
ジッパーつきのかわいたふくろ
ほ冷ざい
ふくろの外側に（③ 水 ）がつく。

▶空気中には、水じょう気がふくまれて（④ いる ・ いない ）。
▶空気中の水じょう気は、冷たいものにふれると、表面で（⑤ 水 ）になる。これを、（⑥ 結ろ ）という。

ここがだいじ！
①水は、水面や地面からじょう発し、水じょう気となって空気中に出ていく。
②空気中の水じょう気は、冷たいものにふれると結ろして、水に変わる。

ぴたトリビア　寒い日に、部屋のまどガラスの内側がくもったり、水てきがついたりすることがあります。これは、部屋の空気にふくまれている水じょう気がまどガラスで冷やされ、結ろしたものです。

32

ぴったり2 練習

5. 雨水のゆくえ
③空気中に出ていく水
④空気中の水

33ページ

教科書 84~91ページ　答え 17ページ

1 入れものに水を入れて、ふたをしないで、日光が当たる場所に3日間置きました。

水

(1) 入れものの中の水はどうなりますか。正しいものを1つ選んで、（　）に○をつけましょう。
ア（　）ふえる。
イ（○）へる。
ウ（　）変わらない。

(2) (1)のようになったのは、水が何に変わって空気中に出ていったからですか。
（ 水じょう気 ）

(3) 水が(2)に変わって空気中に出ていくことを何といいますか。
（ じょう発 ）

(4) この実験を、入れものにラップフィルムでふたをして行うと、どうなりますか。正しいものを1つ選んで、（　）に○をつけましょう。
ア（　）水はへり、ふたの内側に水がつく。
イ（　）水はへり、ふたの外側に水がつく。
ウ（○）水はほとんどへらず、ふたの内側に水がつく。
エ（　）水はほとんどへらず、ふたの外側に水がつく。

2 ジッパーつきのかわいたふくろの中に、ほ冷ざいを入れ、教室にしばらく置いておくと、ふくろの外側に水がつきました。

ジッパーつきのかわいたふくろ
ほ冷ざい

(1) ふくろの外側に水がついたことから、空気中には何がふくまれていることがわかりますか。（ 水じょう気 ）

(2) (1)が冷たいものにふれて冷やされるなどして、水に変わることを何といいますか。（ 結ろ ）

(3) この実験を、ほかの場所でも行うと、どうなりますか。ふくろの外側に水がつく場所には○、つかない場所には×を、（　）につけましょう。
①（○）階だん
②（○）ろうか
③（○）校庭

33

おうちのかたへ

固体・液体・気体の名称や水の沸騰については、「10. すがたを変える水」で学習します。ここでは、水は目に見え、水蒸気は目に見えないことを理解していれば十分です。

33ページ てびき

1 (1)~(3)水は、水面からじょう発し、水じょう気となって空気中に出ていきます。じょう発した分だけ、入れものの中の水がへります。
(4)ふたをして実験をすると、空気中に出ていけなかった水じょう気が水にもどり、ふたの内側につきます。

2 (1)ふくろの外側についた水は、空気中の水じょう気が冷やされて水になったものです。
(3)空気中には水じょう気がふくまれているので、どの場所で実験を行っても、ふくろの外側に水がつきます。

5. 雨水のゆくえ

34ページ

100
合格 70 点

教科書 72～93ページ　答え 18ページ

1 図は、雨がふっているときに、水が地面を流れるようすを表しています。 (3)は10点、ほかは1つ5点(20点)

(1) 水は、地面をどのように流れますか。正しいものを1つ選んで、(　)に○をつけましょう。
ア(○)高い場所から、低い場所に流れる。
イ(　)低い場所から、高い場所に流れる。
ウ(　)地面の高さに関係なく流れる。

(2) 地面が低くなっているのは、あといのどちらですか。 (い)

(3) 水が流れていく先には、はい水口がありました。はい水口は、どのような場所に作られていますか。正しいものを1つ選んで、(　)に○をつけましょう。
ア(　)周りと地面の高さが同じ場所。
イ(　)周りより地面が高い場所。
ウ(○)周りより地面が低い場所。

よく出る

2 図のようなそうちを3つつくり、別の種類の土を入れました。同じ量の水を同時に注いだところ、水のしみこみ方は表のようになりました。 思考・表現 1つ10点、(1)は全部できて10点(20点)

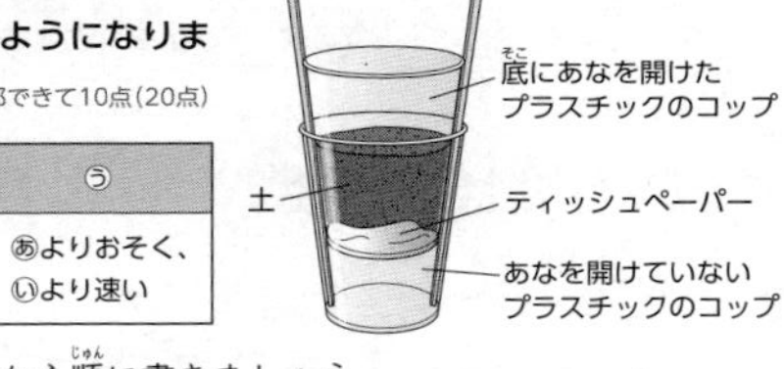

土の種類	あ	い	う
水のしみこみ	速い	おそい	あよりおそく、いより速い

(1) あ～うを、土のつぶが大きいものから順に書きましょう。
(あ)→(う)→(い)

(2) 記述 右の写真は、雨上がりの学校のようすを表しています。校庭には水たまりができて、すな場には水たまりができなかったのは、なぜだと考えられますか。「つぶの大きさ」という言葉を使って説明しましょう。
(校庭よりも、すな場のほうが、土のつぶの大きさが大きいから。)

35ページ

よく出る

3 同じ量の水を入れたあといの入れものを、日光が当たる場所に3日間置きました。 (1)は10点、ほかは1つ5点(20点)

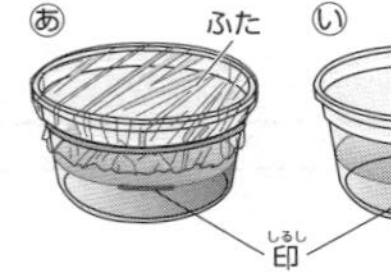
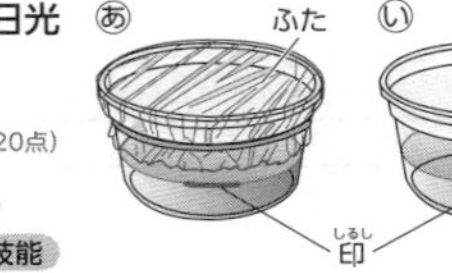

(1) 記述 入れものに印をつけたのはなぜですか。 技能
(水の量の変化をわかりやすくするため。)

(2) あのふたの内側はどうなりましたか。 (水(水てき)がついた。)

(3) 水の量の変わり方が大きかったのは、あといのどちらですか。 (い)

4 氷水が入ったコップを部屋の中に置いておくと、コップの外側に水がつきました。 1つ10点(20点)

(1) コップの外側に水がついたのはなぜですか。正しいものを1つ選んで、(　)に○をつけましょう。
ア(　)氷がとけて、水があふれたから。
イ(　)コップの中の水が、しみ出したから。
ウ(○)空気中の水じょう気が冷やされて、水になったから。

(2) (1)のようにして、冷たいものの表面に水がつくことを何といいますか。 (結ろ)

できたらスゴイ!

5 わたしたちの生活と水じょう気の関わりについて考えます。 思考・表現 1つ10点(20点)

(1) 記述 晴れた日に、しめっているせんたくものを外にほすと、よくかわきます。せんたくものがかわく理由を、「水じょう気」という言葉を使って説明しましょう。
(せんたくものにふくまれている水が水じょう気に変わって、空気中に出ていくから。)

(2) 記述 寒い日に外から帰ってきてあたたかい部屋に入ると、めがねのレンズが白くくもることがあります。レンズが白くくもる理由を、「水じょう気」という言葉を使って説明しましょう。
(部屋の空気にふくまれている水じょう気が、レンズの表面で冷やされて、水に変わったから。)

ふりかえり　2がわからないときは、30ページの2にもどってかくにんしましょう。
5がわからないときは、32ページの1 2にもどってかくにんしましょう。

おうちのかたへ
洗濯物は室内よりも屋外に干したほうがよく乾くことなど、日常生活と結びつけて理解させるとよいでしょう。なお、湿度や、空気中に含むことができる水蒸気の量(飽和水蒸気量)が温度によって変わることは、中学校で学習します。

34～35ページ　てびき

1 (3)水は、地面が最も低くなっている場所に集まります。

2 (1)つぶが大きい土ほど、水がしみこみやすく、水がしみこむ速さが速くなります。
(2)校庭に水たまりができているので、校庭のほうが水がしみこみにくい、つまり、土のつぶが小さいと考えられます。

3 (3)ふたをすると、水じょう気が空気中に出ていけなくなるので、水があまりへらなくなります。

4 空気中の水じょう気は、冷たいものにふれると、その表面で水に変化します。これを結ろといいます。

5 (1)せんたくものにふくまれている水が水じょう気に変わり、空気中に出ていきます。
(2)空気中の水じょう気は、冷たいものにふれると、その表面で水に変化します。

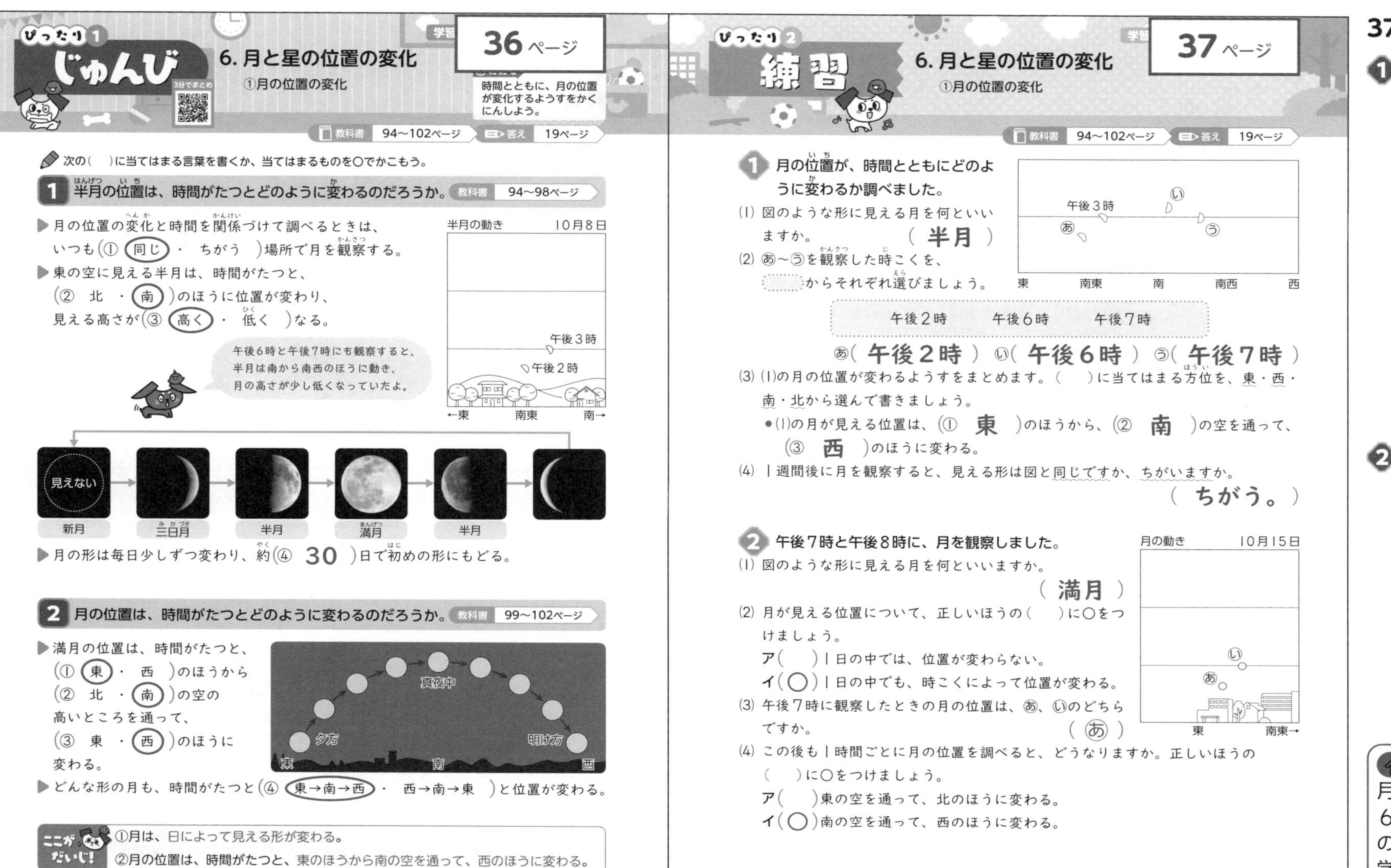

ぴったり1 じゅんび

6. 月と星の位置の変化

①月の位置の変化

36ページ

時間とともに、月の位置が変化するようすをかくにんしよう。

教科書 94〜102ページ　答え 19ページ

次の(　)に当てはまる言葉を書くか、当てはまるものを○でかこもう。

1 半月の位置は、時間がたつとどのように変わるのだろうか。 教科書 94〜98ページ

▶月の位置の変化と時間を関係づけて調べるときは、いつも(① (同じ) ・ ちがう)場所で月を観察する。

▶東の空に見える半月は、時間がたつと、(② 北 ・ (南))のほうに位置が変わり、見える高さが(③ (高く) ・ 低く)なる。

半月の動き　10月8日　午後3時　午後2時　←東　南東　南→

午後6時と午後7時にも観察すると、半月は南から南西のほうに動き、月の高さが少し低くなっていたよ。

見えない　新月　三日月　半月　満月　半月

▶月の形は毎日少しずつ変わり、約(④ 30)日で初めの形にもどる。

2 月の位置は、時間がたつとどのように変わるのだろうか。 教科書 99〜102ページ

▶満月の位置は、時間がたつと、(① (東) ・ 西)のほうから(② 北 ・ (南))の空の高いところを通って、(③ 東 ・ (西))のほうに変わる。

東　夕方　真夜中　明け方　南　西

▶どんな形の月も、時間がたつと(④ (東→南→西) ・ 西→南→東)と位置が変わる。

ここがだいじ!
①月は、日によって見える形が変わる。
②月の位置は、時間がたつと、東のほうから南の空を通って、西のほうに変わる。

ぴたトリビア　昔のこよみで8月15日(今のこよみでは9月の初めから10月の初め)の夜に見られる満月は、「中秋の名月」とよばれます。「月見」は中秋の名月を楽しむ行事です。

36

ぴったり2 練習

6. 月と星の位置の変化

①月の位置の変化

37ページ

教科書 94〜102ページ　答え 19ページ

1 月の位置が、時間とともにどのように変わるか調べました。

(1) 図のような形に見える月を何といいますか。　(半月)

(2) あ〜うを観察した時こくを、[　]からそれぞれ選びましょう。

午後3時　あ　い　う　東　南東　南　南西　西

午後2時　午後6時　午後7時

あ(午後2時) い(午後6時) う(午後7時)

(3) (1)の月の位置が変わるようすをまとめます。(　)に当てはまる方位を、東・西・南・北から選んで書きましょう。

●(1)の月が見える位置は、(① 東)のほうから、(② 南)の空を通って、(③ 西)のほうに変わる。

(4) 1週間後に月を観察すると、見える形は図と同じですか、ちがいますか。

(ちがう。)

2 午後7時と午後8時に、月を観察しました。

月の動き　10月15日　い　あ　東　南東→

(1) 図のような形に見える月を何といいますか。

(満月)

(2) 月が見える位置について、正しいほうの(　)に○をつけましょう。

ア(　)1日の中では、位置が変わらない。
イ(○)1日の中でも、時こくによって位置が変わる。

(3) 午後7時に観察したときの月の位置は、あ、いのどちらですか。　(あ)

(4) この後も1時間ごとに月の位置を調べると、どうなりますか。正しいほうの(　)に○をつけましょう。

ア(　)東の空を通って、北のほうに変わる。
イ(○)南の空を通って、西のほうに変わる。

ヒント ❷ 月の形がちがっていても、位置の変化のしかたは同じです。

37

おうちのかたへ　6. 月と星の位置の変化

月や星の動きについて学習します。1日の月の動きを理解しているか、星は時刻とともに並び方を変えずに位置を変えることを理解しているか、などがポイントです。

37ページ　てびき

❶ (1)月の半分だけが明るく見えているので、半月です。

(2)、(3)昼すぎに東の空に見える半月は、時こくとともに南→西と位置を変えます。

(4)月の形は毎日少しずつ変わり、約30日で初めの形にもどります。

❷ (1)月が欠けずに丸く見えている(満ちている)ので、満月です。

(2)〜(4)満月は、時こくによって東→南→西と位置を変えます。

おうちのかたへ

月の形が変わって見える理由は、6年で学習します。また、地球の自転や月の公転は、中学校で学習します。ここでは、月が日によって形を変えることは観察した事実として捉えます。また、月の動きは、3年で学習した太陽の動きと関係づけながら、東からのぼり、南の空を通って西へと動くものとして学習します。

6. 月と星の位置の変化

②星の位置の変化1

38ページ

星ざ早見の使い方をかくにんしよう。

教科書 103～105ページ　答え 20ページ

次の（　）に当てはまる言葉を書こう。

1 星ざのさがし方をまとめよう。　教科書 103～105ページ

▶星をいくつかのまとまりに分けて名前をつけたものを、（① **星ざ** ）という。

▶（⑤ **こと** ざ）のベガ、（⑥ **はくちょう** ざ）のデネブ、
（⑦ **わし** ざ）のアルタイルの３つの星を結んだ三角形を、
夏の大三角という。

星ざ早見の使い方

調べる日の（⑧ **月日** ）と時こく板の時こくを合わせ、調べる星の位置を知る。

（⑨ **方位じしん**）を使って方位を調べ、星が見える方位に向かって立つ。

調べる方位の文字が（⑩ **下** ）になるように持ち、星をさがす。

ここがだいじ！
①星をいくつかのまとまりに分けて名前をつけたものを、星ざという。
②星ざ早見は、調べる日の月日と時こくを合わせ、調べたい方位を下にして持つ。

ぴたトリビア 星ざは全部で88こあり、季節によって見られる星ざがちがいます。日本からはまったく見ることができない星ざもあります。

ぴったり2
練習

6. 月と星の位置の変化

②星の位置の変化1

39ページ

教科書 103～105ページ　答え 20ページ

1 夜空の星を観察します。

(1) わしざ、はくちょうざ、ことざのように、星をいくつかのまとまりに分けて名前をつけたものを、何といいますか。

（ **星ざ** ）

(2) わしざ、はくちょうざ、ことざにふくまれる１等星を、それぞれ□から選んで書きましょう。

アークトゥルス　アルタイル　デネブ　ベガ

わしざ（ **アルタイル** ）
はくちょうざ（ **デネブ** ）
ことざ（ **ベガ** ）

2 夜空の星を見つけます。

(1) 星を見つけるときに使うⓐを何といいますか。

（ **星ざ早見** ）

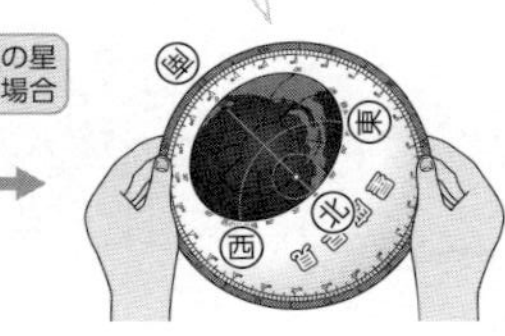

(2) 10月７日午後９時（21時）に見える星のようすを知りたいとき、ⓐの時こく板をどのように合わせればよいですか。正しいものを１つ選んで、（　）に○をつけましょう。

ア（　）　イ（　）　ウ（○）

(3) 東の空の星を見つけたいとき、ⓐをどのように持てばよいですか。（　）の中の正しいほうを○でかこみましょう。

●「東」の文字が（ 上 ・ **(下)** ）にくるようにして持つ。

39ページ　てびき

1 (2)わしざのアルタイル、はくちょうざのデネブ、ことざのベガを結んだ三角形が夏の大三角です。

2 (1)星ざ早見を使うと、いつ、どの方位のどの高さに、どのような星が見られるかを知ることができます。
(2)内側の時こく板の21時の目もりを、外側の10月7日のところに合わせます。
(3)星ざ早見は、ようすを知りたい方位が書かれているほうが下になるようにして、持ち上げます。

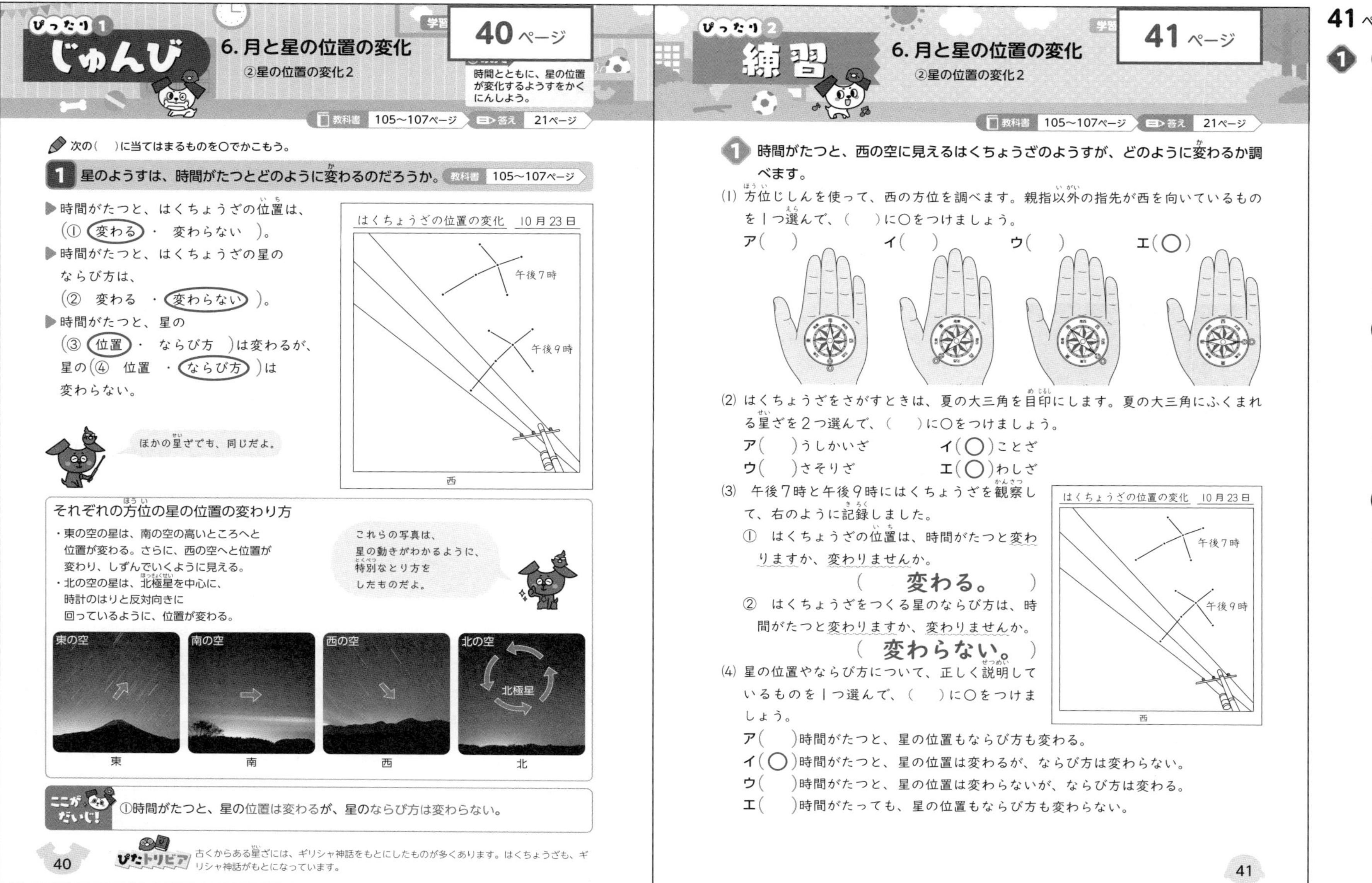

ぴったり1 じゅんび

6. 月と星の位置の変化

②星の位置の変化2

学習 40ページ

時間とともに、星の位置が変化するようすをかくにんしよう。

教科書 105〜107ページ　答え 21ページ

次の(　)に当てはまるものを○でかこもう。

1 星のようすは、時間がたつとどのように変わるのだろうか。 教科書 105〜107ページ

▶時間がたつと、はくちょうざの位置は、(① 変わる ・ 変わらない)。

▶時間がたつと、はくちょうざの星のならび方は、(② 変わる ・ 変わらない)。

▶時間がたつと、星の(③ 位置 ・ ならび方)は変わるが、星の(④ 位置 ・ ならび方)は変わらない。

はくちょうざの位置の変化　10月23日　午後7時　午後9時　西

ほかの星ざでも、同じだよ。

それぞれの方位の星の位置の変わり方

・東の空の星は、南の空の高いところへと位置が変わる。さらに、西の空へと位置が変わり、しずんでいくように見える。

・北の空の星は、北極星を中心に、時計のはりと反対向きに回っているように、位置が変わる。

これらの写真は、星の動きがわかるように、特別なとり方をしたものだよ。

東の空　南の空　西の空　北の空　北極星

東　南　西　北

ここがだいじ！ ①時間がたつと、星の位置は変わるが、星のならび方は変わらない。

ぴたトリビア 古くからある星ざには、ギリシャ神話をもとにしたものが多くあります。はくちょうざも、ギリシャ神話がもとになっています。

40

ぴったり2 練習

6. 月と星の位置の変化

②星の位置の変化2

学習 41ページ

教科書 105〜107ページ　答え 21ページ

1 時間がたつと、西の空に見えるはくちょうざのようすが、どのように変わるか調べます。

(1) 方位じしんを使って、西の方位を調べます。親指以外の指先が西を向いているものを1つ選んで、(　)に○をつけましょう。

ア(　)　イ(　)　ウ(　)　エ(○)

(2) はくちょうざをさがすときは、夏の大三角を目印にします。夏の大三角にふくまれる星ざを2つ選んで、(　)に○をつけましょう。

ア(　)うしかいざ　イ(○)ことざ

ウ(　)さそりざ　エ(○)わしざ

(3) 午後7時と午後9時にはくちょうざを観察して、右のように記録しました。

① はくちょうざの位置は、時間がたつと変わりますか、変わりませんか。

(変わる。)

② はくちょうざをつくる星のならび方は、時間がたつと変わりますか、変わりませんか。

(変わらない。)

はくちょうざの位置の変化　10月23日　午後7時　午後9時　西

(4) 星の位置やならび方について、正しく説明しているものを1つ選んで、(　)に○をつけましょう。

ア(　)時間がたつと、星の位置もならび方も変わる。

イ(○)時間がたつと、星の位置は変わるが、ならび方は変わらない。

ウ(　)時間がたつと、星の位置は変わらないが、ならび方は変わる。

エ(　)時間がたっても、星の位置もならび方も変わらない。

41

41ページ　てびき

1 (1)方位じしんのはりは、色がついているほうの先が北を向くようになっています。色がついているほうの先と「北」の文字が合っているので、「西」の文字のほうが西となります。

(2)夏の大三角は、ことざのベガ、わしざのアルタイル、はくちょうざのデネブの3つの1等星を結んでできる三角形です。

(3)、(4)星の位置は時間がたつと変わりますが、星のならび方は時間がたっても変わりません。これは、はくちょうざの星も、それ以外の星ざの星も同じです。

おうちのかたへ

地球の自転や星の1日の動きは、中学校で学習します。ここでは、星は時刻とともに並び方を変えずに動くことを学習し、詳しい星の動き方の規則性は扱いません。

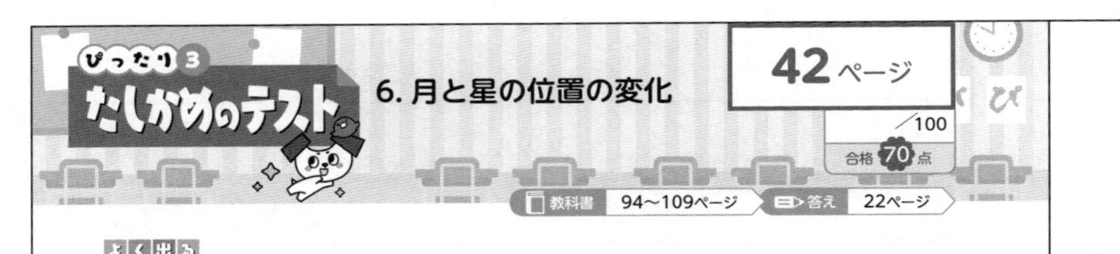

6. 月と星の位置の変化

42ページ

/100　合格 70 点

教科書 94〜109ページ　答え 22ページ

よく出る

1 ある日の午後6時に、半月の位置を調べて記録しました。　1つ5点(20点)

(1) 記録用紙に電線や建物をいっしょにかくのはなぜですか。正しいものを1つ選んで、(　)に○をつけましょう。　技能

ア(○)月の位置や動きがわかりやすくなるから。
イ(　)月の形がわかりやすくなるから。
ウ(　)月の明るさがわかりやすくなるから。

(2) 午後7時にも観察して、半月の動きを調べます。観察する場所として正しいほうの(　)に○をつけましょう。　技能

ア(○)午後6時と同じ場所
イ(　)午後6時とはちがう場所

(3) 午後7時に観察すると、半月は図のあ〜えのどの向きに動いていますか。
(う)

(4) 次に同じ形の半月が見られるのは何日後ですか。正しいものを1つ選んで、(　)に○をつけましょう。

ア(　)約7日後
イ(　)約15日後
ウ(○)約30日後

2 星ざ早見を使って、西の空の星を見つけます。　技能　1つ5点(10点)

(1) あは、7月7日の何時の星のようすを調べようとしていますか。　午後10時でも○　(22時)

(2) 星ざ早見は、どのように持ち上げればよいですか。正しいものを1つ選んで、(　)に○をつけましょう。

ア(　)　イ(○)　ウ(　)　エ(　)

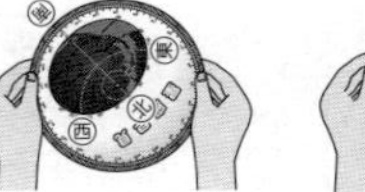
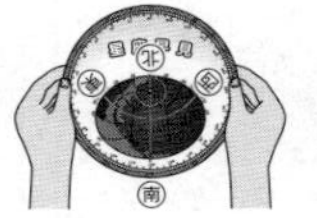
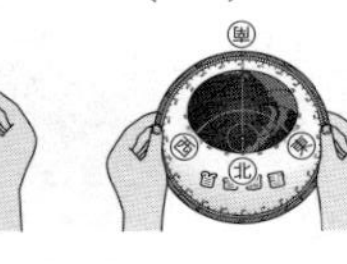

43ページ

よく出る

3 図1は、ある日の午後7時に見えた夏の大三角のようすを表しています。

(4)は10点、ほかは1つ5点(45点)

(1) はくちょうざにふくまれるあの星を何といいますか。　(デネブ)

(2) ベガとアルタイルは、何という星ざにふくまれる星ですか。　ベガ(ことざ)　アルタイル(わしざ)

(3) 午後8時にも観察したとき、午後7時と同じに見えるものには○、ちがって見えるものには×を、(　)につけましょう。

①(○)星の明るさ
②(×)星の位置
③(○)星の色
④(○)星のならび方

(4) 作図 午後9時にも観察すると、あの星とベガは、図2のように動いて見えました。午後9時のアルタイルの位置を、図2にかき入れましょう。　思考・表現

できたらスゴイ!

4 満月を午後8時から2時間ごとに観察し、位置の変化を調べました。

(3)は全部できて10点、ほかは1つ5点(25点)

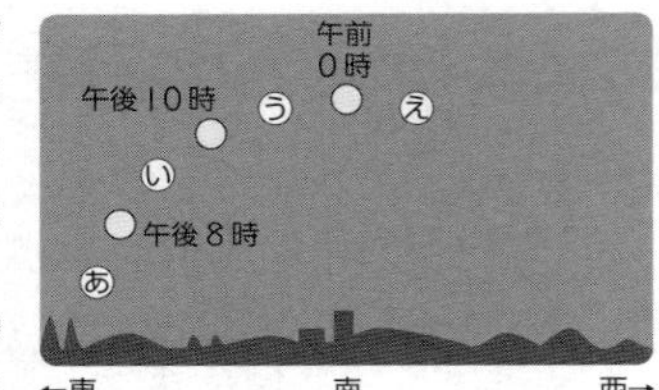

(1) 満月の高さが最も高くなるのは、満月が東・西・南・北のどの方位にあるときですか。　(南)

(2) 次の①、②の時こくの満月の位置として最もよいものを、図のあ〜えから選びましょう。　思考・表現

① 午後9時　(い)
② 午前1時　(え)

(3) 満月と同じ位置の変化をするものをすべて選んで、(　)に○をつけましょう。

ア(○)太陽　イ(○)三日月　ウ(○)半月

ふりかえり　3がわからないときは、40ページの1にもどってかくにんしましょう。
4がわからないときは、36ページの2にもどってかくにんしましょう。

42〜43ページ　てびき

1 (3)半月は、時こくとともに東→南→西と位置を変えます。
(4)月の形は毎日少しずつ変わり、約30日で初めの形にもどります。

2 (1)7月7日のところに、22時の目もりが合わされています。
(2)ようすを知りたい方位が書かれているほうが下になるように持ちます。

3 (4)時間がたっても、星のならび方は変わりません。アルタイルも、あの星(デネブ)やベガと同じように動きます。

4 (2)午後9時の位置は、午後8時の位置より南で、午後10時の位置より東だと考えられます。また、午前1時の位置は、午前0時の位置より西だと考えられます。
(3)どんな形の月も、太陽と同じように、時こくとともに東→南→西と位置を変えます。

ぴったり1 じゅんび

7. わたしたちの体と運動

①うでが動くしくみ

学習 44ページ

うでのほねやきん肉のつくりやはたらきをかくにんしよう。

教科書 110〜119ページ　答え 23ページ

次の(　)に当てはまる言葉を書くか、当てはまるものを○でかこもう。

1 うでのほねのつくりや動きは、どうなっているのだろうか。 教科書 110〜114ページ

▶うでの中にある、やわらかく、力を入れるとかたくなる部分を(① きん肉)という。

▶うでの中にある、かたいぼうのような部分を(② ほね)という。

▶うでのほねは、うでの中全体にあり、ひじのところのほねのつなぎ目で、曲がるように動く。

▶ほねとほねのつなぎ目で、体が曲がるところを(③ 関節)という。

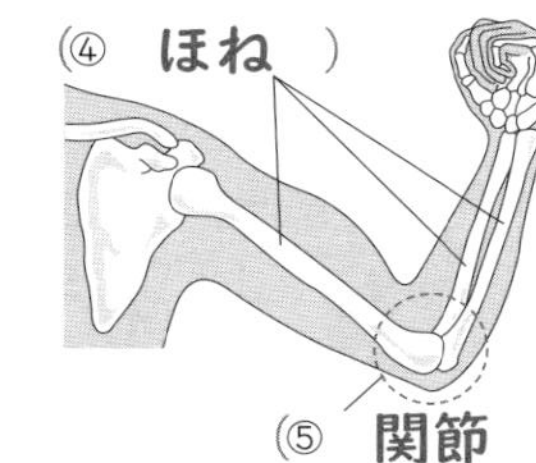

(④ ほね)

(⑤ 関節)

2 うでは、どのようなしくみで動くのだろうか。 教科書 115〜118ページ

▶うでのきん肉は、うでのほねの(① 上だけに ・ 下だけに ・ (上下に))ある。

▶うでのきん肉は、はしが2本の(② ほね)をつなぐようについている。

うでを曲げたりのばしたりしたときのきん肉のようす

うでを曲げたとき

きん肉が(③ (ちぢむ) ・ ゆるむ)。

きん肉が(④ ちぢむ ・ (ゆるむ))。

うでをのばしたとき

きん肉が(⑤ ちぢむ ・ (ゆるむ))。

きん肉が(⑥ (ちぢむ) ・ ゆるむ)。

▶うでのきん肉がちぢんだりゆるんだりすると、(⑦ ほね)が動き、うでがのびたり曲がったりする。

ここがだいじ!

①うでにはほねがあり、その周りにはきん肉がある。

②ほねとほねのつなぎ目で、体が曲がるところを関節という。

③うでのきん肉がちぢんだりゆるんだりすると、ほねが動き、うでが動く。

ぴたトリビア　ほねには、カルシウムという成分が多くふくまれています。カルシウムは、牛にゅう、チーズ、ヨーグルトなどのにゅうせい品や、ほねごと食べられる小魚などに多くふくまれています。

ぴったり2 練習

7. わたしたちの体と運動

①うでが動くしくみ

学習 45ページ

教科書 110〜119ページ　答え 23ページ

1 人のうでのつくりを調べます。

(1) 力を入れないときにはやわらかく、力を入れたときにはかたくなるあの部分を何といいますか。正しいものを1つ選んで、(　)に○をつけましょう。

ア(　)ほね　イ(○)きん肉　ウ(　)関節

(2) うでをさわったとき、いつもかたいいの部分を何といいますか。正しいものを1つ選んで、(　)に○をつけましょう。

ア(○)ほね　イ(　)きん肉　ウ(　)関節

(3) (2)とほかの(2)のつなぎ目の部分で、体を曲げることができる部分を何といいますか。正しいものを1つ選んで、(　)に○をつけましょう。

ア(　)ほね　イ(　)きん肉　ウ(○)関節

2 うでを曲げたときのきん肉やほねのようすを調べます。

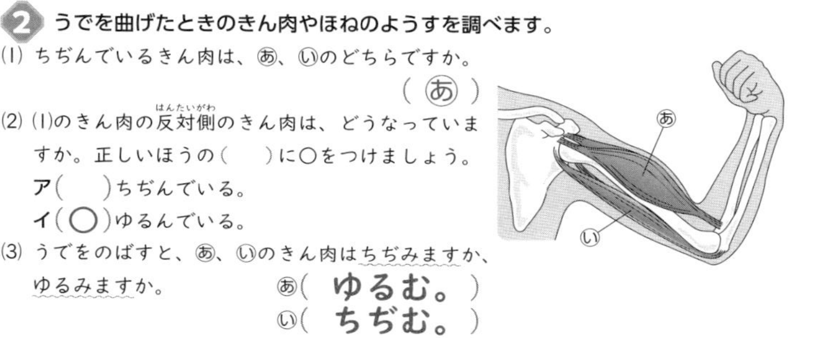

(1) ちぢんでいるきん肉は、あ、いのどちらですか。

(あ)

(2) (1)のきん肉の反対側のきん肉は、どうなっていますか。正しいほうの(　)に○をつけましょう。

ア(　)ちぢんでいる。

イ(○)ゆるんでいる。

(3) うでをのばすと、あ、いのきん肉はちぢみますか、ゆるみますか。

あ(ゆるむ。)

い(ちぢむ。)

45ページ てびき

1 (3)体を曲げられるようになっている、ほねとほねのつなぎ目の部分を関節といいます。なお、関節は、ひじのほか、かたや手首、指にもあります。

2 (2)うでを曲げたりのばしたりするきん肉は、ほねをはさんだもう1つのきん肉と対になっていて、一方がちぢんでいるときは、もう一方がゆるむようになっています。

おうちのかたへ　7. わたしたちの体と運動

人の体には骨と筋肉があり、これらのはたらきで体を動かすことができることを学習します。骨や筋肉は全身にあり、曲げられる部分には関節があることを理解しているか、体を動かすしくみを考えることができるか、などがポイントです。

ぴったり1 じゅんび

7. わたしたちの体と運動

②体全体のほねときん肉

学習 46ページ

人やウサギの、体全体のほねやきん肉のようすをかくにんしよう。

教科書 120～125ページ　答え 24ページ

次の（　）に当てはまる言葉を書こう。

1 体全体のほねときん肉は、どのようになっているのだろうか。　教科書 120～123ページ

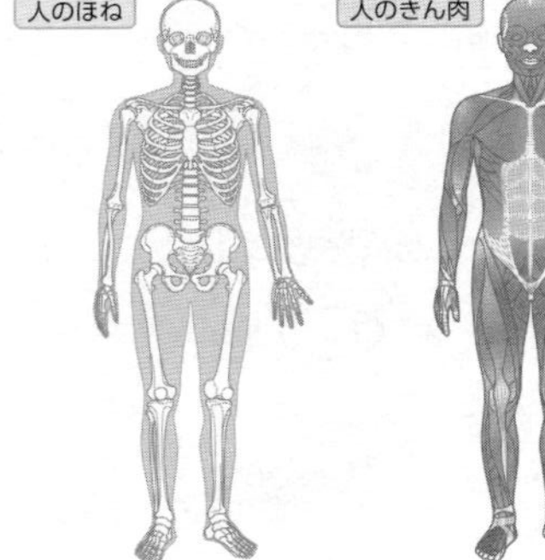

▶人の体には、頭からあしの先までの全身に、（① **ほね** ）と（② **きん肉** ）がたくさんあり、組み合わさっている。

▶体は、（③ **関節** ）のところで曲げることができるため、いろいろな動きができる。

▶ほねには、体を（④ **ささえる** ）はたらきや、体の中のものを（⑤ **守る** ）はたらきがある。

2 身近な動物のほねときん肉は、どのようになっているのだろうか。　教科書 124ページ

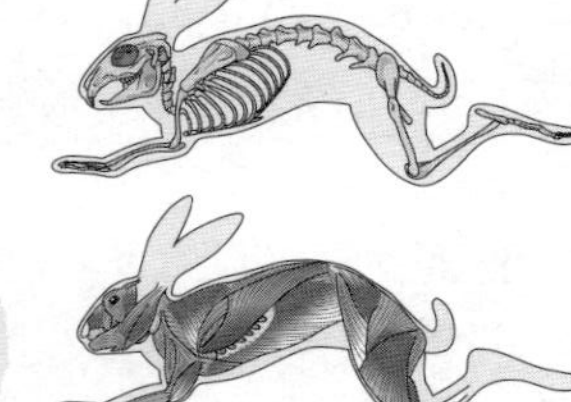

▶ウサギなどの動物の体にも、（① **ほね** ）や（② **きん肉** ）、（③ **関節** ）があり、これらのはたらきで体を動かすことができる。

▶ウサギなどの動物も、（④ **関節** ）のところで体を曲げることができる。

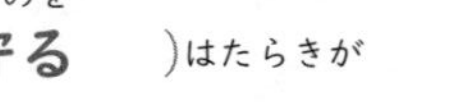

ウサギは、後ろあしのきん肉がよく発達しているので、はねるように走ることができるよ。

ここがだいじ！
①人の体には全身にほねときん肉があり、関節のところで体を曲げることができる。
②動物の体にも、ほねやきん肉、関節があり、これらのはたらきで体を動かすことができる。

ぴたトリビア 人の体には、成人で206このほねがあります。また、ほねの重さは体重の5分の1よりやや少ないくらいで、体重が35 kgの人なら、6 kg前後になります。

ぴったり2 練習

7. わたしたちの体と運動

②体全体のほねときん肉

学習 47ページ

教科書 120～125ページ　答え 24ページ

1 人の体のつくりを調べました。

(1) 体の曲げられるところは、すべてほねとほねのつなぎ目です。この部分を何といいますか。　（ **関節** ）

(2) (1)についての説明で、正しいものを1つ選んで、（　）に○をつけましょう。

ア（　）うでだけにある。
イ（　）うでとあしだけにある。
ウ（◯）体のいろいろなところにある。

(3) ほねの周りについていて、ちぢんだりゆるんだりしてほねを動かすはたらきをしている部分を何といいますか。
（ **きん肉** ）

(4) ほねのはたらきをすべて選んで、（　）に○をつけましょう。

ア（◯）体の中のものを守る。
イ（　）計算をしたり、何かを考えたりする。
ウ（◯）体をささえる。

2 ウサギの体のつくりを調べました。

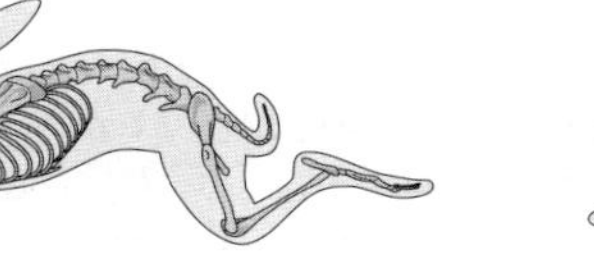
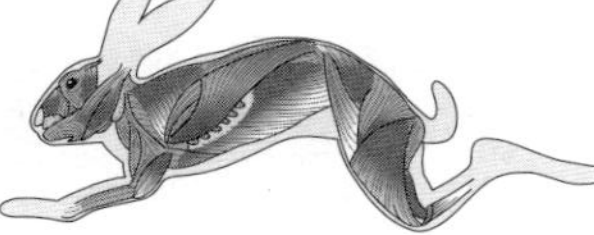

(1) ウサギの体のつくりについて、正しいものを1つ選んで、（　）に○をつけましょう。

ア（　）ほね、きん肉、関節がない。
イ（　）ほねときん肉があり、関節はない。
ウ（　）ほねと関節があり、きん肉はない。
エ（　）きん肉と関節があり、ほねはない。
オ（◯）ほね、きん肉、関節がある。

(2) (1)のことは、人の体のつくりと同じですか、ちがいますか。　（ **同じ。** ）

47ページ　てびき

❶ (1)、(2)ほねは体のあちこちにあり、そのつなぎ目の曲げられる部分である関節も、あちこちにあります。

(4)たとえば、頭のほねは頭の中にあるのうを守り、むねのろっこつ(かごのような形のほね)は、体の中の心ぞうやはいを守っています。また、せきつい(せぼね)などのように、体をささえるほねもあります。

❷ ウサギやハト、ヘビなどの動物の体にも、人と同じようにほね、きん肉、関節があり、きん肉がちぢんだりゆるんだりすることで、関節の部分でほねが動いて体が動くようになっています。

ぴったり3 たしかめのテスト

7. わたしたちの体と運動

48ページ

/100 合格70点

教科書 110～127ページ　答え 25ページ

1 図は、人のうでのつくりを表しています。

1つ8点(24点)

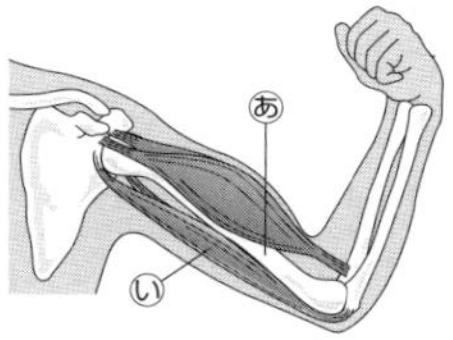

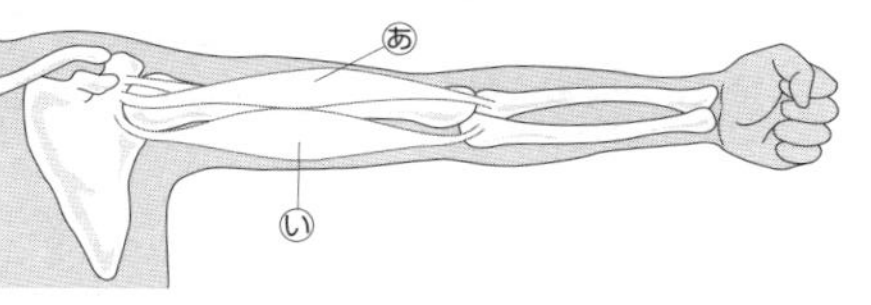

(1) さわるといつもかたく感じるあを何といいますか。

(ほね)

(2) 力を入れるとかたくなるいを何といいますか。

(きん肉)

(3) 人の体が動くしくみについて、正しいものを1つ選んで、(　)に○をつけましょう。

ア(　)あが折れ曲がることで、体が動く。
イ(　)あがちぢんだりゆるんだりして、いを動かすことで、体が動く。
ウ(　)いが折れ曲がることで、体が動く。
エ(○)いがちぢんだりゆるんだりして、あを動かすことで、体が動く。

よく出る

2 うでをのばしたときのきん肉のようすを調べました。

1つ8点(24点)

(1) あ、いのきん肉は、それぞれちぢんでいますか、ゆるんでいますか。

あ(ゆるんでいる。)
い(ちぢんでいる。)

(2) うでを曲げるときには、あ、いのきん肉はどうなりますか。正しいものを1つ選んで、(　)に○をつけましょう。

ア(　)あのきん肉はちぢみ、いのきん肉もちぢむ。
イ(○)あのきん肉はちぢみ、いのきん肉はゆるむ。
ウ(　)あのきん肉はゆるみ、いのきん肉はちぢむ。
エ(　)あのきん肉はゆるみ、いのきん肉もゆるむ。

学習日

49ページ

3 ウサギの体のつくりを調べました。

X線で調べたウサギの体のつくり

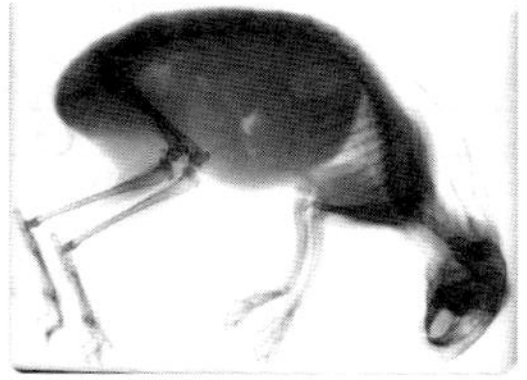

1つ8点、(1)は全部できて8点(24点)

(1) ウサギの観察のしかたとして、正しいものをすべて選んで、(　)に○をつけましょう。　技能

ア(　)ウサギにかまれないように、耳だけをつかんで持ち上げる。
イ(○)ウサギのつめでけがをしないように、ひざにあついタオルなどをしく。
ウ(○)ウサギをさわる前とさわった後に、手をあらう。

(2) ウサギの体について、正しいものを1つ選んで、(　)に○をつけましょう。

ア(　)ほねも関節もない。
イ(　)ほねはないが、関節はある。
ウ(　)ほねはあるが、関節はない。
エ(○)ほねも関節もある。

(3) ウサギの体は、後ろあしのきん肉が発達しています。これは、ウサギが生きていくうえで、どのような点で都合がよいと考えられますか。1つ選んで、(　)に○をつけましょう。　思考・表現

ア(　)後ろあしを、しなやかに曲げることができる。
イ(　)後ろあしを使って、細かい作業をすることができる。
ウ(○)後ろあしを使って、はねるように走ることができる。

できたらスゴイ!

4 つま先を上下に動かしたときに、どのようなしくみで動くかを考えます。

思考・表現　(3)は10点、ほかは1つ6点(28点)

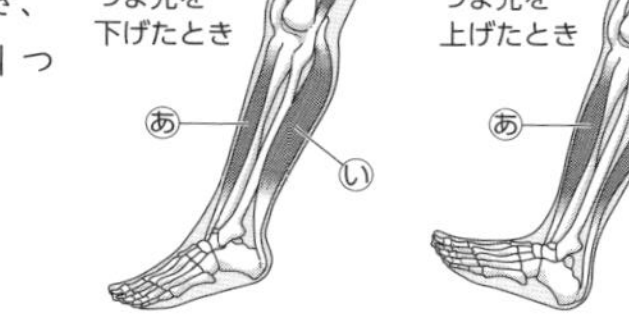

(1) 図のようにつま先を上下に動かしたとき、動く関節はどこですか。正しいものを1つ選んで、(　)に○をつけましょう。

ア(　)あしの指
イ(○)あし首
ウ(　)ひざ

(2) つま先を下げたときには、あといのきん肉は、それぞれどうなっていると考えられますか。

あ(ゆるんでいる。)
い(ちぢんでいる。)

(3) 記述 つま先を上げたときには、あといのきん肉はどうなると考えられますか。

(あのきん肉はちぢみ、いのきん肉はゆるむ。)

ふりかえり
2がわからないときは、44ページの2にもどってかくにんしましょう。
4がわからないときは、44ページの2にもどってかくにんしましょう。

48～49ページ　てびき

1 (3)きん肉は、関節をはさんだとなりのほねにつながっています。きん肉がちぢむとつながっているほねが引きよせられて、関節のところで体が曲がります。

2 うでをのばすと外側のきん肉がちぢみ、うでを曲げると内側のきん肉がちぢみます。

3 (2)、(3)ウサギや鳥などの動物にも、ほねやきん肉、関節があり、それぞれの動物の生活に合った発達のしかたをしています。

4 (2)うでと同じで、ほねをはさんだすねのきん肉(あ)とふくらはぎのきん肉(い)が対になっていて、一方がちぢむともう一方がゆるむようになっています。

(3)下げていたつま先を上げたとき、ちぢんでいたきん肉はゆるみ、ゆるんでいたきん肉はちぢみます。

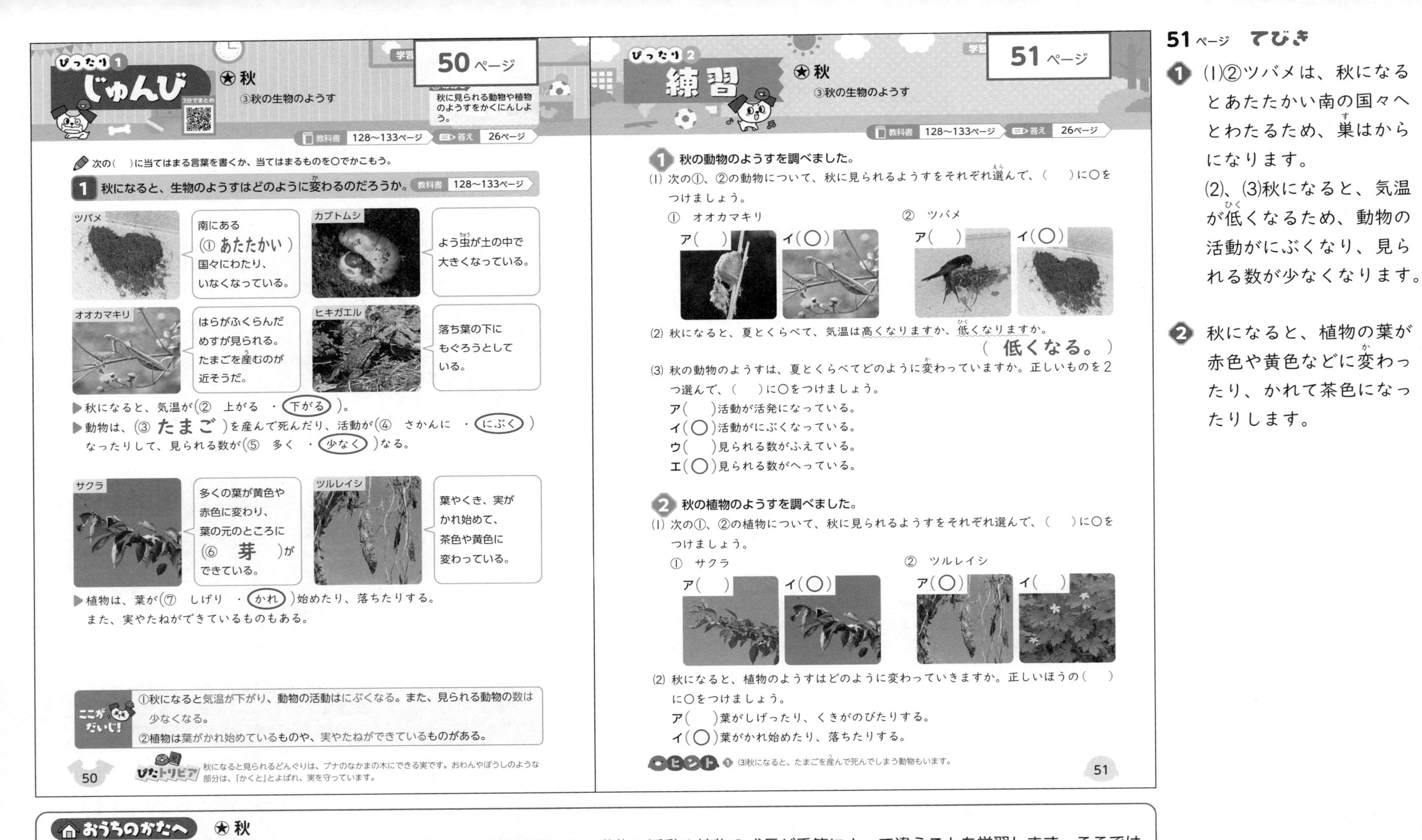

ぴったり1 じゅんび
★秋 ③秋の生物のようす
学習 50ページ
秋に見られる動物や植物のようすをかくにんしよう。
教科書 128~133ページ　答え 26ページ

次の(　)に当てはまる言葉を書くか、当てはまるものを○でかこもう。

1 秋になると、生物のようすはどのように変わるのだろうか。 教科書 128~133ページ

ツバメ：南にある(① あたたかい)国々にわたり、いなくなっている。
カブトムシ：よう虫が土の中で大きくなっている。
オオカマキリ：はらがふくらんだめすが見られる。たまごを産むのが近そうだ。
ヒキガエル：落ち葉の下にもぐろうとしている。

▶秋になると、気温が(② 上がる ・ (下がる))。
▶動物は、(③ たまご)を産んで死んだり、活動が(④ さかんに ・ (にぶく))なったりして、見られる数が(⑤ 多く ・ (少なく))なる。

サクラ：多くの葉が黄色や赤色に変わり、葉の元のところに(⑥ 芽)ができている。
ツルレイシ：葉やくき、実がかれ始めて、茶色や黄色に変わっている。

▶植物は、葉が(⑦ しげり ・ (かれ))始めたり、落ちたりする。
また、実やたねができているものもある。

ここがだいじ！
①秋になると気温が下がり、動物の活動はにぶくなる。また、見られる動物の数は少なくなる。
②植物は葉がかれ始めているものや、実やたねができているものがある。

50　ぴたトリビア　秋になると見られるどんぐりは、ブナのなかまの木にできる実です。おわんやぼうしのような部分は、「かくと」とよばれ、実を守っています。

ぴったり2 練習
★秋 ③秋の生物のようす
学習 51ページ
教科書 128~133ページ　答え 26ページ

1 秋の動物のようすを調べました。
(1) 次の①、②の動物について、秋に見られるようすをそれぞれ選んで、(　)に○をつけましょう。
① オオカマキリ　ア(　)　イ(○)
② ツバメ　ア(　)　イ(○)
(2) 秋になると、夏とくらべて、気温は高くなりますか、低くなりますか。
(低くなる。)
(3) 秋の動物のようすは、夏とくらべてどのように変わっていますか。正しいものを2つ選んで、(　)に○をつけましょう。
ア(　)活動が活発になっている。
イ(○)活動がにぶくなっている。
ウ(　)見られる数がふえている。
エ(○)見られる数がへっている。

2 秋の植物のようすを調べました。
(1) 次の①、②の植物について、秋に見られるようすをそれぞれ選んで、(　)に○をつけましょう。
① サクラ　ア(　)　イ(○)
② ツルレイシ　ア(○)　イ(　)
(2) 秋になると、植物のようすはどのように変わっていきますか。正しいほうの(　)に○をつけましょう。
ア(　)葉がしげったり、くきがのびたりする。
イ(○)葉がかれ始めたり、落ちたりする。

ヒント 1 (3)秋になると、たまごを産んで死んでしまう動物もいます。
51

51ページ　てびき

1 (1)②ツバメは、秋になるとあたたかい南の国々へとわたるため、巣はからになります。
(2)、(3)秋になると、気温が低くなるため、動物の活動がにぶくなり、見られる数が少なくなります。

2 秋になると、植物の葉が赤色や黄色などに変わったり、かれて茶色になったりします。

おうちのかたへ　★秋
「2. 春」「★夏」「★夏の終わり」に続いて、身の回りの生物を観察して、動物の活動や植物の成長が季節によって違うことを学習します。ここでは秋の生物を扱います。動物の活動や植物の成長の変化を捉えられているか、生物のようすの変化を気温と結びつけて考えられるか、などがポイントです。

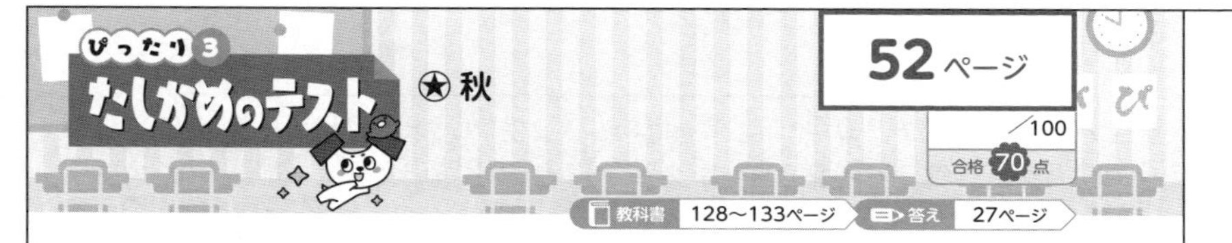

★秋

/100 合格70点

教科書 128〜133ページ　答え 27ページ

よく出る

1 秋の動物のようすを調べました。

1つ10点、(1)は全部できて10点(20点)

(1) 秋に見られる動物のようすをすべて選んで、（　）に〇をつけましょう。

ア（　）　イ（〇）　ウ（〇）

(2) 秋になると、ツバメのすがたが見られなくなりました。その理由として正しいものを１つ選んで、（　）に〇をつけましょう。

ア（　）たまごを産んで、死んでしまったから。
イ（　）土の中にもぐって、じっとしているから。
ウ（　）北の寒い国々にわたっていったから。
エ（〇）南のあたたかい国々にわたっていったから。

よく出る

2 秋のサクラのようすを調べて記録します。

1つ10点(30点)

(1) 観察のときに気温をはかると、あのようになりました。観察カードには、気温を何℃と記録すればよいですか。　技能

（ 12℃ ）

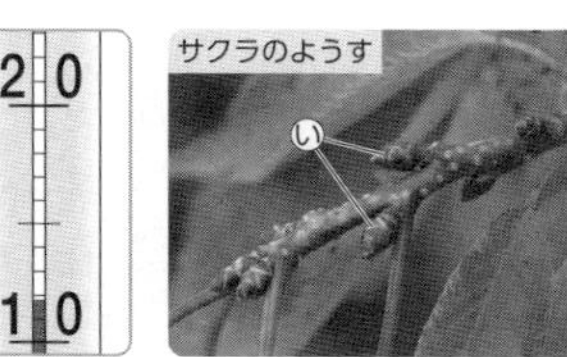

(2) サクラのようすを記録します。観察カードに書く文としてよいものを１つ選んで、（　）に〇をつけましょう。　技能

ア（　）うすいピンク色の花がさいていた。
イ（　）緑色の葉がしげっていた。
ウ（〇）多くの葉が、赤色や黄色に変わっていた。
エ（　）葉がかれて、すべてえだから落ちていた。

(3) サクラのえだについているいは何ですか。

（ 芽 ）

3 秋のツルレイシのようすを調べました。

(1)は1つ5点、(2)は10点(20点)

(1) 秋のツルレイシのようすについて、正しいものを２つ選んで、（　）に〇をつけましょう。

ア（〇）葉がかれ始めている。
イ（　）まきひげやくきが、さかんにのびている。
ウ（　）つぼみができ、花がさき始めている。
エ（〇）実がかれて、中にあったたねが地面に落ちている。

(2) 同じころのヘチマのようすとして正しいものを１つ選んで、（　）に〇をつけましょう。

ア（　）２まいの子葉の間から、新しい葉が出かかっている。
イ（　）葉がしげり、くきがよくのびている。
ウ（　）花がかれ、実ができ始めている。
エ（〇）植物全体がかれ始めている。

できたらスゴイ！

4 夏の終わりと秋の生物のようすをくらべます。

1つ10点、(1)(2)はそれぞれ全部できて10点(30点)

(1) 秋の動物のようすを、夏の終わりのようすとくらべます。正しいものをすべて選んで、（　）に〇をつけましょう。

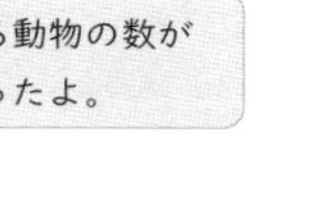

ア（　）見られる動物の数が多くなったよ。

イ（〇）見られる動物の数が少なくなったよ。

ウ（　）活発に活動するようになったよ。

エ（〇）活動がにぶくなったよ。

(2) 秋の植物のようすを、夏の終わりのようすとくらべます。正しいものをすべて選んで、（　）に〇をつけましょう。

ア（　）緑色の部分がふえている。
イ（〇）茶色や黄色の部分がふえている。
ウ（　）大きく成長している。
エ（〇）成長が止まっている。

(3) 記述 生物のようすが(1)、(2)のように変わるのはなぜですか。「気温」という言葉を使って説明しましょう。　思考・表現

（ 夏の終わりよりも、気温が低くなるから。 ）

ふりかえり　1がわからないときは、50ページの1にもどってかくにんしましょう。
4がわからないときは、50ページの1にもどってかくにんしましょう。

52〜53ページ　てびき

1 (1)アは、カブトムシの成虫が木のしるに集まっているようすで、夏に見られます。

2 (1)えきは、11℃の目もりと12℃の目もりの間にあります。12℃の目もりのほうに近いので、気温は12℃です。
(2)、(3)写真から、サクラの葉は赤色などに変わり、えだには芽ができていることがわかります。

3 秋になると、ツルレイシやヘチマなどは全体がかれ始め、茶色っぽい部分が多くなります。

4 (1)秋になると、動物の活動がにぶくなり、見られる数が少なくなります。
(2)秋になると、植物の葉が赤色や黄色などに変わったり、かれて茶色になったりします。
(3)しだいに気温が低くなっていき、それに合わせて、動物や植物のようすが変化していきます。

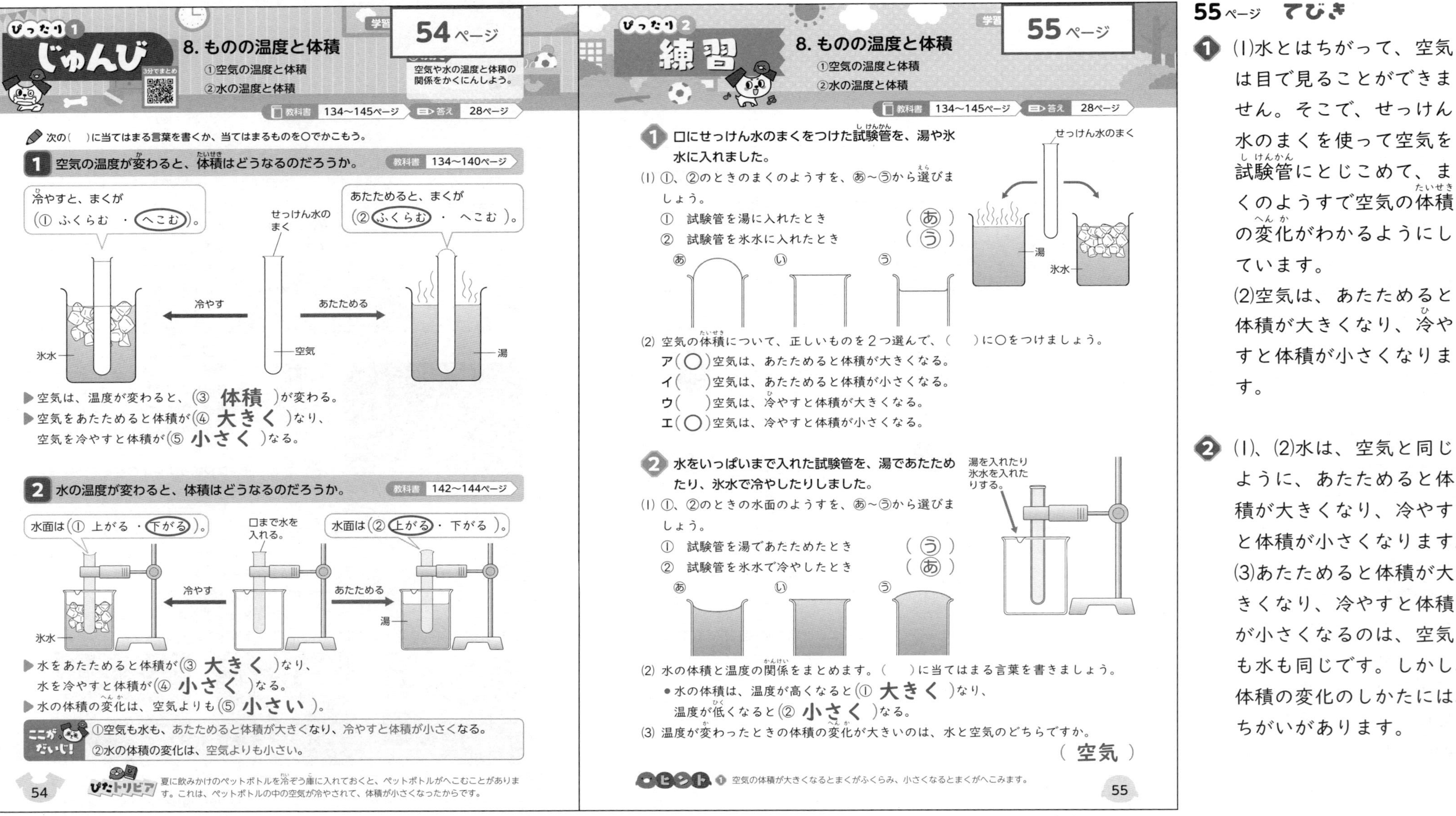

ぴったり1 じゅんび

8. ものの温度と体積

①空気の温度と体積
②水の温度と体積

3分でまとめ

54ページ

学習 空気や水の温度と体積の関係をかくにんしよう。

教科書 134～145ページ　答え 28ページ

次の(　)に当てはまる言葉を書くか、当てはまるものを○でかこもう。

1 空気の温度が変わると、体積はどうなるのだろうか。 教科書 134～140ページ

冷やすと、まくが
(① ふくらむ ・ (へこむ))。

あたためると、まくが
(② (ふくらむ) ・ へこむ)。

せっけん水のまく　冷やす　あたためる　空気　氷水　湯

▶空気は、温度が変わると、(③ 体積)が変わる。
▶空気をあたためると体積が(④ 大きく)なり、
空気を冷やすと体積が(⑤ 小さく)なる。

2 水の温度が変わると、体積はどうなるのだろうか。 教科書 142～144ページ

水面は(① 上がる ・ (下がる))。

口まで水を入れる。

水面は(② (上がる) ・ 下がる)。

冷やす　あたためる　氷水　湯

▶水をあたためると体積が(③ 大きく)なり、
水を冷やすと体積が(④ 小さく)なる。
▶水の体積の変化は、空気よりも(⑤ 小さい)。

ここが だいじ!
①空気も水も、あたためると体積が大きくなり、冷やすと体積が小さくなる。
②水の体積の変化は、空気よりも小さい。

ぴたトリビア 夏に飲みかけのペットボトルを冷ぞう庫に入れておくと、ペットボトルがへこむことがあります。これは、ペットボトルの中の空気が冷やされて、体積が小さくなったからです。

54

ぴったり2 練習

8. ものの温度と体積

①空気の温度と体積
②水の温度と体積

55ページ

教科書 134～145ページ　答え 28ページ

1 口にせっけん水のまくをつけた試験管を、湯や氷水に入れました。

(1) ①、②のときのまくのようすを、あ～うから選びましょう。
① 試験管を湯に入れたとき　(あ)
② 試験管を氷水に入れたとき　(う)

せっけん水のまく　湯　氷水

(2) 空気の体積について、正しいものを2つ選んで、(　)に○をつけましょう。
ア(○)空気は、あたためると体積が大きくなる。
イ(　)空気は、あたためると体積が小さくなる。
ウ(　)空気は、冷やすと体積が大きくなる。
エ(○)空気は、冷やすと体積が小さくなる。

2 水をいっぱいまで入れた試験管を、湯であたためたり、氷水で冷やしたりしました。

(1) ①、②のときの水面のようすを、あ～うから選びましょう。
① 試験管を湯であたためたとき　(う)
② 試験管を氷水で冷やしたとき　(あ)

湯を入れたり氷水を入れたりする。

(2) 水の体積と温度の関係をまとめます。(　)に当てはまる言葉を書きましょう。
●水の体積は、温度が高くなると(① 大きく)なり、
温度が低くなると(② 小さく)なる。

(3) 温度が変わったときの体積の変化が大きいのは、水と空気のどちらですか。
(空気)

ヒント ❶ 空気の体積が大きくなるとまくがふくらみ、小さくなるとまくがへこみます。

55

55ページ てびき

❶ (1)水とはちがって、空気は目で見ることができません。そこで、せっけん水のまくを使って空気を試験管にとじこめて、まくのようすで空気の体積の変化がわかるようにしています。
(2)空気は、あたためると体積が大きくなり、冷やすと体積が小さくなります。

❷ (1)、(2)水は、空気と同じように、あたためると体積が大きくなり、冷やすと体積が小さくなります。
(3)あたためると体積が大きくなり、冷やすと体積が小さくなるのは、空気も水も同じです。しかし、体積の変化のしかたには、ちがいがあります。

おうちのかたへ　8. ものの温度と体積

空気、水、金属の温度を変化させたときの体積の変化について学習します。どれも温度が高くなると体積が大きくなり、温度が低くなると体積が小さくなるが、変化の程度は異なることを理解しているか、などがポイントです。

ぴったり1 じゅんび

8. ものの温度と体積
③金ぞくの温度と体積

56ページ

学習 金ぞくの温度と体積の関係をかくにんしよう。

教科書 146~149ページ　答え 29ページ

次の(　)に当てはまる言葉を書くか、当てはまるものを○でかこもう。

1 実験用ガスこんろやアルコールランプの使い方をまとめよう。 教科書 224~225ページ

▶実験用ガスこんろやアルコールランプは、(① (平らで)・ かたむいていて)、安定した場所に置いて使う。

▶火を使ってものをあたためるときは、(② かわいた ・(ぬらした))ぞうきんを用意して、もえ(③ (やすい)・ にくい)ものを近くに置かないようにする。

アルコールランプの使い方

じゅんび　アルコールの量は8分目にする。　しんは5mmくらい出す。

火をつけるとき　火を横から近づける。

火を消すとき　ななめ上からふたをかぶせる。

2 金ぞくの温度が変わると、体積はどうなるのだろうか。 教科書 146~148ページ

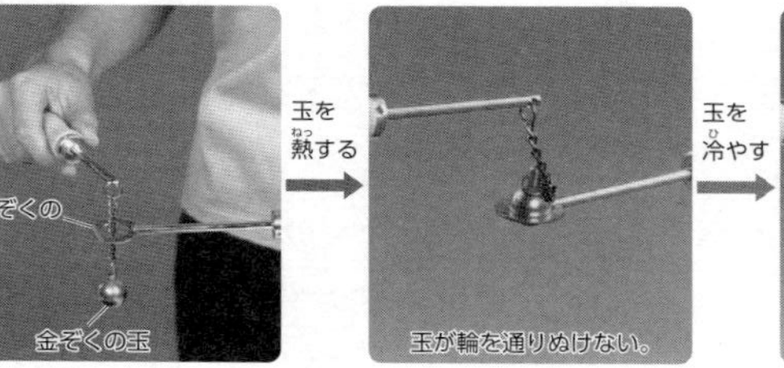

玉を熱する →　玉が輪を通りぬけない。　玉を冷やす →　玉が輪を通りぬける。

▶金ぞくをあたためると体積が(① 大きく)なり、金ぞくを冷やすと体積が(② 小さく)なる。

▶金ぞくの体積の変化は、空気や水とくらべて、とても(③ 小さい)。

ここがだいじ! ①金ぞくも、あたためると体積が大きくなり、冷やすと体積が小さくなる。
②金ぞくの体積の変化は、空気や水よりもとても小さい。

ぴたトリビア びんの金ぞくのふたが開けにくいとき、ふたをあたためると、かんたんに開けられることがあります。これは、金ぞくのふたがあたためられて、体積が大きくなるからです。

ぴったり2 練習

8. ものの温度と体積
③金ぞくの温度と体積

57ページ

教科書 146~149ページ　答え 29ページ

1 実験用ガスこんろやアルコールランプを使って、ものを熱します。

(1) ものを熱する器具の使い方について、正しいものをすべて選んで、(　)に○をつけましょう。

ア(○)安定した場所に置いて使う。
イ(　)ノートや教科書など、もえやすいものを近くに置いておく。
ウ(○)ぬらしたぞうきんを近くに置いておく。

(2) アルコールランプの正しい火のつけ方を1つ選んで、(　)に○をつけましょう。

ア(　)　イ(○)　ウ(　)

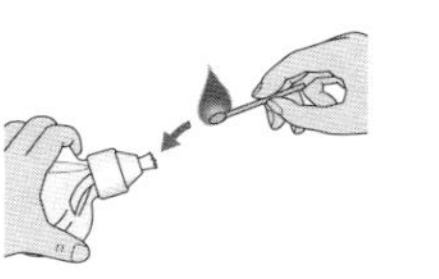

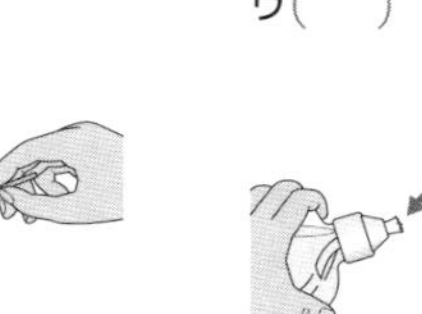

2 すれすれで通ることができるようになっている金ぞくの玉と輪を使って、温度を変えると金ぞくの体積が変わるかを調べました。

(1) 熱した金ぞくの玉は、輪を通りぬけますか。
(通りぬけない。)

(2) (1)のようになるのはなぜですか。正しいものを1つ選んで、(　)に○をつけましょう。

ア(　)金ぞくの輪の体積が小さくなったから。
イ(　)金ぞくの玉の体積が小さくなったから。
ウ(○)金ぞくの玉の体積が大きくなったから。

(3) 次の文の(　)に当てはまる言葉を書きましょう。

●(1)の後、金ぞくの玉を水に入れて(① 冷やす)と、金ぞくの玉は体積が(② 小さく)なり、輪を通り(③ ぬける)。

(4) 温度による金ぞくの体積の変わり方は、水とくらべてどうですか。正しいものを1つ選んで、(　)に○をつけましょう。

ア(○)小さい。　イ(　)大きい。　ウ(　)変わらない。

金ぞくの輪　金ぞくの玉

57ページ てびき

❶ (1)火を使うときは、もえやすいものを近づけないようにします。火がもえうつったときは、ぬらしたぞうきんをすばやくかぶせて火を消します。
(2)アルコールランプに火をつけるときは、マッチなどの火を横からしんに近づけます。火のついたアルコールランプから火をうつしたり、アルコールランプをかたむけて火をつけたりすると、こぼれたアルコールに火がもえうつるきけんがあります。

❷ (1)、(2)金ぞくの玉は、熱する前はすれすれで輪を通りぬける大きさです。熱してほんの少しでも大きくなれば、輪を通りぬけなくなります。
(4)あたためると体積が大きくなり、冷やすと体積が小さくなるのは、金ぞくも水も同じです。しかし、体積の変化のしかたには、ちがいがあります。

ぴったり3 たしかめのテスト 8. ものの温度と体積

58ページ

100 合格70点

教科書 134〜151ページ 答え 30ページ

よく出る

1 空気や水を入れた試験管を、湯であたためたり、氷水で冷やしたりしました。

1つ8点(40点)

あ せっけん水のまく 空気 湯を入れる。 口まで入れた水 湯

い せっけん水のまく 空気 氷水を入れる。 口まで入れた水 氷水

(1) あ湯に入れたときと、い氷水に入れたときのようすを、ア〜エからそれぞれ選びましょう。

あ(エ) い(イ)

ア 空気 水　イ 空気 水　ウ 空気 水　エ 空気 水

(2) 次の文は、(1)のようになる理由を説明したものです。(　　)に当てはまる言葉を下の□から選んで書きましょう。

- 空気や水は、あたためられると体積が(① ふえる)が、冷やされると体積が(② へる)。また、空気と水をくらべると、体積の変わり方は空気のほうが(③ 大きい)。そのため、(1)のようになる。

へる　ふえる　変わらない　小さい　大きい

2 アルコールランプでものを熱します。 技能

1つ8点(24点)

(1) アルコールランプは、しんがどれくらい出ているものを使いますか。正しいものを1つ選んで、(　　)に○をつけましょう。

ア(　　)1mmくらい　イ(○)5mmくらい　ウ(　　)15mmくらい

59ページ

(2) アルコールランプを使うときに、やってはいけないことを2つ選んで、(　　)に×をつけましょう。

ア(　　) 横からマッチの火を近づけて火をつける。

イ(×) 火をつけたまま手に持つ。

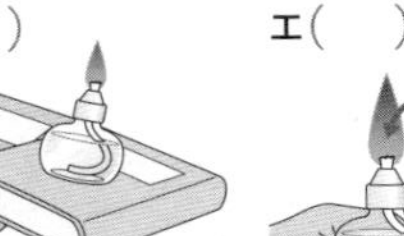

ウ(×) 不安定な場所に置く。

エ(　　) ななめ上からふたをかぶせて消す。

3 あのように、金ぞくの玉が、金ぞくの輪をすれすれで通ることができるようになっています。

(1)は10点、(2)は6点(16点)

(1) 記述 金ぞくの玉を熱すると、いのように、輪を通りぬけなくなりました。この理由を、「温度」「体積」という言葉を使って説明しましょう。 思考・表現

(金ぞくの玉の温度が高くなり、体積が大きくなったから。)

(2) 熱した金ぞくの玉を、そのまま空気中に置いておきました。次の日に調べると、金ぞくの玉は、金ぞくの輪を通りぬけますか、通りぬけませんか。

(通りぬける。)

できたらスゴイ!

4 鉄道のレールは金ぞくでできていて、ところどころにすき間が開けてあります。

思考・表現 1つ10点(20点)

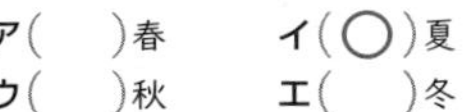

(1) 鉄道のレールのすき間が最も小さくなるのはいつだと考えられますか。1つ選んで、(　　)に○をつけましょう。

ア(　　)春　イ(○)夏
ウ(　　)秋　エ(　　)冬

(2) 記述 レールのすき間は、レールがどのようになることをふせいでいますか。

(夏などにレールの温度が高くなり、体積が大きくなったときに、レールどうしがぶつかること。)

ふりかえり
1がわからないときは、54ページの1 2にもどってかくにんしましょう。
4がわからないときは、56ページの2にもどってかくにんしましょう。

58〜59ページ てびき

1 空気も水も、あたためられると体積が大きくなり、冷やされると体積が小さくなります。

2 (1)アルコールランプのしんの長さは、短すぎても長すぎてもきけんです。
(2)火がついているときにアルコールがこぼれると、もえうつるきけんがあります。

3 (1)金ぞくの玉が輪を通りぬけることができなくなったのは、熱したことで金ぞくの玉の体積が大きくなったからです。
(2)次の日まで空気中に置いておけば、金ぞくの玉は冷めて、体積が元にもどります。

4 (1)夏になると、レールの温度が上がって体積が大きくなります。そのため、レールのすき間が小さくなります。
(2)すき間がないと、暑いときにのびたレールどうしがおし合って、レールが曲がってしまいます。

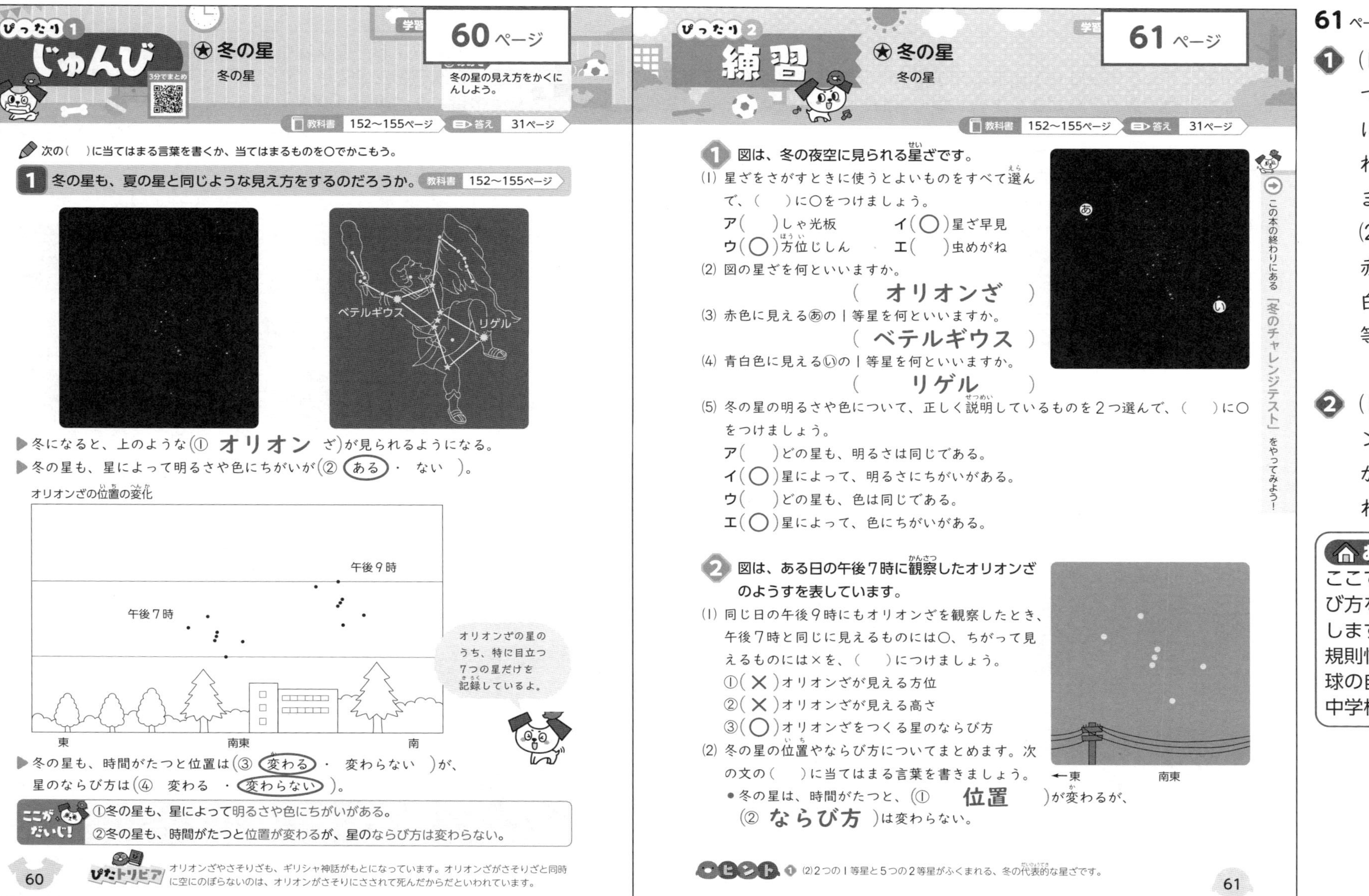

ぴったり1 じゅんび ★冬の星 冬の星

60ページ

冬の星の見え方をかくにんしよう。

教科書 152～155ページ　答え 31ページ

次の（　）に当てはまる言葉を書くか、当てはまるものを○でかこもう。

1 冬の星も、夏の星と同じような見え方をするのだろうか。 教科書 152～155ページ

ベテルギウス　リゲル

▶冬になると、上のような（① オリオン ざ）が見られるようになる。

▶冬の星も、星によって明るさや色にちがいが（② (ある) ・ ない ）。

オリオンざの位置の変化

午後９時　午後７時　東　南東　南

オリオンざの星のうち、特に目立つ７つの星だけを記録しているよ。

▶冬の星も、時間がたつと位置は（③ (変わる) ・ 変わらない ）が、星のならび方は（④ 変わる ・ (変わらない) ）。

ここがだいじ！ ①冬の星も、星によって明るさや色にちがいがある。 ②冬の星も、時間がたつと位置が変わるが、星のならび方は変わらない。

ぴたトリビア オリオンざやさそりざも、ギリシャ神話がもとになっています。オリオンざがさそりざと同時に空にのぼらないのは、オリオンがさそりにさされて死んだからだといわれています。

60

ぴったり2 練習 ★冬の星 冬の星

61ページ

教科書 152～155ページ　答え 31ページ

1 図は、冬の夜空に見られる星ざです。

(1) 星ざをさがすときに使うとよいものをすべて選んで、（　）に○をつけましょう。

ア（　）しゃ光板　イ（○）星ざ早見
ウ（○）方位じしん　エ（　）虫めがね

(2) 図の星ざを何といいますか。（ オリオンざ ）

(3) 赤色に見えるあの１等星を何といいますか。（ ベテルギウス ）

(4) 青白色に見えるいの１等星を何といいますか。（ リゲル ）

(5) 冬の星の明るさや色について、正しく説明しているものを２つ選んで、（　）に○をつけましょう。

ア（　）どの星も、明るさは同じである。
イ（○）星によって、明るさにちがいがある。
ウ（　）どの星も、色は同じである。
エ（○）星によって、色にちがいがある。

この本の終わりにある「冬のチャレンジテスト」をやってみよう！

2 図は、ある日の午後７時に観察したオリオンざのようすを表しています。

(1) 同じ日の午後９時にもオリオンざを観察したとき、午後７時と同じに見えるものには○、ちがって見えるものには×を、（　）につけましょう。

①（×）オリオンざが見える方位
②（×）オリオンざが見える高さ
③（○）オリオンざをつくる星のならび方

(2) 冬の星の位置やならび方についてまとめます。次の文の（　）に当てはまる言葉を書きましょう。

●冬の星は、時間がたつと、（① 位置 ）が変わるが、（② ならび方 ）は変わらない。

←東　南東

ヒント ❶ (2)２つの１等星と５つの２等星がふくまれる、冬の代表的な星ざです。

61

61ページ てびき

❶ (1)星ざ早見を使うと、いつ、どの方位のどの高さに、どのような星が見られるかを知ることができます。

(2)～(4)オリオンざには、赤色のベテルギウスと青白色のリゲルの２つの１等星があります。

❷ (1)時間がたつと、オリオンざの位置は変わりますが、オリオンざの形は変わりません。

おうちのかたへ
ここでは、星は時刻とともに並び方を変えずに動くことを学習しますが、詳しい星の動き方の規則性は扱いません。なお、地球の自転や星の１日の動きは、中学校で学習します。

おうちのかたへ　★冬の星
「★星の明るさや色」「6. 月と星の位置の変化」に続いて、星のようすについて学習します。ここでは冬に見える星を扱います。夏に見える星と同様に、星の明るさや色には違いがあることを理解しているか、星は時刻とともに並び方を変えずに位置を変えることを理解しているか、などがポイントです。

ぴったり1 じゅんび ★冬 ④冬の生物のようす

62ページ 冬に見られる動物や植物のようすをかくにんしよう。

教科書 156～160ページ 答え 32ページ

次の（　）に当てはまる言葉を書くか、当てはまるものを○でかこもう。

1 冬になると、生物のようすはどのように変わるのだろうか。 教科書 156～160ページ

▶冬になると、気温がさらに（① 上がり ・ (下がり) ）、動物はあまり活動しなくなる。

▶たまごを残したり、生活場所を土の中に変えたりする動物もいて、見られる動物の種類は、秋よりも（② 多く ・ (少なく) ）なる。

0℃より低い温度

0℃より低い温度は、「れい下何度」という。

読み方…（③ れい下3 ）度

書き方…（④ －3 ）℃

葉が落ちて、えだだけになっているが、（⑤ 芽 ）には葉のようなものがつまっている。

（⑥ たね ）だけを残して、葉やくき、根、実などの植物全体がかれている。

▶植物は、かれているものや、葉が（⑦ しげって ・ (落ちて) ）えだだけになっているものが見られる。また、春に向けて（⑧ 芽 ）ができているものもある。

ここがだいじ！

①冬になると気温がさらに下がり、動物はあまり活動しなくなる。また、見られる動物の種類は少なくなる。

②植物は、かれているものや、えだだけになっているもの、芽ができるものがある。

ぴたトリビア 動物が長い間じっとして冬ごしをする理由には、冬はじゅうぶんな食べものがないことや、体温が下がって活動しにくくなることなどがあります。

62

ぴったり2 練習 ★冬 ④冬の生物のようす

63ページ

教科書 156～160ページ 答え 32ページ

1 冬の動物のようすを調べました。

(1) 次の①～④の動物について、冬に見られるようすをそれぞれ選んで、（　）に○をつけましょう。

① オオカマキリ　ア（　）　イ（○）

② カブトムシ　ア（○）　イ（　）

③ ナナホシテントウ　ア（○）　イ（　）

④ ヒキガエル　ア（　）　イ（○）

(2) 冬になると、秋とくらべて、気温は高くなりますか、低くなりますか。

（ 低くなる。 ）

(3) 冬の動物のようすとして、正しいほうの（　）に○をつけましょう。

ア（　）活発に活動している。

イ（○）あまり活動していない。

(4) 冬になると、秋とくらべて、見られる動物の種類は多くなりますか、少なくなりますか。

（ 少なくなる。 ）

2 次の①、②の植物について、冬に見られるようすをそれぞれ選んで、（　）に○をつけましょう。

① サクラ　ア（　）　イ（○）

② ツルレイシ　ア（○）　イ（　）

ヒント 1 冬になると、たまごを残したり、生活場所を土の中などに変えたりする動物がいます。

63

63ページ てびき

1 (1)①アは夏の初め、イは冬のようすです。

②アは冬、イは夏のようすです。

③アは冬、イは春から秋にかけてのようすです。

④アは春、イは冬のようすです。

(2)～(4)冬になると気温がさらに低くなるため、動物はほとんど活動しなくなり、見られる動物の種類は少なくなります。

2 冬になると、植物の葉が落ちたり、植物全体がかれたりします。

おうちのかたへ ★冬

「2. 春」「★夏」「★夏の終わり」「★秋」に続いて、身の回りの生物を観察して、動物の活動や植物の成長が季節によって違うことを学習します。ここでは冬の生物を扱うとともに、春から冬までの生物のようすの変化をまとめます。動物の活動や植物の成長の変化を捉えられているか、生物のようすの変化を気温と結びつけて考えられるか、などがポイントです。

ぴったり1 じゅんび

★冬 ⑤1年間をふり返って

学習 **64**ページ

気温と見られる生物のようすの関係をかくにんしよう。

教科書 161〜167ページ　答え 33ページ

次の（　）に当てはまる言葉を書くか、当てはまるものを○でかこもう。

1 1年間の生物のようすは、気温とどのように関係しているのだろうか。 教科書 161〜167ページ

▶あたたかい季節になると、動物は活動が（① (活発に) ・ にぶく ）なり、見られる数が（② (ふえたり) ・ へったり ）、種類が変化したりする。
植物は、（③ (よく成長し) ・ ほとんど成長せず ）、花がさいたり、実やたねができたりするものもある。

▶寒い季節になると、動物は活動が（④ 活発に ・ (にぶく) ）なり、見られる種類が（⑤ ふえる ・ (へる) ）。
植物は、（⑥ よく成長し ・ (ほとんど成長せず) ）、かれたり、（⑦ **葉** ）を落としてえだだけになったりする。春に向けて（⑧ **芽** ）ができるものもある。

ここが だいじ！
①気温が高くなると、動物の活動は活発になり、植物は体全体が育つ。
②気温が低くなると、動物の活動はにぶくなり、植物はかれたり、新しい芽をつけたりする。

ぴたトリビア　日本には四季があり、季節によって見られる動物や植物の種類やようすがちがいます。季節ごとに食べごろとなる動物や植物もちがい、「旬のもの」として食べられてきました。

ぴったり2 練習

★冬 ⑤1年間をふり返って

学習 **65**ページ

教科書 161〜167ページ　答え 33ページ

1 1年間の動物のようすをまとめます。

(1) 気温が低い季節になると、動物の活動のようすはどうなりますか。
（ **にぶくなる。** ）

(2) 春と冬のヒキガエルのようすを、次のア〜エから選びましょう。
春（ **エ** ） 冬（ **イ** ）

(3) 季節と動物の関係について、正しいほうの（　）に○をつけましょう。
ア（　）季節に関係なく、同じ動物が見られる。
イ（ ◯ ）季節によって、見られる動物がちがう。

2 1年間の植物のようすをまとめます。

(1) サクラのようすは、どのように変わりますか。春から冬まで、順にならべましょう。
（ **イ** ）→（ **エ** ）→（ **ウ** ）→（ **ア** ）

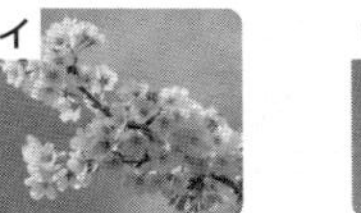
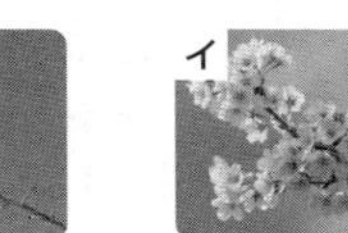
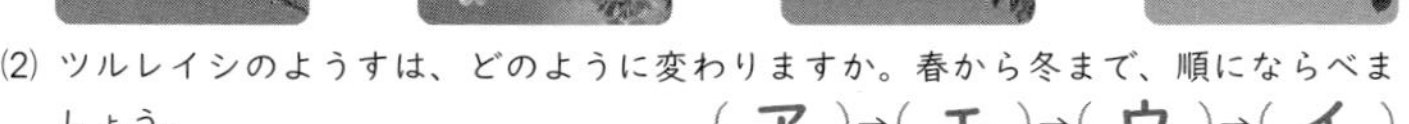

(2) ツルレイシのようすは、どのように変わりますか。春から冬まで、順にならべましょう。
（ **ア** ）→（ **エ** ）→（ **ウ** ）→（ **イ** ）

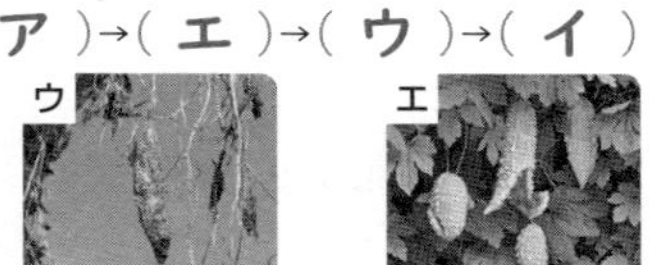

(3) 季節と植物の関係について、正しいものを1つ選んで、（　）に○をつけましょう。
ア（　）気温が高い季節も低い季節も、植物は同じように育つ。
イ（ ◯ ）気温が高い季節のほうが、植物はよく育つ。
ウ（　）気温が低い季節のほうが、植物はよく育つ。

65ページ てびき

1 (2)ヒキガエルは、春にたまごがかえっておたまじゃくしが生まれ、夏になると、カエルの形になって陸上に出てきます。秋になると活動がにぶくなり、土などの中でじっとして冬をこします。

2 (1)春の初めころに花をさかせたサクラは、夏になると葉がしげります。秋になると葉の色が赤色などに変わり、冬には葉がすべて落ちてえだだけになります。
(2)春にたねをまいたツルレイシは、夏になると葉がしげり、花がさいた後に実をつけます。秋になると葉などがかれ始め、冬にはたねを残してかれてしまいます。
(3)植物は、春から夏にかけてよく成長し、葉をしげらせたり、くきをのばしたりします。秋から冬にかけては成長が止まり、体の一部や全部がかれていきます。

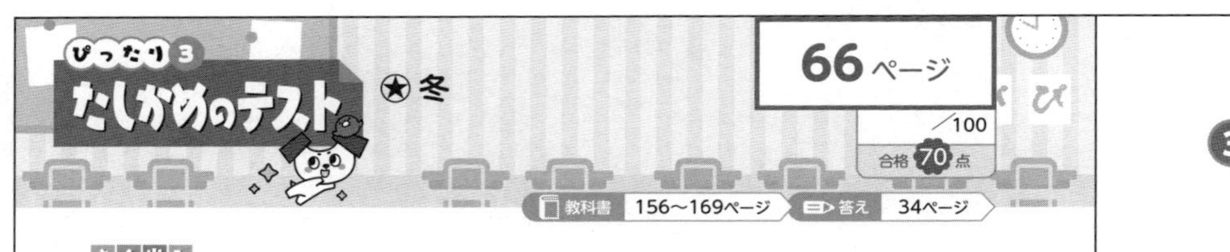

★冬

66ページ

/100 合格 70 点

教科書 156〜169ページ　答え 34ページ

よく出る
1 冬に見られる生物のようすを2つ選んで、（　）に○をつけましょう。　1つ10点(20点)

ア(○)　イ(　)　ウ(○)　エ(　)

カブトムシ

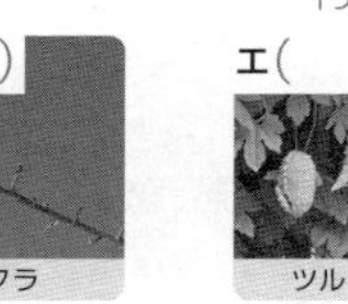
ナナホシテントウ

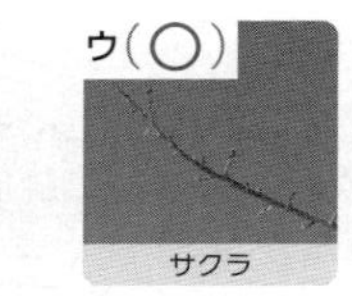
サクラ

ツルレイシ

よく出る
2 1年間のオオカマキリのようすをまとめました。　1つ5点(35点)

(1) 次の文は、㋒の◎について説明したものです。（　）に当てはまる言葉を書きましょう。
- ㋒の◎は(① **らんのう**)とよばれるもので、中にはたくさんの(② **たまご**)が入っている。

(2) 冬から春、春から夏へと季節が変わるにつれて、気温はどうなりますか。
（ **高くなる。** ）

(3) (2)のとき、動物の活動は活発になりますか、にぶくなりますか。
（ **活発になる。** ）

(4) 夏から秋、秋から冬へと季節が変わるにつれて、気温はどうなりますか。
（ **低くなる。** ）

(5) (4)のとき、見られる動物の種類はどうなりますか。正しいものを1つ選んで、（　）に○をつけましょう。
ア(　)だんだん多くなる。　イ(○)だんだん少なくなる。
ウ(　)ほとんど変わらない。

(6) 気温がいちばん高いときのオオカマキリのようすは、㋐〜㋓のどれですか。
（ ㋑ ）

学習

67ページ

3 ㋐〜㋓は、季節ごとの自然のようすと、そのときの気温をはかった温度計のようすを表しています。　(1)は1つ5点、(2)は全部できて10点(20点)

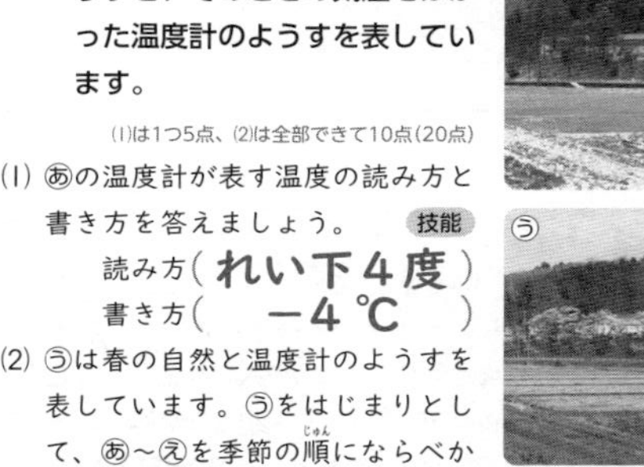

(1) ㋐の温度計が表す温度の読み方と書き方を答えましょう。　技能
読み方（ **れい下4度** ）
書き方（ **−4℃** ）

(2) ㋒は春の自然と温度計のようすを表しています。㋒をはじまりとして、㋐〜㋓を季節の順にならべかえましょう。　思考・表現
㋒→（ ㋓ ）→（ ㋑ ）→（ ㋐ ）

できたらスゴイ!
4 冬の動物のようすと気温の関係について考えます。　思考・表現　(1)は10点、ほかは1つ5点(25点)

(1) 記述 ヒキガエルは冬の間、土の中ですごします。その理由を「温度」に着目して説明しましょう。
（ **土の中は温度が変わりにくく、冬でもそれほど温度が低くならないから。** ）

(2) ヒキガエルと同じような冬のすごし方をする動物を1つ選んで、（　）に○をつけましょう。
ア(　)オオカマキリ　イ(　)ツバメ
ウ(○)カブトムシ　エ(　)スズメ

(3) オナガガモは、日本より北の地いきからわたってきて、日本で冬をすごします。この理由を説明した次の文の、（　）の中の正しいほうを○でかこみましょう。
- 冬になると、日本より北の地いきは日本よりも(① あたたかく・**寒く**)なり、オナガガモにとって日本のほうが(② **すごしやすい**・すごしにくい)ため。

ふりかえり　2がわからないときは、64ページの1にもどってかくにんしましょう。
4がわからないときは、62ページの1にもどってかくにんしましょう。

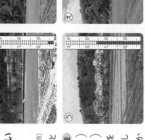

おうちのかたへ
小学校の算数では、負(マイナス)の数は学習しません。0℃より低い温度の学習では、0℃の目盛りからいくつ下かを数えて−の記号をつけて表す、ということを意識づけさせるとよいでしょう。

66〜67ページ　てびき

1 ナナホシテントウは、成虫のすがたで、落ち葉のすき間や木の皮の下などで冬をすごします。ツルレイシは夏に実をつけ、冬にはたねを残してすべてかれてしまいます。

2 (6)オオカマキリは、春にらんのうからよう虫が出てきて(㋓)、夏には成虫になります(㋑)。秋になるとたまごを産み(㋐)、たまごのすがたで冬をこします(㋒)。

3 (2)植物は、春から夏にかけてよく成長し、葉がしげります。秋になると葉の色が黄色や赤色などに変わる植物がふえ、冬になると葉がかれるものが多くなります。

4 (1)土の中にもぐっていると、土がまるでふとんのようなはたらきをするため、寒さにたえやすくなります。
(2)カブトムシは、よう虫のすがたで、土の中で冬をすごします。

ぴったり1 じゅんび

9. もののあたたまり方

①金ぞくのあたたまり方

68ページ

金属がどのようにあたたまっていくか、かくにんしよう。

教科書 170～174ページ　答え 35ページ

次の(　)に当てはまる言葉を書くか、当てはまるものを○でかこもう。

1 金ぞくは、どのようにあたたまるのだろうか。 教科書 170～174ページ

▶金ぞくのぼうのはしを熱したとき

ぼうの(① (はし) ・ 真ん中)からろうがとけて、もう一方のはしのほうに順に広がっていく。

▶金ぞくのぼうの真ん中を熱したとき

ぼうの(② はし ・ (真ん中))からろうがとけて、左右に順に広がっていく。

▶金ぞくのぼうをななめにして、真ん中を熱したとき

ぼうの(③ はし ・ (真ん中))からろうがとけて、上下に順に広がっていく。

▶金ぞくの板の真ん中を熱したとき

板の(④ はし ・ (真ん中))からろうがとけて、順に全体に広がっていく。

▶金ぞくは、(⑤ **熱せられた**)ところから順に、遠くのほうへとあたたまる。

ここがだいじ! ①金ぞくは、熱せられたところから順に、遠くのほうへとあたたまる。

ぴたトリビア 熱の伝わりやすさは金ぞくによってちがい、伝わりやすいほうから順に、銀、銅、金、アルミニウム、ニッケル、鉄です。そのため、銅やアルミニウムは、調理器具によく使われます。

68

ぴったり2 練習

9. もののあたたまり方

①金ぞくのあたたまり方

69ページ

教科書 170～174ページ　答え 35ページ

1 金ぞくのぼうのあたたまり方を調べます。

① あ い う　② か き く

(1) 金ぞくのあたたまり方を調べるためには、金ぞくのぼうに何をぬるとよいですか。1つ選んで、(　)に○をつけましょう。

ア(　)油　イ(　)絵の具　ウ(○)ろう　エ(　)のり

(2) ①で、いちばん先にあたたまるのは、あ～うのどの部分ですか。　(い)

(3) ②で、はやくあたたまる順にか～くをならべかえましょう。

(か)→(き)→(く)

2 ろうをぬった金ぞくの板の真ん中を熱して、あたたまり方を調べます。

(1) いちばんはじめにあたたまるのは、あ～うのどの部分ですか。　(う)

(2) しばらく熱したとき、ろうはどのようになりますか。正しいものを1つ選んで、(　)に○をつけましょう。

ア(○)　イ(　)　ウ(　)

かたまっている部分　とけた部分

(3) 金ぞくはどのようにあたたまりますか。正しいものを1つ選んで、(　)に○をつけましょう。

ア(　)どこを熱しても、同時に全体があたたまる。

イ(○)熱せられたところから順に遠くのほうへ、だんだんあたたまる。

ウ(　)熱せられたところから遠い部分から、だんだんあたたまる。

69

69ページ　てびき

❶ (1)ろうはあたためるととけるので、ろうがとけるようすから、金ぞくのあたたまり方がわかります。
(2)、(3)金ぞくは、熱せられたところから順にあたたまります。

❷ (1)、(2)熱せられている真ん中周辺のろうが最初にとけ、ろうがとけたところが少しずつ広がっていきます。

おうちのかたへ　9. もののあたたまり方

金属、水、空気を熱したときのあたたまり方(熱の伝わり方)について学習します。金属は熱せられた部分から順にあたたまること(熱伝導)や、水と空気は熱せられた部分が移動してあたたまること(対流)を理解しているか、などがポイントです。

9. もののあたたまり方
②水と空気のあたたまり方

70ページ

水や空気がどのようにあたたまっていくか、かくにんしよう。

教科書 175〜183ページ　答え 36ページ

次の（　）に当てはまる言葉を書くか、当てはまるものを○でかこもう。

1 水は、どのようにあたたまるのだろうか。
教科書 175〜178ページ

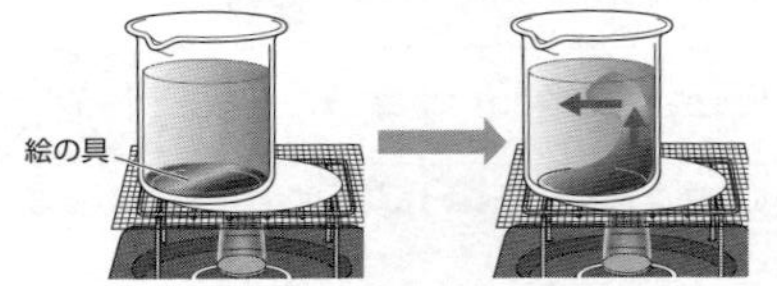

絵の具

絵の具の動きは、水の動きを表しているから、あたためられた水が上に動いたことがわかるね。

示温インクを使って水のあたたまり方を調べる実験

下のはしを熱すると、上のほうから全体があたたまる。

真ん中を熱すると、熱したところより下の部分は、なかなかあたたまらない。

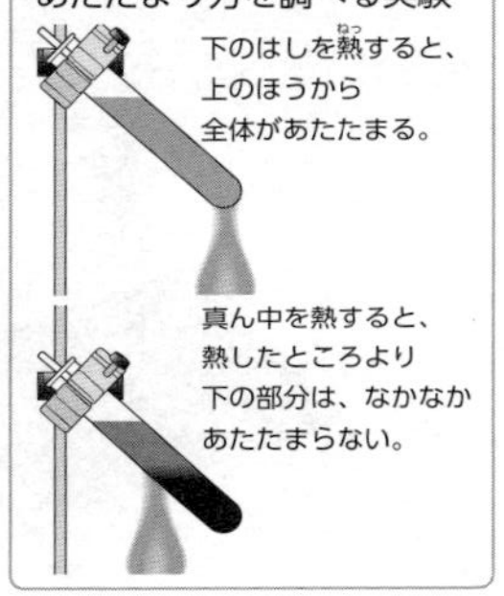

▶水は、（① **熱せられた** ）ところがあたたまって、温度が（② (高く)・低く ）なる。温度が（ ② ）なった水が（③ (上)・下 ）に動くことで、全体があたたまる。

2 空気は、どのようにあたたまるのだろうか。
教科書 179〜182ページ

だんぼうしている部屋では、上のほうの空気が、下のほうの空気よりあたたかいことがあるね。

線こうのけむりの動きは、空気の動きを表しているから、あたためられた空気が上に動いたことがわかるね。

▶空気は、（① 金ぞく・(水) ）と同じように、（② **熱せられた** ）ところがあたたまって、温度が（③ (高く)・低く ）なる。温度が（ ③ ）なった空気が（④ (上)・下 ）に動くことで、全体があたたまる。

ここがだいじ！ ①水や空気は熱せられたところがあたたまり、あたたまった水や空気が上に動くことで、全体があたたまる。

ぴたトリビア　冷たい空気や水は、下のほうに動きます。エアコンで冷ぼうをする場合、ふき出し口を上向き（水平）にすると、冷たい空気が上から下に動き、部屋全体が早く冷えます。

練習　9. もののあたたまり方
②水と空気のあたたまり方

71ページ

教科書 175〜183ページ　答え 36ページ

1 水のあたたまり方を調べました。

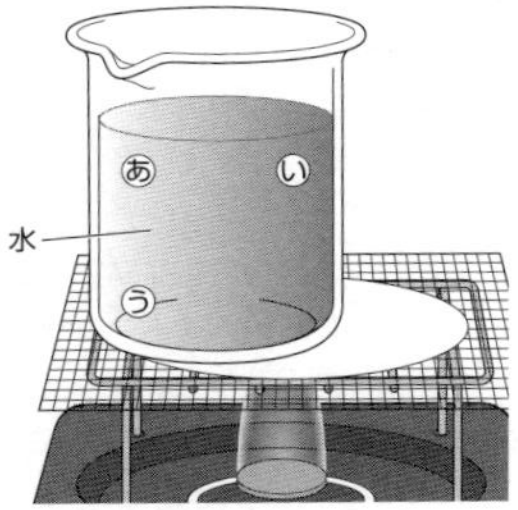

(1) あ〜うの部分は、どのような順であたたまりますか。正しいものを1つ選んで、（　）に○をつけましょう。

ア（　）あが最初にあたたまり、その後、いとうがほぼ同時にあたたまる。
イ（○）いが最初にあたたまり、その後、あ、うの順にあたたまる。
ウ（　）うが最初にあたたまり、その後、あ、いの順にあたたまる。

(2) 次の文は、(1)で答えたようになる理由を説明したものです。（　）に当てはまる言葉を書きましょう。

● 熱せられて温度が（① **高く** ）なった水は、（② **上** ）に動くから。

2 空気のあたたまり方を調べました。

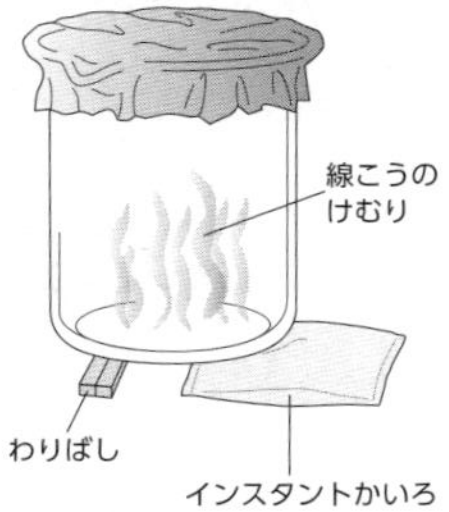

(1) 線こうのけむりを入れたのは、何を見やすくするためですか。　（ **空気の動き** ）

(2) 線こうのけむりはどのように動きますか。正しいものを1つ選んで、（　）に○をつけましょう。

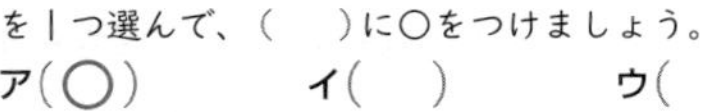
ア（○）　イ（　）　ウ（　）

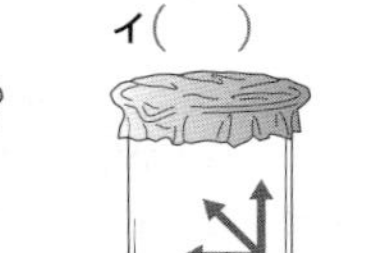
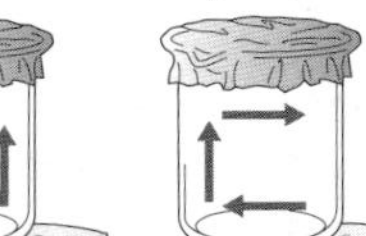

(3) (2)で答えたようになるのはなぜですか。正しいものを1つ選んで、（　）に○をつけましょう。

ア（○）あたためられて温度が高くなった空気が、上に動くから。
イ（　）あたためられて温度が高くなった空気が、横に動くから。
ウ（　）あたためられて温度が高くなった空気が、全体に広がるから。

(4) 空気のあたたまり方は、金ぞくと水のどちらと同じですか。　（ **水** ）

71ページ　てびき

❶ ほのおが当たっている部分の真上にあるいがあたたまった後、上のほうにあるあがあたたまり、最後に下のほうにあるうがあたたまります。

❷ (1)空気は目に見えないので、線こうのけむりを入れて、動きがわかるようにします。
(2)、(3)インスタントかいろの部分であたためられた空気は、温度が高くなって上に動きます。この動きをくり返して、最後は全体があたたまります。

たしかめのテスト 9. もののあたたまり方

72ページ

合格70点 /100

教科書 170〜185ページ　答え 37ページ

よく出る

1 金ぞくのぼうをななめにして熱しました。 1つ7点、(2)は全部できて7点(14点)

(1) ①の部分を熱したとき、あとうはどのような順であたたまりますか。正しいほうの(　)に○をつけましょう。

ア(◯)あとうはほとんど同時にあたたまる。
イ(　)うが先にあたたまり、その後、あがあたたまる。

(2) ②の部分を熱したとき、はやくあたたまる順にあ〜うをならべかえましょう。　(あ)→(い)→(う)

2 正方形の金ぞくの板にろうをぬり、一部を熱します。 思考・表現 (3)は10点、ほかは1つ7点(24点)

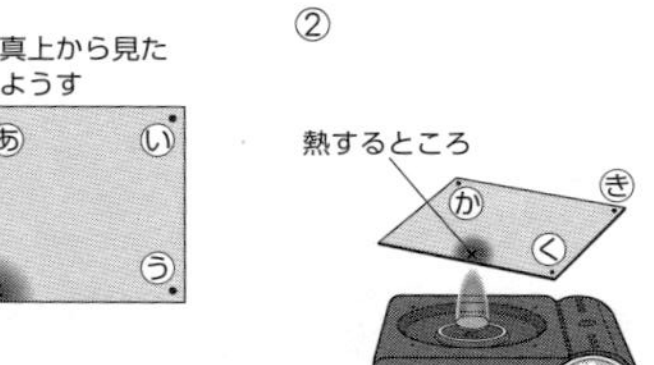

(1) ①で、ろうがとけるのがいちばんおそいのは、あ〜うのどこですか。　(い)

(2) ②で、ほとんど同時にろうがとけるのは、か〜くのどことどこですか。　(かとき)

(3) 記述 (1)、(2)のようになるのは、金ぞくがどのようにあたたまるからですか。
(熱せられたところから順に、遠くのほうへとあたたまるから。)

よく出る

3 水のあたたまり方を調べました。 (3)は10点、ほかは1つ7点(24点)

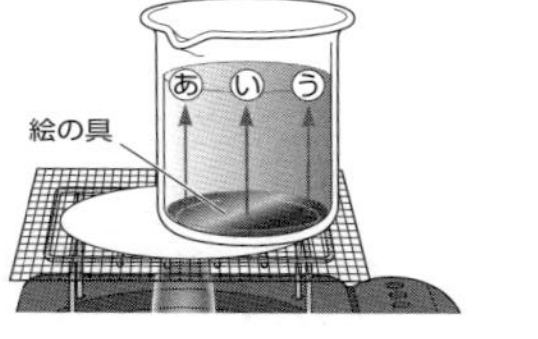
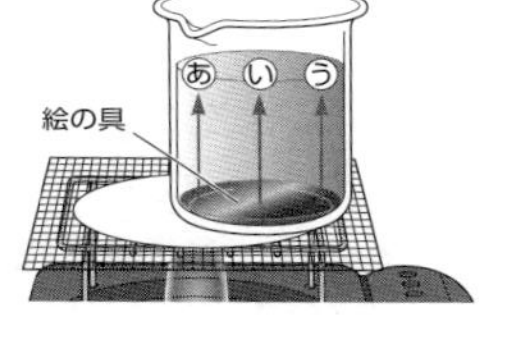
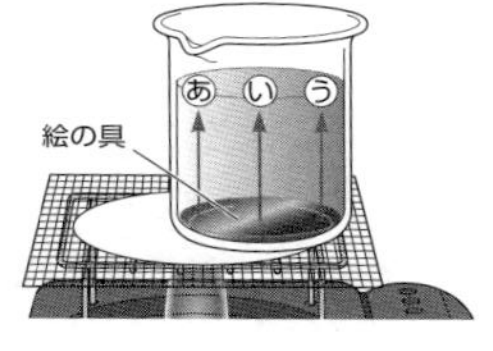

(1) 絵の具を水の中に入れたのはなぜですか。正しいほうの(　)に○をつけましょう。　技能

ア(　)水があたたまりやすくなるようにするため。
イ(◯)水の動きをわかりやすくするため。

73ページ

(2) 絵の具が上に動くのはどの部分ですか。正しいものを1つ選んで、(　)に○をつけましょう。

ア(◯)あの部分　イ(　)いの部分　ウ(　)うの部分
エ(　)あ、い、うのすべての部分

(3) 記述 ふろに入るとき、上のほうは水が熱くなっているのに、下のほうはまだ冷たいことがあります。このようになる理由を説明しましょう。　思考・表現
(あたためられた水は、上のほうに動くから。)

よく出る

4 空気のあたたまり方を調べます。 1つ7点(21点)

(1) ↑の部分を熱したとき、先にあたたまるのはあ、いのどちらですか。　(あ)

(2) 次の文は、(1)のようになる理由を説明したものです。(　)に当てはまる言葉を下の□から選んで書きましょう。

- 空気が熱せられると、温度が(① 高く)なって(② 上)のほうへ動くから。

低く　高く　上　下　横

てきたらスゴイ!

5 エアコンで部屋全体をはやくあたためられる方法を考えます。 思考・表現 (1)は7点、(2)は10点(17点)

ふき出し口を上向きにする。　ふき出し口を下向きにする。

(1) エアコンから出る空気は、ふき出し口の向きに出ていきます。部屋全体をはやくあたためられるのは、ふき出し口の向きを上向き、下向きのどちらにしたときですか。　(下向き)

(2) 記述 (1)の向きだと部屋全体がはやくあたたまるのは、なぜですか。
(温度が高い空気は、上のほうに動くから。)

ふりかえり ❶がわからないときは、68ページの❶にもどってかくにんしましょう。❺がわからないときは、70ページの❷にもどってかくにんしましょう。

おうちのかたへ
ここでは、金属のあたたまり方と、水や空気のあたたまり方が異なることを捉えます。なお、熱の伝わり方の詳しい内容や、「熱伝導(伝導)」「対流」の用語、「熱放射(放射)」は中学校で学習します。

72〜73ページ てびき

❶ 金ぞくは、熱せられたところから順に、遠くのほうへとあたたまります。

❷ (1)あとうは熱せられたところから同じだけはなれていて、いはそれより遠くにあります。
(2)かときは熱せられたところから同じだけはなれていて、くはそれより近くにあります。

❸ (3)温度が高くなった水は上のほうに動くので、上のほうが熱くなっていても、下のほうがまだ冷たいことがあります。

❹ 熱せられた空気は、温度が高くなって上に動きます。この動きをくり返して、最後は全体があたたまります。

❺ 温度が高い空気は、上のほうに動きます。したがって、ふき出し口を下向きにすれば、あたたかい空気が部屋の下側から上側に動くので、空気の流れができ、部屋全体がはやくあたたまります。

10. すがたを変える水

①熱したときの水のようす

学習 74ページ

水を熱し続けたときの、温度や水のようすをかくにんしよう。

教科書 186〜196ページ　答え 38ページ

次の(　)に当てはまる言葉を書くか、当てはまるものを○でかこもう。

1 水がふっとうしているときに出るあわは何だろうか。　教科書 186〜193ページ

▶熱した水からあわがさかんに出るじょうたいを、水の(① ふっとう)という。

▶ふっとうしている水の中から出ているあわは、(② 水じょう気)である。

あな

水

水が急にあわ立ち、ふき出すのをふせぐため、必ずふっとう石を入れてから熱する。

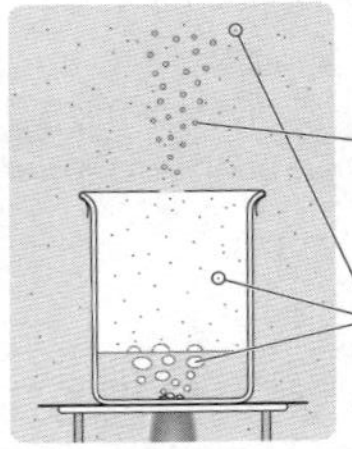

(③ 湯気)は、目に見える。

(④ 水じょう気)は、目に見えない。

▶湯気は、(⑤ 水じょう気)が冷やされてできた、小さな(⑥ 水)のつぶである。

▶湯気は、空気中で(⑦ じょう発)して、(⑧ 水じょう気)になる。

2 水を熱し続けると、どうなるのだろうか。　教科書 194〜196ページ

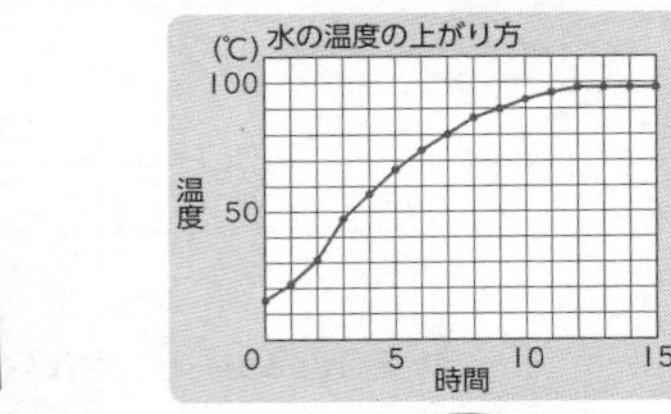

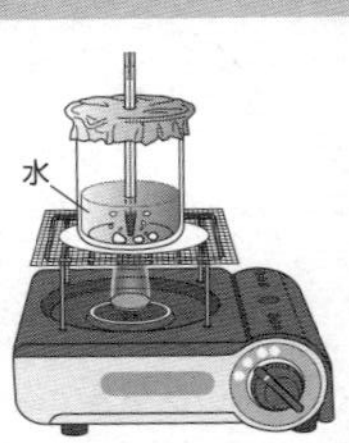

(℃) 水の温度の上がり方

温度 100 50 0

時間 5 10 15(分)

▶水を熱し続けると温度が上がり、およそ(① 80 ・ (100))℃でふっとうする。

▶ふっとうしている間、水の温度は(② 上がり続ける ・ (変わらない))。

ここがだいじ!

①熱した水から、あわがさかんに出ているじょうたいを、ふっとうという。

②ふっとうしている水の中から出ているあわは、水じょう気である。

③水はおよそ100℃でふっとうし、ふっとうしている間は温度が変わらない。

ぴたトリビア　水が水じょう気に変化すると、体積が約1700倍になります。そのため、水をみっぺいして加熱すると、きけんです。なべのふたには、水じょう気などをにがすための、あながあります。

10. すがたを変える水

①熱したときの水のようす

学習 75ページ

教科書 186〜196ページ　答え 38ページ

1 ビーカーに入れた水を熱すると、あなから白いけむりのようなものが出て、水の中からはあわがさかんに出るようになりました。

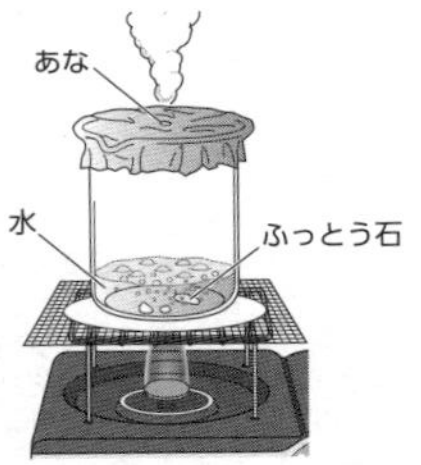

あな　水　ふっとう石

(1) ふっとう石を入れてから水を熱するのはなぜですか。正しいものを1つ選んで、(　)に○をつけましょう。

ア(　)水の温度を上がりやすくするため。

イ(○)水が急にあわ立たないようにするため。

ウ(　)ビーカーがわれないようにするため。

(2) 熱した水の中から、あわがさかんに出るじょうたいを何といいますか。
(ふっとう)

(3) 水の中から出るあわは、水が目にみえないすがたに変わったものです。これを何といいますか。
(水じょう気)

(4) あなから出た、白いけむりのようなものを何といいますか。
(湯気)

(5) (4)は、(3)が冷やされて、小さな何のつぶに変わったものですか。
(水)

2 水を熱し続けたときの、温度の変化と水のようすの関係を調べました。

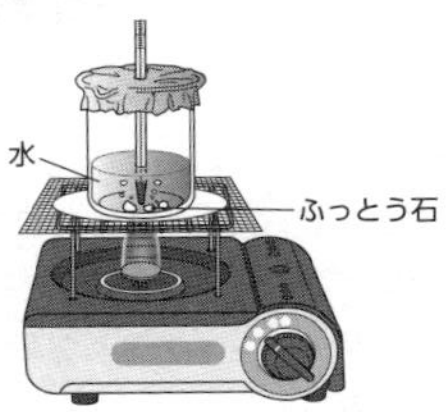

水　ふっとう石

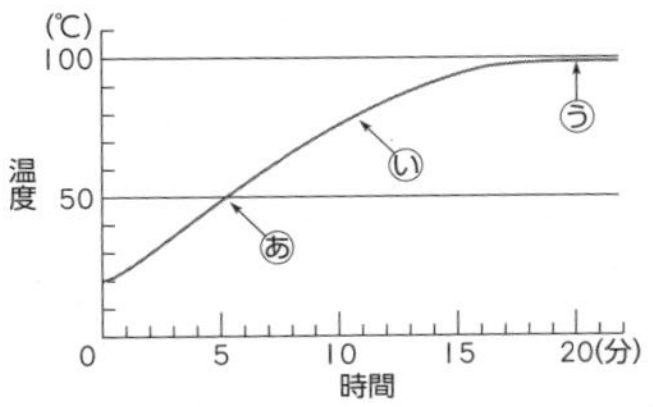

(℃) 温度 100 50 0　時間 5 10 15 20(分)　あ　い　う

(1) 水がふっとうしているのは、あ〜うのどのときですか。 (う)

(2) 水のふっとうについてまとめます。(　)に当てはまる数を書きましょう。

●水を熱し続けると温度が上がり、およそ(100)℃でふっとうする。

(3) 水がふっとうしている間、温度はどうなりますか。
(変わらない。)

75ページ　てびき

1 (1)水が急にあわ立って、ふき出すのをふせぐため、ふっとう石を入れてから熱します。
(2)熱した水がわき立ち、水の中からあわがさかんに出るじょうたいを、ふっとうといいます。
(4)、(5)水を熱したときに見える白いけむりのようなものを湯気といいます。湯気は水じょう気が冷やされてできた小さな水のつぶです。

2 (2)、(3)水を熱し続けると温度が上がり、およそ100℃でふっとうし始めます。ふっとうしている間は、水の温度は変わりません。

おうちのかたへ　10. すがたを変える水

水が温度によって水蒸気や氷になることを学習します。水を熱すると約100℃で沸騰して水蒸気になることや、冷やすと0℃で氷になることを理解しているか、水の状態変化(固体・液体・気体)を考えることができるか、などがポイントです。

10. すがたを変える水

②冷やしたときの水のようす
③温度と水のすがた

学習 76ページ

水を冷やし続けたときの、温度や水のようすをかくにんしよう。

教科書 197～203ページ　答え 39ページ

次の(　)に当てはまる言葉を書くか、当てはまるものを○でかこもう。

1 水を冷やし続けると、どうなるのだろうか。

教科書 197～200ページ

▶水を冷やし続けると温度が下がり、(① ⓪ ・ 100)℃になるとこおり始める。

▶水がこおり始めてから、全部が氷になるまでの間、温度は(② 下がり続ける ・ (変わらない))。

▶全部が氷になった後も冷やし続けると、温度は(③ **下がる**)。

▶水が氷になると、体積は(④ (大きく) ・ 小さく)なる。

水の温度の下がり方

(℃) 20, 10, 0, −10 温度

0, 5, 10, 15(分) 時間

2 温度と水のすがたの関係をまとめよう。

教科書 201ページ

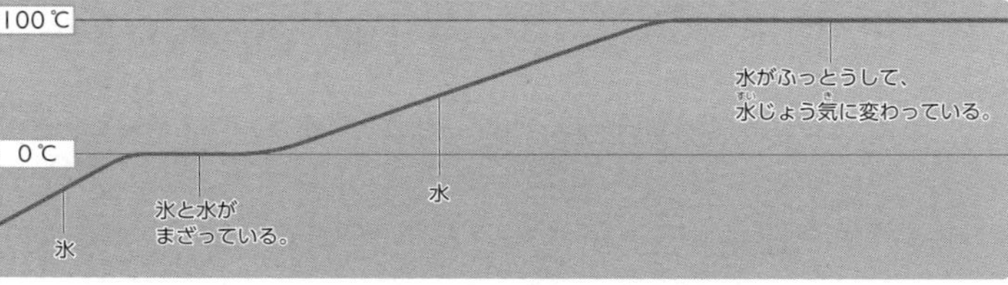

▶水じょう気のように、目に見えないすがたを(① **気体**)という。

▶水のように、目に見えて、入れものによって形が変わるすがたを(② **えき体**)という。

▶氷のように、目に見えて、かたまりになっているすがたを(③ **固体**)という。

▶水は、(④ **温度**)によって固体、えき体、気体とすがたを変える。

ここがだいじ!
①水は0℃になるとこおり始め、全部こおるまでは温度が変わらない。
②水が氷になると、体積が大きくなる。
③水は、温度によって固体、えき体、気体とすがたを変える。

ぴたトリビア 寒い地いきでは、冬に水道管の中にたまった水をぬくことがあります。これは、水道管の中の水がこおることによって体積がふえ、水道管がはれつするのをふせぐためです。

ぴったり2 練習

10. すがたを変える水

②冷やしたときの水のようす
③温度と水のすがた

学習 77ページ

教科書 197～203ページ　答え 39ページ

1 水を冷やし続けたときの、温度の変化と水のようすの関係を調べました。

(1) 水がこおり始めたのは、図のあ～えのいつですか。
(**い**)

(2) 水が氷になると、体積はどうなりますか。
(**大きくなる。**)

水の温度の下がり方

(℃) 10, 0, −10 温度

0, 5, 10, 15(分) 時間

あ い う え

2 温度と水のすがたの関係をまとめます。

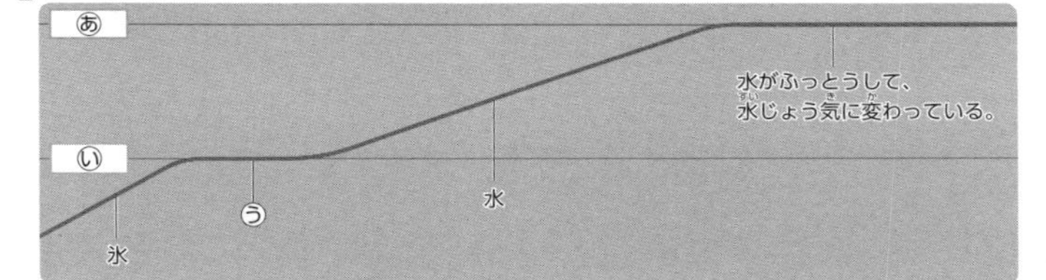

(1) 水、氷、水じょう気のようなすがたを何といいますか。それぞれ[　]から選んで書きましょう。

水(**えき体**) 氷(**固体**) 水じょう気(**気体**)

えき体　気体　固体

(2) あ、いに当てはまる温度を書きましょう。　あ(**100℃**) い(**0℃**)

(3) うのとき、水はどのようなすがたですか。正しいものを1つ選んで、(　)に○をつけましょう。

ア(　)全部が水である。
イ(　)全部が氷である。
ウ(○)水と氷がまざっている。

77ページ てびき

1 (1)水を冷やし続けると温度が下がり、0℃でこおり始めます。すべてこおるまでは温度が変わらず、すべてこおった後は温度がふたたび下がります。
(2)水がこおると、体積が少しふえます。

2 (1)水のように目に見えて形がかんたんに変わるすがたをえき体といいます。また、氷のようにかたまりのすがたを固体、水じょう気のように目に見えないすがたを気体といいます。
(3)氷がすべてとけるまでは、温度は0℃のままです。

78〜79ページ　てびき

1 (2)水を熱したときに見える白いけむりのようなものを湯気といいます。湯気は水じょう気が冷やされてできた小さな水のつぶです。

2 (3)熱した水がわき立ち、水の中から水じょう気のあわがさかんに出るじょうたいがふっとうです。このとき、水(えき体)は水じょう気(気体)に変化しています。

3 (1)水と氷をまぜるだけだと、温度は0℃にしかなりませんが、食塩もまぜることによって、温度を0℃より低くすることができます。

(3)温度が0℃より低いので、すべて氷になった後だとわかります。

(4)水を冷やし続けると温度が下がり、0℃でこおり始めます。すべてこおるまでは温度が変わらず、すべてこおった後は温度がふたたび下がります。

78ページ

10. すがたを変える水

教科書 186〜205ページ　答え 40ページ

合格70点 /100

1 あなを開けたアルミニウムはくのふたをして、水をふっとうさせました。 (4)は10点、ほかは1つ5点(25点)

(1) 水が急にあわ立ち、ふき出さないようにするために入れるあを何といいますか。 技能

（ ふっとう石 ）

(2) あなの上のほうには、湯気が見られました。湯気は、固体、えき体、気体のどれですか。

（ えき体 ）

(3) 記述 からの試験管をあなからビーカーに入れると、試験管はどうなりますか。 思考・表現

（ 表面に水がつく。 ）

(4) 記述 (3)のようになるのはなぜですか。 思考・表現

（ 水じょう気が試験管の表面で冷やされ、水になるから。 ）

よく出る **2** 水を熱したときの、温度の変化と水のようすの関係を調べました。 (3)は1つ5点、ほかは1つ5点(20点)

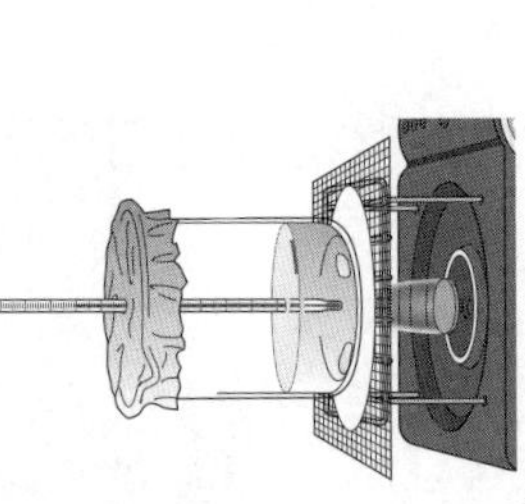

(1) ふっとうし始めたときの温度は、何℃くらいですか。

（ 100℃ ）

(2) ふっとうし始めてからも熱し続けると、温度はどうなりますか。正しいものを1つ選んで、（ ）に○をつけましょう。

ア（○）変わらない。
イ（ ）上がる。
ウ（ ）下がる。

(3) 次の文は、ふっとうしているときに起こっていることを説明したものです。（ ）に当てはまる言葉を、下の□から選んで書きましょう。

・水が（① えき体 ）から（② 気体 ）へと、すがたを変えている。

固体　えき体　気体

78

学習 79ページ

よく出る **3** 水を冷やしたときのようすを調べます。 (1)(2)は1つ4点、(3)(4)は1つ5点(22点)

温度計　水　氷　あ　い

(1) 試験管の中の水をこおらせるためには、ビーカーに入れるあに、さらに何をまぜるとよいですか。 技能

（ 食塩 ）

(2) しばらく冷やすと、温度計はいのようになりました。いが表す温度の読み方と書き方を答えましょう。 技能

読み方（ れい下4℃ ）
書き方（ −4℃ ）

(3) (2)のとき、試験管の中の水はどのようなじょうたいですか。正しいものを1つ選んで、（ ）に○をつけましょう。

ア（ ）気体だけになっている。
イ（ ）えき体だけになっている。
ウ（○）固体だけになっている。
エ（ ）えき体と固体がまざっている。

(4) 水を冷やしたときの温度の変わり方を1つ選んで、（ ）に○をつけましょう。

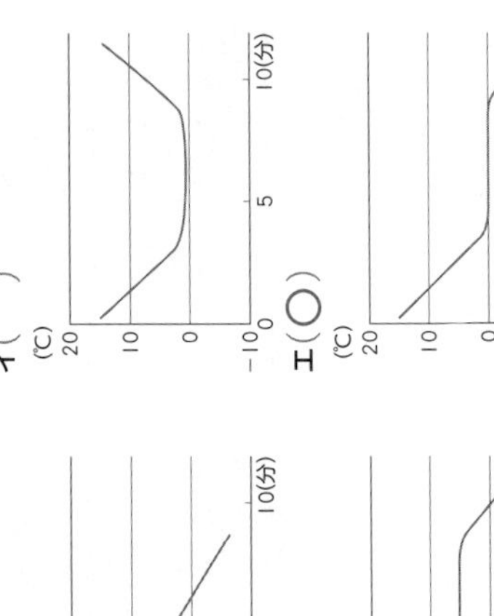

79

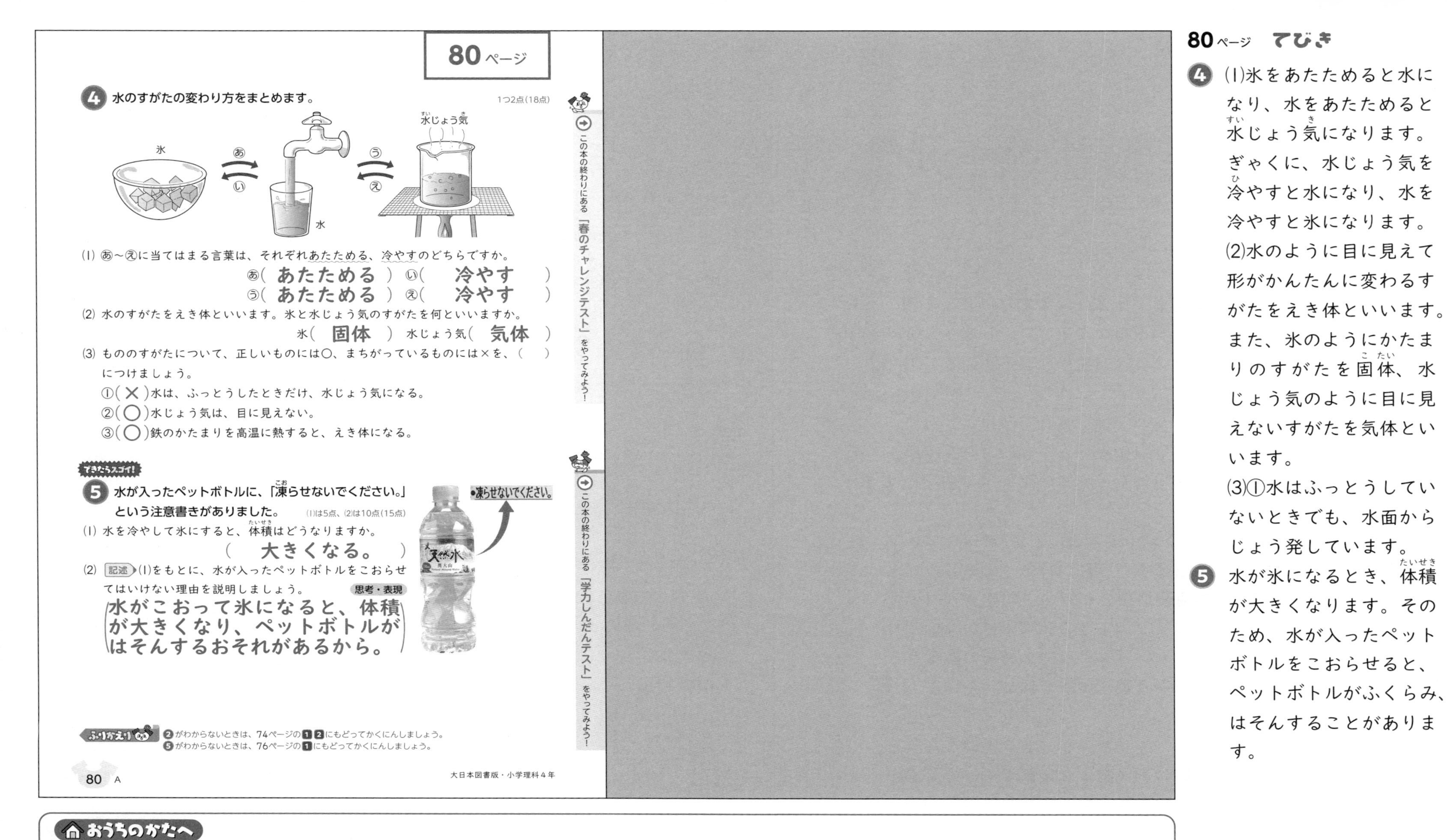

80ページ

4 水のすがたの変わり方をまとめます。　1つ2点(18点)

氷　あ　い　水　う　え　水じょう気

(1) あ〜えに当てはまる言葉は、それぞれあたためる、冷やすのどちらですか。

あ(あたためる)　い(冷やす)
う(あたためる)　え(冷やす)

(2) 水のすがたをえき体といいます。氷と水じょう気のすがたを何といいますか。

氷(固体)　水じょう気(気体)

(3) もののすがたについて、正しいものには○、まちがっているものには×を、(　)につけましょう。

①(×)水は、ふっとうしたときだけ、水じょう気になる。
②(○)水じょう気は、目に見えない。
③(○)鉄のかたまりを高温に熱すると、えき体になる。

できたらスゴイ!

5 水が入ったペットボトルに、「凍らせないでください。」という注意書きがありました。　(1)は5点、(2)は10点(15点)

(1) 水を冷やして氷にすると、体積はどうなりますか。

(大きくなる。)

(2) 記述 (1)をもとに、水が入ったペットボトルをこおらせてはいけない理由を説明しましょう。　思考・表現

(水がこおって氷になると、体積が大きくなり、ペットボトルがはそんするおそれがあるから。)

この本の終わりにある「春のチャレンジテスト」をやってみよう!
この本の終わりにある「学力しんだんテスト」をやってみよう!
ふりかえり 4がわからないときは、74ページの1 2にもどってかくにんしましょう。
5がわからないときは、76ページの1にもどってかくにんしましょう。

80ページ　てびき

4 (1)氷をあたためると水になり、水をあたためると水じょう気になります。ぎゃくに、水じょう気を冷やすと水になり、水を冷やすと氷になります。

(2)水のように目に見えて形がかんたんに変わるすがたをえき体といいます。また、氷のようにかたまりのすがたを固体、水じょう気のように目に見えないすがたを気体といいます。

(3)①水はふっとうしていないときでも、水面からじょう発しています。

5 水が氷になるとき、体積が大きくなります。そのため、水が入ったペットボトルをこおらせると、ペットボトルがふくらみ、はそんすることがあります。

おうちのかたへ

「水蒸気」と「湯気」や、「蒸発」と「沸騰」については間違いやすいので、違いをしっかりと理解させましょう。

・「水蒸気」と「湯気」…水蒸気は気体で目に見えないが、湯気は液体で目に見える。
・「蒸発」と「沸騰」…水が水蒸気になることを蒸発という。水の中からも蒸発が起こる現象を特に沸騰といい、約100℃で起こる。

夏のチャレンジテスト

教科書 6～65ページ

月　日　名前

時間 40分　知識・技能 /60　思考・判断・表現 /40　ごうかく80点 /100

答え 42ページ

知識・技能

1 気温や水温をはかります。

1つ3点(9点)

(1) 気温や水温をはかるとき、温度計に日光が直せつ当たらないようにするのはなぜですか。理由を説明した次の文の(　)に当てはまる言葉を書きましょう。

● 日光には、ものを(あたためる)はたらきがあるから。

(2) 気温をはかると、温度計は㋐のようになりました。

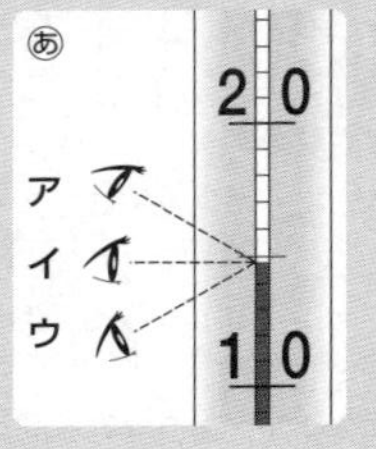

① 目もりを読むとき、ア～ウのどこから見ればよいですか。(イ)

② ㋐のとき、気温は何℃ですか。(15℃)

2 ある日の午前10時から午後3時まで、1時間ごとに気温をはかり、結果を表にまとめました。

(1)は9点、(2)は3点(12点)

午前10時から午後3時までの気温

時こく	気温(℃)
午前10時	17
午前11時	18
午前12時	20
午後1時	22
午後2時	24
午後3時	23

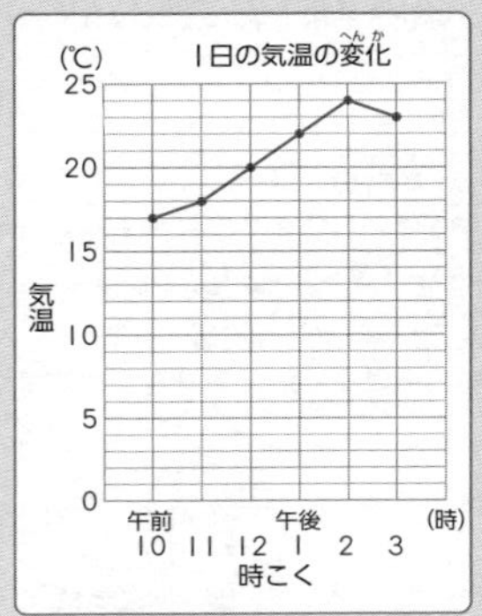

1日の気温の変化

(1) 表をもとに、この日の気温の変化を、上に折れ線グラフで表しましょう。

(2) この日の天気は、晴れとくもりのどちらですか。(晴れ)

3 図のような回路をつくってスイッチを入れると、モーターが㋐の向きに回りました。

1つ3点(9点)

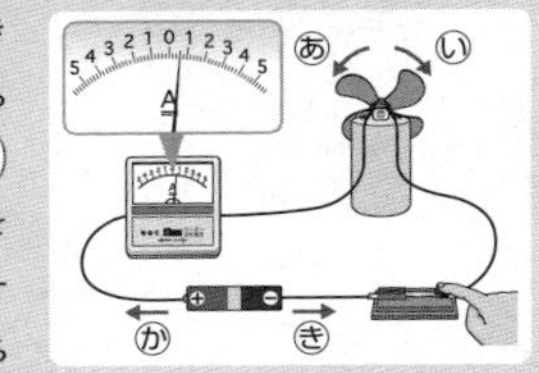

(1) 電流が流れる向きは、㋕と㋖のどちらですか。(㋕)

(2) かん電池の向きを反対にすると、モーターは㋐と㋑のどちらの向きに回りますか。(㋑)

(3) (2)のときのかんいけん流計のはりのふれ方を、次のア～ウから選びましょう。(ア)

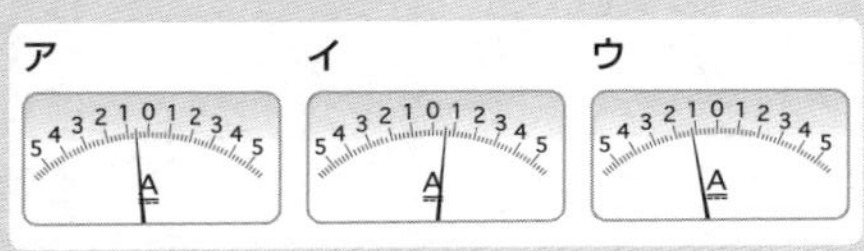

4 図のように、注しゃ器に空気をとじこめ、ピストンをおしました。

1つ4点(12点)

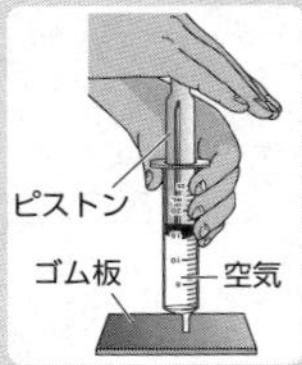

(1) ピストンの位置は、どうなりますか。正しいものに○をつけましょう。

ア(　)上がる。
イ(○)下がる。
ウ(　)変わらない。

(2) (1)のようになる理由を説明します。(　)に当てはまる言葉を書きましょう。

● とじこめた空気に力を加えると、体積が(小さく)なるから。

(3) 空気のかわりに水をとじこめてピストンをおすと、ピストンの位置はどうなりますか。

(変わらない。)

うらにも問題があります。

夏のチャレンジテスト　おもて　てびき

1 (1)日光が当たったところの温度は、日光が当たっていないところの温度よりも高くなります。そのため、温度計に日光が当たると、気温や水温を正しくはかれません。
(2)①温度計の目もりは、真横から読みます。
②えきの先が目もりの線と線の間にあるときは、近いほうの目もりを読みます。

2 (1)それぞれの時こくの気温を表すところに点を打った後、点と点を順に直線で結びます。
(2)晴れの日は気温の変化が大きく、グラフが山の形になります。また、気温は日の出のころに最低になり、午後2時ごろに最高になります。これに対し、くもりや雨の日は太陽が雲にさえぎられるため、気温の変化が小さく、グラフが平たい形になります。

3 (2)、(3)かん電池の向きを反対にすると、回路に流れる電流の向きが反対になります。そのため、モーターが回る向きや、かんいけん流計のはりがふれる向きも反対になります。

4 (1)、(2)空気を注しゃ器にとじこめてピストンをおすと、体積が小さくなり、ピストンの位置は下がります。
(3)とじこめた水をおしても、体積は変わりません。

5 春と夏の動物のようすをくらべました。

1つ3点(12点)

(1) 春に見られる動物のようすを、あ～えから2つ選びましょう。 （あ）（え）

(2) 夏に見られる動物のようすを、あ～えから1つ選びましょう。 （う）

(3) 春と夏では、動物の活動が活発なのはどちらですか。 （夏）

6 東の夜空に見える星を観察(かんさつ)しました。

1つ3点(6点)

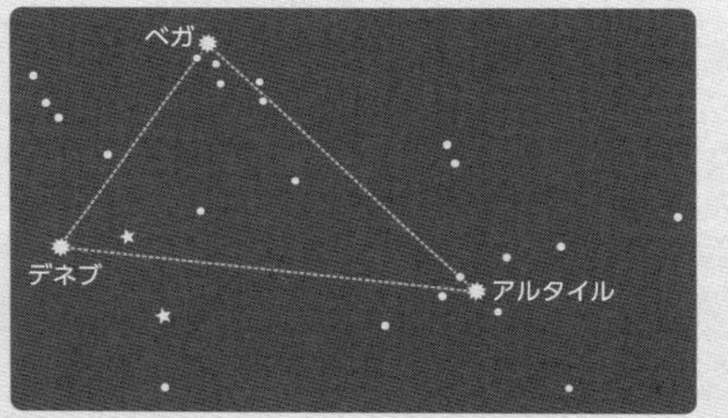

(1) ベガ、デネブ、アルタイルの3つの星を結(むす)んだ三角形を何といいますか。 （夏の大三角）

(2) 星の明るさや色について、正しいものに○をつけましょう。

ア（　）星の明るさや色は、どれも同じである。

イ（　）星の明るさはどれも同じであるが、色にはちがいがある。

ウ（　）星の明るさにはちがいがあるが、色はどれも同じである。

エ（○）星の明るさにも色にも、ちがいがある。

思考・判断・表現

7 2このかん電池を豆電球につないで、豆電球の明るさを調べます。

(3)は10点、ほかは1つ4点(22点)

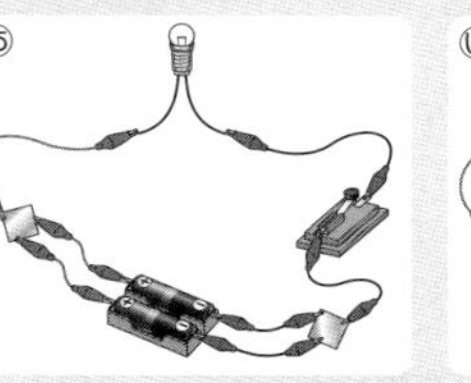
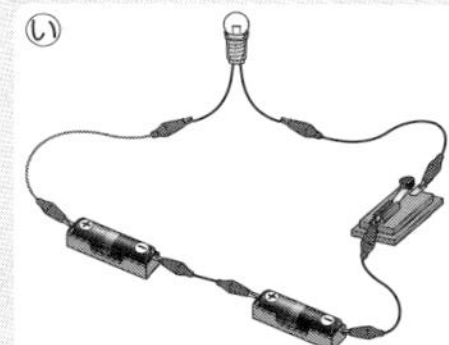

(1) あ、いのかん電池のつなぎ方を何といいますか。
あ（へい列つなぎ） い（直列つなぎ）

(2) スイッチを入れると、あといでは、どちらのほうが豆電球が明るくつきますか。 （い）

(3) 記述 (2)のようになる理由を、「電流」という言葉を使って説明しましょう。
（いのほうが、回路に流れる電流が大きいから。）

8 ツルレイシのようすを2週間おきに観察して、ツルレイシの高さと気温をそれぞれグラフにしました。

(3)は10点、ほかは1つ4点(18点)

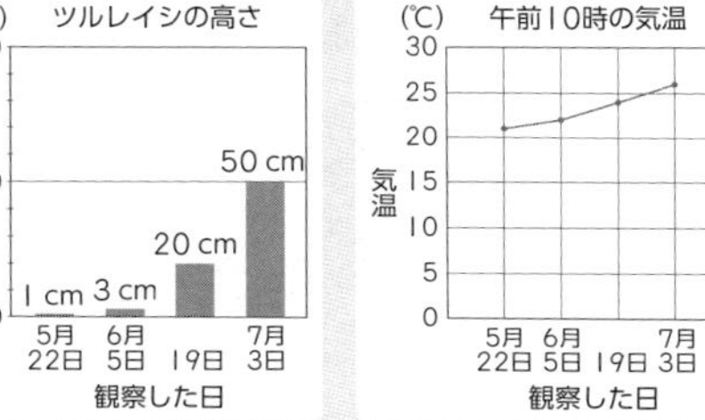

(1) 6月5日から6月19日までの間に、ツルレイシは何cm高くなっていますか。 （17cm）

(2) ツルレイシの成長(せいちょう)について、正しいものに○をつけましょう。

ア（　）夏より春のほうが、よく成長する。

イ（○）春より夏のほうが、よく成長する。

ウ（　）成長のしかたには、ちがいがない。

(3) 記述 (2)のようになる理由を、「気温」という言葉を使って説明しましょう。
（夏になると、春より気温が高くなるから。）

夏のチャレンジテスト　うら　てびき

5 (1)、(2)いはオオカマキリがたまごを産(う)むようすで、秋に見られます。
(3)夏になると、気温が高くなるので、動物の活動が活発になり、見られる種類(しゅるい)も多くなります。

6 (2)星の明るさにはちがいがあり、明るいほうから1等星、2等星、3等星…と分けられます。また、星の色にもちがいがあり、白色のものやオレンジ色のものがあります。

7 (2)、(3)かん電池2こを直列つなぎにすると、かん電池1このときより大きい電流が流れます。また、かん電池2こをへい列つなぎにすると、かん電池1このときと同じくらいの電流が流れます。大きい電流が流れるほど、豆電球は明るくなります。

8 (1)ぼうグラフから、20 cm－3 cm＝17 cm　です。
(2)、(3)ぼうグラフから、日がたつにつれてツルレイシの成長(せいちょう)のしかたが大きくなっていることがわかります。また、折(お)れ線グラフから、日がたつにつれて気温が高くなっていることがわかります。したがって、気温が高くなるにつれて、ツルレイシの成長のしかたが大きくなっているといえます。

冬のチャレンジテスト

教科書 68～155ページ

月　日　名前

時間 40分　知識・技能 /60　思考・判断・表現 /40　ごうかく80点 /100

答え 44ページ

知識・技能

1 雨が上がった後、校庭には水たまりがありましたが、すな場にはありませんでした。　1つ3点(9点)

(1) 水たまりのようすから、校庭とすな場では、どちらのほうが土のつぶが大きいといえますか。
（ すな場 ）

(2) 次の日の昼には、校庭の水たまりがなくなっていました。この理由を説明した次の文の(　)に当てはまる言葉を書きましょう。
- 水たまりの水が、土にしみこんだり、（ 水じょう気 ）になって空気中に出ていったりしたから。

(3) 水が(2)のようにして空気中に出ていくことを何といいますか。
（ じょう発 ）

2 うでを曲げたときのきん肉のようすを調べます。　1つ3点(12点)

(1) ちぢんでいるきん肉は、あといのどちらですか。
（ あ ）

(2) うでをのばすとき、あ、いのきん肉は、それぞれどうなりますか。
あ（ ゆるむ。 ）　い（ ちぢむ。 ）

(3) うでを曲げるときには、ほねとほねのつなぎ目のうの部分で曲がります。うのように、体が曲がるところを何といいますか。
（ 関節 ）

3 秋の生物のようすを調べました。　1つ3点(9点)

(1) 秋に見られる動物のようすを2つ選んで、○をつけましょう。

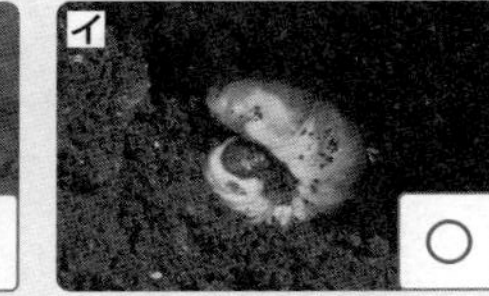

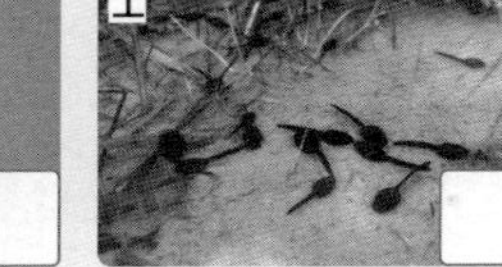

(2) 秋になると、植物の葉がかれ始めたり、落ちたりするのは、夏とくらべて気温がどうなるからですか。
（ 低くなるから。(下がるから。) ）

4 せっけん水のまくをつけた試験管を、氷水に入れたり、湯に入れたりします。　1つ3点(12点)

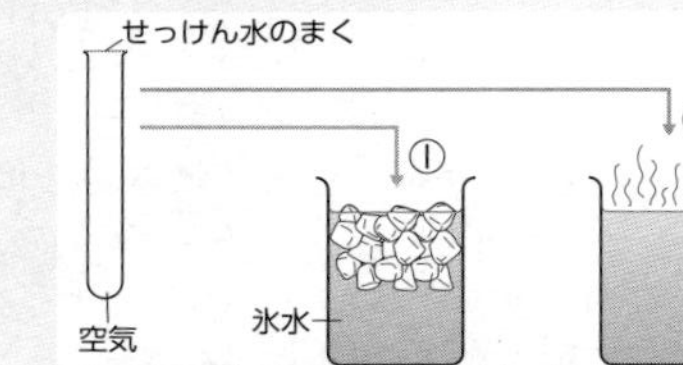

(1) ①氷水に入れたときと、②湯に入れたときのようすは、それぞれア～ウのどれですか。
①（ ウ ）　②（ ア ）

ア　イ　ウ

(2) 次の文の(　)に当てはまる言葉を書きましょう。
- 空気は、あたためると体積が(① 大きく)なり、冷やすと体積が(② 小さく)なる。

うらにも問題があります。

冬のチャレンジテスト　おもて　てびき

1 (1)土のつぶが大きいほど水がしみこみやすいことから、水たまりができていないすな場のほうが、土のつぶが大きいといえます。
(2)、(3)水は、水面や地面から、水じょう気となって空気中に出ていきます。これをじょう発といいます。

2 (2)うでをのばしたり曲げたりするきん肉は、ほねをはさんだもう1つのきん肉と対になっていて、一方がちぢむと、もう一方がゆるむようになっています。
(3)体を曲げられるようになっている、ほねとほねのつなぎ目の部分を関節といいます。

3 (1)**ウ**…秋になると、ツバメは南のあたたかい国々にわたって、すがたが見られなくなります。
エ…ヒキガエルのおたまじゃくしは、春に見られます。

4 試験管を氷水に入れると、空気は冷やされて体積が小さくなるので、せっけん水のまくはへこみます。湯に入れると、空気はあたためられて体積が大きくなるので、せっけん水のまくはふくらみます。

5 金ぞくの玉を熱したところ、玉が金ぞくの輪を通りぬけなくなりました。　1つ3点(6点)

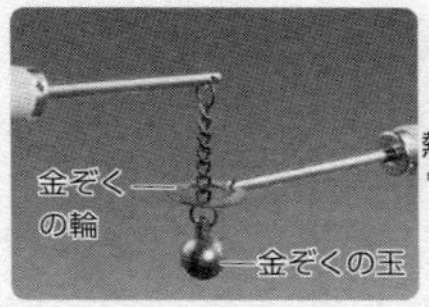

(1) 金ぞくの玉が通りぬけなくなったのは、金ぞくの玉の体積がどうなったからですか。

（ 大きくなったから。 ）

(2) ふたたび金ぞくの玉が通りぬけるようにするには、あの後、どうすればよいですか。正しいものに○をつけましょう。

ア（　）金ぞくの玉をさらに熱する。
イ（○）金ぞくの玉を冷やす。
ウ（　）金ぞくの輪を冷やす。

6 ある日の午後7時に、オリオンざを観察しました。　1つ3点(12点)

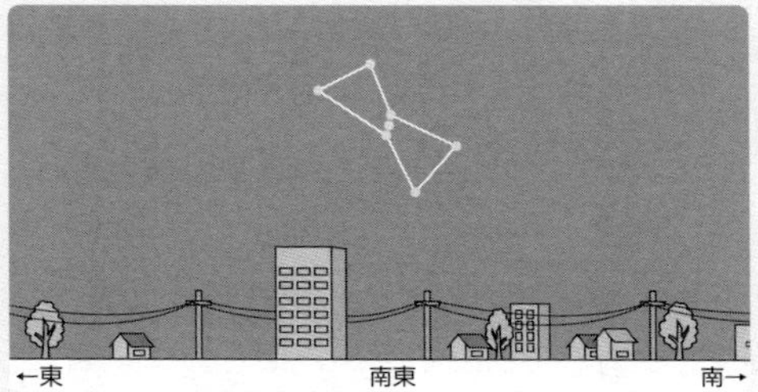

(1) 図の7つの星について、明るさや色にちがいがありますか。　明るさ（ ある。 ）　色（ ある。 ）

(2) 2時間後に観察すると、オリオンざは午後7時と同じ位置に見えますか、ちがう位置に見えますか。

（ ちがう位置 ）

(3) (2)のとき、オリオンざはア～ウのどのように見えますか。　（ ウ ）

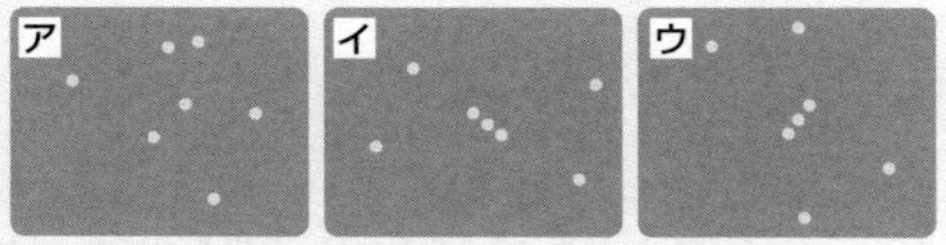

思考・判断・表現

7 午前0時に満月を観察しました。　(3)は10点、ほかは1つ5点(25点)

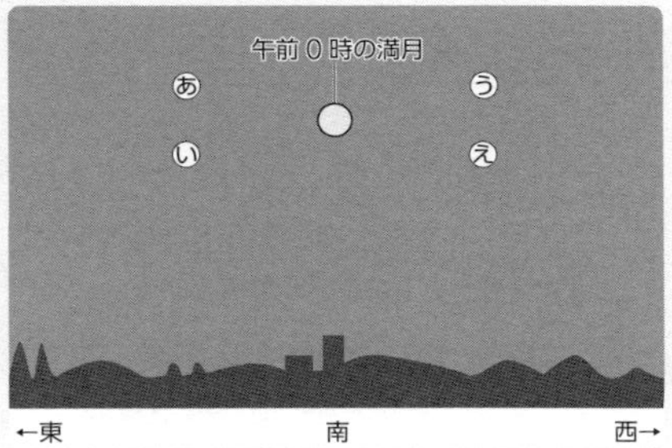

(1) 時間がたつと月が動くか調べるためには、どうすればよいですか。正しいほうに○をつけましょう。

ア（　）場所と時こくを変えて観察する。
イ（○）同じ場所でちがう時こくに観察する。

(2) 午後10時と午前2時の満月の位置は、それぞれどこですか。考えられる位置をあ～えから選びましょう。

午後10時（ い ）　午前2時（ え ）

(3) 記述 (2)のように考えた理由を説明しましょう。

（ 月は東からのぼり、南の空の高いところを通って、西にしずむから。 ）

8 かわいたやかんに氷と水をたくさん入れ、しばらく置いておきました。　(1)は5点、(2)は10点(15点)

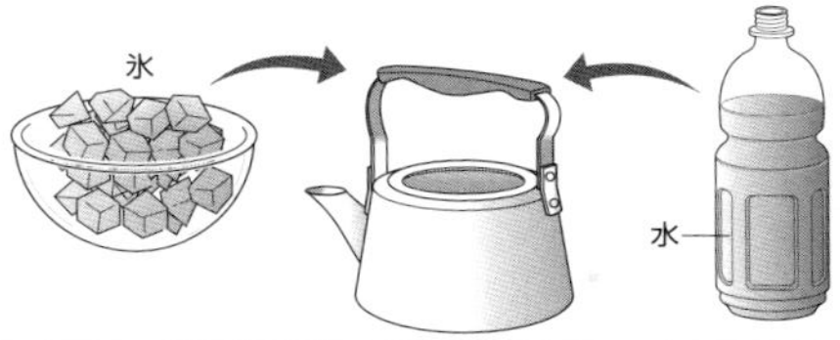

(1) やかんの外側には水がつきました。この水のもとになったものは、空気中にあった何ですか。

（ 水じょう気 ）

(2) 記述 (1)のものが水に変わってやかんの外側についたのはなぜですか。

（ やかんの表面で冷やされたから。 ）

冬のチャレンジテスト(裏)

冬のチャレンジテスト　うら　てびき

5 (1)金ぞくも空気や水と同じように、あたためられると体積が大きくなり、冷やされると体積が小さくなります。
(2)金ぞくの玉を冷やすと、玉の体積が小さくなり、ふたたび輪を通りぬけるようになります。金ぞくの輪を冷やすと、輪の体積が小さくなるので、玉が通りぬけることができません。

6 (1)図の7つの星のうち、2つは1等星で、5つは2等星です。また、1等星のうち、リゲルは青白色ですが、ベテルギウスは赤色です。このように、冬に見られる星も、明るさや色にちがいがあります。
(2)、(3)時間がたつと、星が見える位置は変わりますが、星のならび方は変わりません。

7 (1)調べる場所を変えると、月の見え方も変わってしまうため、時間がたつと月が動くかを正しく調べることができません。
(2)、(3)どんな形の月も、太陽と同じように、時間とともに東→南→西と位置を変えます。このとき、真南で高さが最も高くなります。

8 空気中の水じょう気は、冷たいものにふれると、その表面で水に変化します。これを結ろといいます。寒い日にまどガラスの内側に水てきがつくことがありますが、これも空気中の水じょう気が結ろするからです。

春のチャレンジテスト

教科書 156~205ページ

月　日

名前

時間 40分

知識・技能	思考・判断・表現	ごうかく80点
/60	/40	/100

答え 46ページ

知識・技能

1 冬の生物のようすを調べました。

1つ3点(9点)

(1) 冬に見られる動物のようすを2つ選んで、○をつけましょう。

ア（　）　イ（　）　ウ（○）　エ（○）

(2) 冬のサクラのようすに○をつけましょう。

ア（　）葉、くき、根はかれ、たねが残っている。
イ（　）葉とくきはかれるが、根はかれずに残る。
ウ（○）葉を落とすがかれず、えだには芽がある。

2 季節ごとのヒキガエルのようすと、そのときの気温のようすをならべました。

(1)は4点、(2)は全部できて5点(9点)

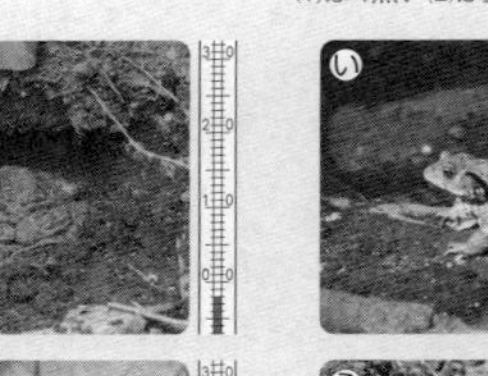

(1) あのときの気温は何℃ですか。

（ −2℃ ）

(2) あ~えを、春から冬まで順にならべましょう。

（ う ）→（ い ）→（ え ）→（ あ ）

3 水のあたたまり方を調べます。

1つ3点(9点)

(1) 水の動きを見やすくするために、水に入れるとよいものに○をつけましょう。

ア（　）食塩　イ（○）絵の具
ウ（　）氷　エ（　）ろう

(2) ▲の部分を熱したとき、水はどのように動きますか。正しいものに○をつけましょう。

ア（　）　イ（　）　ウ（○）

(3) 温度の高い水はどこへ向かって動きますか。正しいほうに○をつけましょう。

ア（○）上のほう　イ（　）下のほう

4 だんぼうしている部屋で、上のほうの空気と下のほうの空気の温度を3回ずつはかりました。

1つ4点(12点)

場所	空気の温度		
	1回目	2回目	3回目
あ	15℃	16℃	17℃
い	22℃	21℃	23℃

(1) 部屋の上のほうの空気の温度を表しているのは、あ、いのどちらですか。（ い ）

(2) (1)のように考えた理由を説明します。次の文の（　）に当てはまる言葉を書きましょう。

・あたためられた空気は、（ 上 ）のほうに動くから。

(3) 空気のあたたまり方について、正しいものに○をつけましょう。

ア（○）水と同じようにあたたまる。
イ（　）金ぞくと同じようにあたたまる。
ウ（　）水とも金ぞくともあたたまり方がちがう。

●うらにも問題があります。

春のチャレンジテスト　おもて　てびき

1 (1)アはツバメが草やどろで巣を作るようすで、春に見られます。イはカブトムシの成虫で、夏に見られます。
(2)植物には、サクラのように葉はかれ落ちても植物自体はかれずに冬をこすものや、ツルレイシのようにたねを残して植物全体がかれるものなどがあります。

2 (2)カエルは、春にたまごからおたまじゃくしがかえり、夏には陸に上がります。秋になると活動がにぶくなり、土の中などでじっとして冬をこします。

3 (2)、(3)熱せられてあたたまった水は、上のほうに動きます。これをくり返して、水全体があたたまります。

4 (1)、(2)あたためられた空気は上のほうに動きます。そのため、だんぼうしている部屋では、下のほうにくらべて、上のほうが温度が高くなります。
(3)空気や水は、あたためられた部分が上のほうに動くことで、全体があたたまっていきます。一方、金ぞくは、あたためられた部分から順にあたたまっていきます。

5 水を熱したときのようすを調べます。

1つ3点(9点)

(1) 水の中に入れておく㋐を何といいますか。
(ふっとう石)

(2) 水の中に㋐を入れて熱するのはなぜですか。正しいものに○をつけましょう。

ア(　)ビーカーがわれることをふせぐため。
イ(　)水をあたたまりやすくするため。
ウ(○)熱した水が急にあわ立ち、ふき出すことをふせぐため。

(3) ㋑の後も熱し続けると、13分のときの水の温度は何℃くらいになりますか。正しいものに○をつけましょう。

ア(　)90℃くらい　イ(○)100℃くらい
ウ(　)110℃くらい

6 水をやかんに入れて熱すると、水の中からさかんにあわが出て、わき立ちました。

1つ4点、(3)は全部できて4点(12点)

(1) 熱した水からさかんにあわが出るじょうたいを、水の何といいますか。
(ふっとう)

(2) ㋒の白いけむりのように見えるものを何といいますか。
(湯気)

(3) 気体の水を表しているものを、㋐～㋓からすべて選びましょう。
(㋐、㋑、㋓)

思考・判断・表現

7 金ぞくの板のあたたまり方を調べました。

(3)は全部できて10点、ほかは1つ5点(20点)

(1) ㋐～㋒のうち、最初にあたたまったのはどこですか。
(㋐)

(2) この実験からわかることをまとめます。次の文の(　)に当てはまる言葉を書きましょう。

● 金ぞくは、熱せられたところから順に、
(遠くのほうへと)あたたまる。

(3) 右のように、一部を切りとった金ぞくの板の表側に、ろうをぬりました。×の部分をうら側から熱すると、ろうはどのような順にとけますか。㋕～㋗をならべましょう。

表側にろうをぬる。

(㋗)→(㋖)→(㋕)

8 水をこおらせたときの温度の変わり方を調べました。

(3)は10点、ほかは1つ5点(20点)

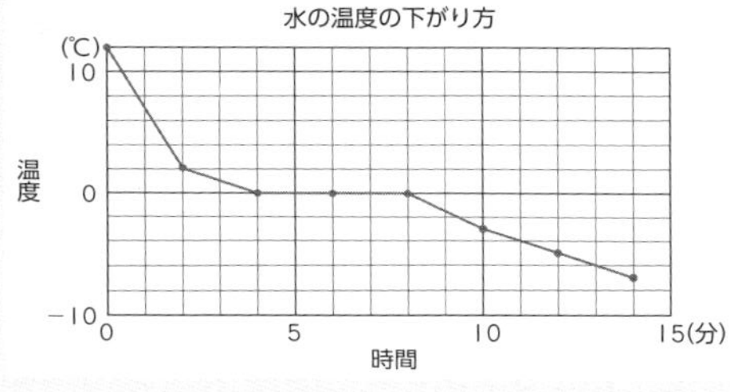

(1) 氷のように、目に見えて、かたまりになっているすがたを何といいますか。
(固体)

(2) 水がすべて氷に変わったのは、何分後ですか。正しいものに○をつけましょう。

ア(　)4分後　イ(　)6分後
ウ(○)8分後　エ(　)14分後

(3) 記述 (2)のように考えた理由を説明しましょう。
(温度がふたたび下がり始めたから。)

春のチャレンジテスト(裏)

春のチャレンジテスト　うら　てびき

5 (1)、(2)熱した水が急にあわ立ち、ふき出さないようにするため、ふっとう石を入れてから熱します。
(3)水を熱すると、100℃くらいでふっとうし始めます。ふっとうしている間は、水の温度は変わりません。

6 (1)熱した水からさかんにあわが出るじょうたいを、ふっとうといいます。ふっとうしているときは、水面だけではなく、水の中からもじょう発が起こっています。
(2)、(3)湯気は水じょう気が冷やされて小さな水のつぶになり、目に見えるようになったものなので、えき体です。
固体……氷のように、目に見えて、かたまりになっているすがた。
えき体…水のように、目に見えて、入れものによって形が変わるすがた。
気体……水じょう気のように、目に見えないすがた。

7 (1)、(2)金ぞくは、熱せられたところから順に、遠くのほうへとあたたまっていきます。したがって、㋐→㋑→㋒の順にあたたまります。
(3)板の一部が切りとられているので、右の図のようにあたたまっていきます。

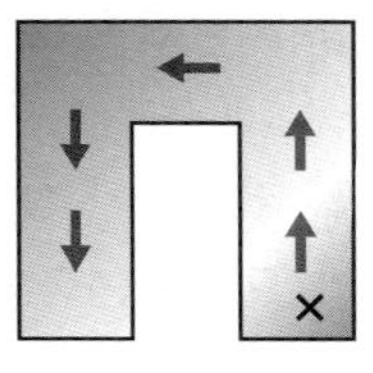

8 (2)、(3)水を冷やし続けると、0℃でこおり始めます。全部がこおるまでは温度は変わらず、全部がこおった後はふたたび温度が下がっていきます。

4年 理科のまとめ

学力しんだんテスト

月　日

名前

時間 40分

ごうかく80点　／100

答え 48ページ

1 モーターを使って、電気のはたらきを調べました。

各4点(12点)

㋐　㋑　㋒　㋓

(1) ㋑、㋒のようなかん電池のつなぎ方を、それぞれ何といいますか。

㋑(**直列つなぎ**)　㋒(**へい列つなぎ**)

(2) スイッチを入れたとき、モーターがいちばん速く回るのは、㋐〜㋓のどれですか。　(**㋑**)

2 ある日の気温の変化を調べました。

各4点(16点)

(℃)　気温　0　5　10　15　20　25

0 1 2 3 4 5 6 7 8 9 10 11 正午 1 2 3 4 5 6 7 8 9 10 11(時)

(午前)　(午後)

時こく

(1) この日にいちばん気温が高くなったのは何時ですか。　(**午後2時**)

(2) この日の気温がいちばん高いときと低いときの気温の差は、何℃くらいですか。正しいほうに○をつけましょう。

①(　)10℃くらい　②(○)20℃くらい

(3) この日の天気は、①と②のどちらですか。正しいほうに○をつけましょう。

①(○)晴れ　②(　)雨

(4) (3)のように答えたのはなぜですか。

(**1日の気温の変化が大きいから。**)

3 ある日の夜、はくちょうざを午後8時と午後10時に観察し、記録しました。

各4点(8点)

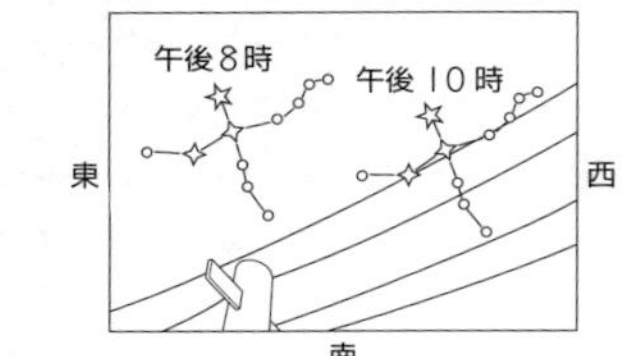

(1) はくちょうざのデネブは、赤色ですか、白色ですか。　(**白色**)

(2) 時こくとともに、星ざの中の星のならび方は変わりますか、変わりませんか。(**変わらない。**)

4 注しゃ器の先にせんをして、ピストンをおしました。

各4点(8点)

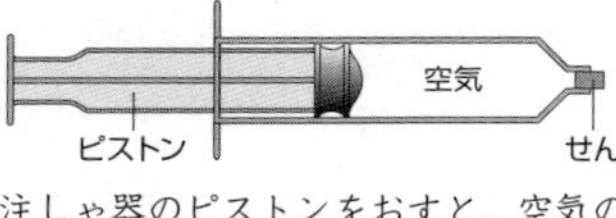

(1) 注しゃ器のピストンをおすと、空気の体積はどうなりますか。　(**小さくなる。**)

(2) 注しゃ器のピストンを強くおすと、おし返す力はどうなりますか。正しいほうに○をつけましょう。

①(○)大きくなる。　②(　)小さくなる。

5 うでのきん肉やほねのようすを調べました。

各4点(8点)

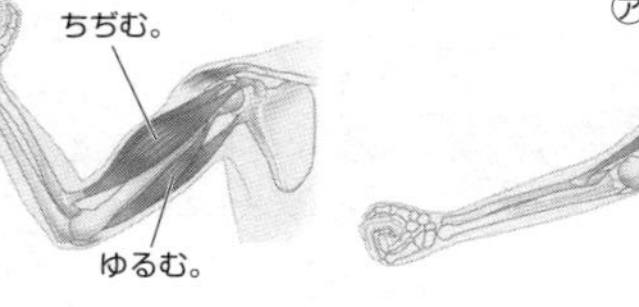

(1) うでをのばしたとき、きん肉がちぢむのは、㋐、㋑のどちらですか。　(**㋑**)

(2) ほねとほねがつながっている部分を何といいますか。　(**関節**)

学力診断テスト(表)

●うらにも問題があります。

学力しんだんテスト　おもて　てびき

1 (1)㋓もへい列つなぎに見えますが、2つのかん電池が「わ」になっているのでちがいます。かん電池やどう線が熱くなるので、このつなぎ方をしてはいけません。

(2)直列つなぎにすると、回路に流れる電流が大きくなり、モーターが速く回ります。

2 (1)、(2)グラフから、いちばん気温が高いのは午後2時で28℃くらい、いちばん気温が低いのは午前5時で8℃くらいと読みとることができます。

(3)、(4)晴れの日は気温の変化が大きく、くもりや雨の日は気温の変化が小さいです。グラフから気温の変化を読みとると、この日の天気は晴れと考えられます。

3 (2)時こくとともに、星の見える位置は変わりますが、星のならび方は変わりません。

4 (1)とじこめた空気をおすと、体積は小さくなります。

(2)ピストンを強くおすと、空気はさらにおしちぢめられ、空気におし返される手ごたえは大きくなります。

5 (1)うでをのばすと、内側のきん肉(㋐)はゆるみ、外側のきん肉(㋑)はちぢみます。

(2)関節があるので、体を曲げることができます。

6 ものをあたためたときの体積の変化を調べました。

各4点(12点)

(1) フラスコをあたためたときの水面を表しているのは、㋐、㋑のどちらですか。

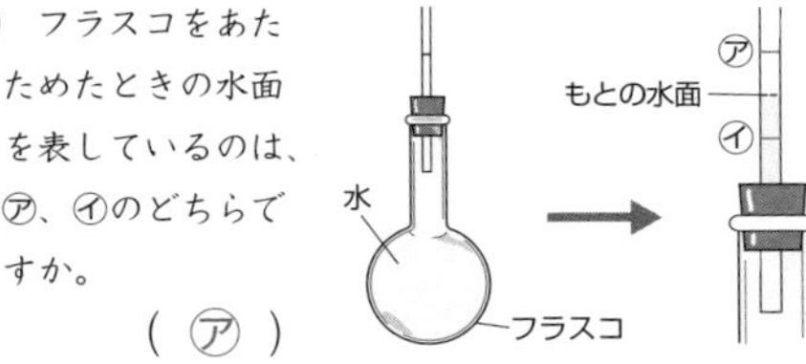

(㋐)

(2) からのフラスコの口にせっけん水でまくを作りました。湯につけると、せっけん水のまくはどうなりますか。㋒～㋕から正しいものを選び、□に○をつけましょう。

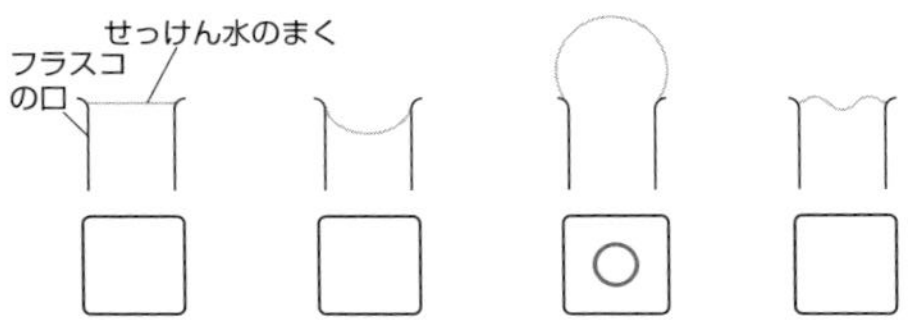

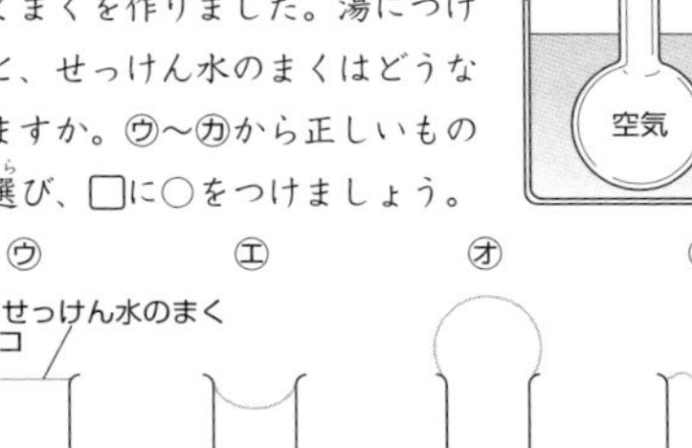

㋒ □　㋓ □　㋔ ○　㋕ □

(3) 金ぞくをあたためたとき、体積はどのように変化しますか。正しいほうに○をつけましょう。

①(○)大きくなる。　②(　　)小さくなる。

7 もののあたたまり方を調べました。

各4点(12点)

(1) 右の図のように、試験管に水を入れて熱し、㋐があたたかくなったので熱するのをやめました。5分後にいちばん温度が高いのは、㋐～㋒のどれですか。　(㋐)

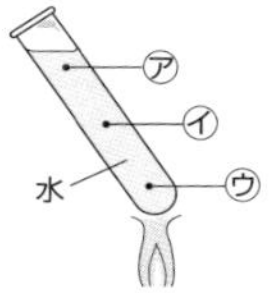

(2) 下の図のように、金ぞくのぼうにろうをたらし、ぼうの一部を熱しました。ろうがとけるのがいちばんおそい部分は、㋓～㋖のどれですか。　(㋓)

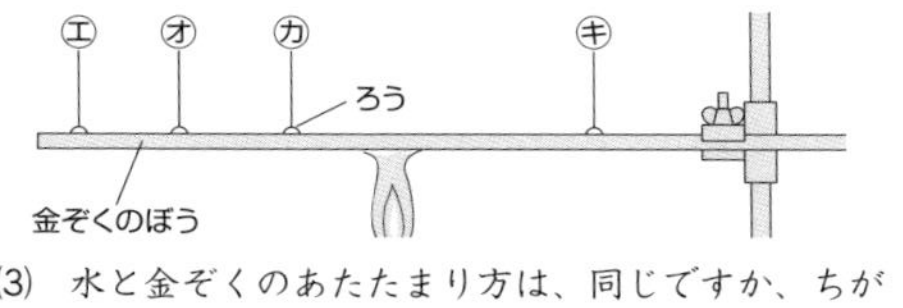

(3) 水と金ぞくのあたたまり方は、同じですか、ちがいますか。　(**ちがう。**)

活用力をみる

8 自然の中をめぐる水を調べました。

各4点(16点)

㋐ せんたくものがかわく。

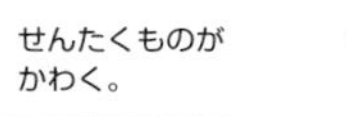

㋑ まどガラスの内側に水のつぶがつく。

(1) ㋐、㋑は、どのような水の変化ですか。あてはまる言葉を(　)に書きましょう。

㋐ 水から(**水じょう気**)への変化

㋑ (**水じょう気**)から(　**水**　)への変化

(2) 雨がふって、地面に水が流れていました。地面を流れる水はどのように流れますか。正しいほうに○をつけましょう。

①(○)高いところから低いところに流れる。

②(　　)低いところから高いところに流れる。

9 身近な生物の１年間のようすを観察しました。

各4点、(1)は全部できて4点(8点)

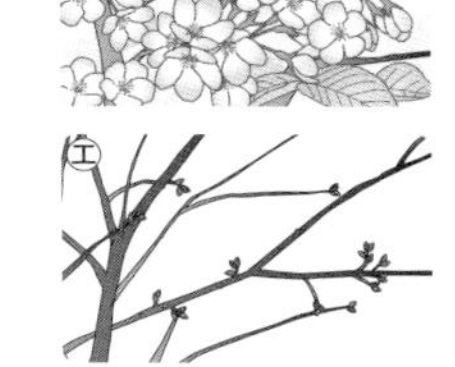

(1) ㋐～㋓のサクラの育つようすを、春、夏、秋、冬の順にならべましょう。

(㋑ → ㋒ → ㋐ → ㋓)

(2) オオカマキリが右のころのとき、サクラは㋐～㋓のどのようなようすですか。

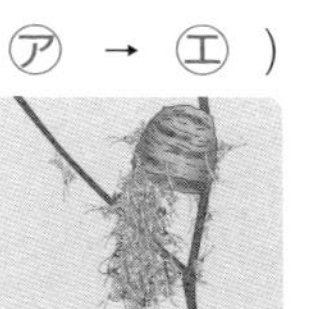

(㋑)

学力しんだんテスト　うら　てびき

6 (1)あたためると水の体積は大きくなるので、水面は上がります。
(2)あたためると空気の体積は大きくなるので、せっけん水のまくもふくらみます。
(3)金ぞくも、あたためると体積が大きくなります。

7 (1)水を熱すると、あたためられた部分が上へ動き、全体があたたまります。そのため、試験管に入れた水の下のほうを熱しても、上のほうからあたたまります。
(2)金ぞくは、熱した部分から順に熱が伝わってあたたまっていきます。

8 (1)㋐せんたくものにふくまれていた水(えき体)が水じょう気(気体)になります。
㋑空気中の水じょう気がまどガラスで冷やされて、水になります。
(2)地面を流れる水は、高いところから低いところに向かって流れます。

9 (1)㋐は葉がかれて落ちてきている秋、㋑は花がさく春、㋒は葉がしげる夏、㋓は葉が落ちた冬です。
(2)春になると、オオカマキリのたまごからよう虫がうまれます。

メモ

メモ

付録　取りはずしてお使いください。

理科スタートアップドリル

4年

このドリルを使って
3年生で学習した
ことをふり返ろう。

年　組

1 植物のつくりと育ち①

1 植物のたねをまいて、育ちをしらべました。

(1) 図を見て、(　　)にあてはまる言葉を、あとの［　　］からえらんで書きましょう。

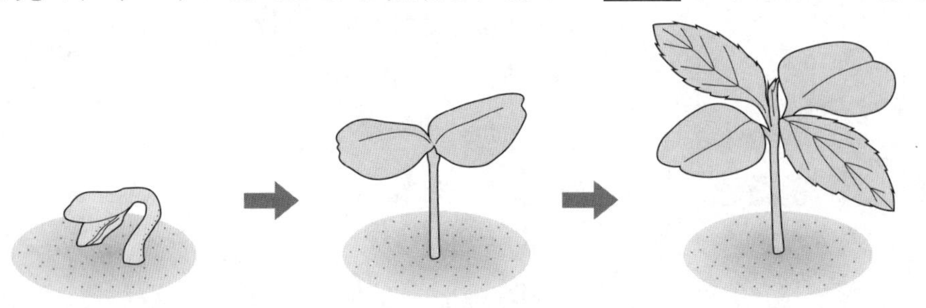

①植物のたねをまくと、たねから(　　　　　)が出て、やがて葉が出てくる。
　はじめに出てくる葉を(　　　　　)という。
②植物の草たけ(高さ)が高くなると、(　　　　　)の数もふえていく。

め	子葉	葉	花	実	数	長さ

(2) 植物の育ちについてまとめました。
(　　)にあてはまるものは、
①～③のどれですか。
①2cm
②5cm
③10cm

(　　　)

日にち	草たけ(高さ)
4月15日	―――
4月23日	1cm
4月27日	3cm
5月　8日	(　　　　)
5月15日	7cm

2 植物の体のつくりをしらべました。

(1) ㋐～㋓は何ですか。
名前を答えましょう。

㋐(　　　　　)
㋑(　　　　　)
㋒(　　　　　)
㋓(　　　　　)

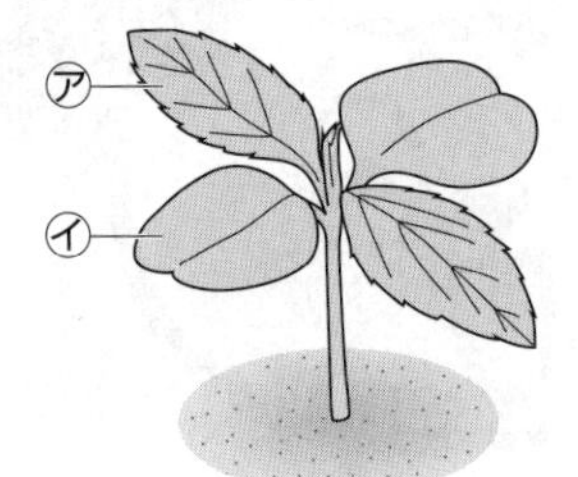

ホウセンカ

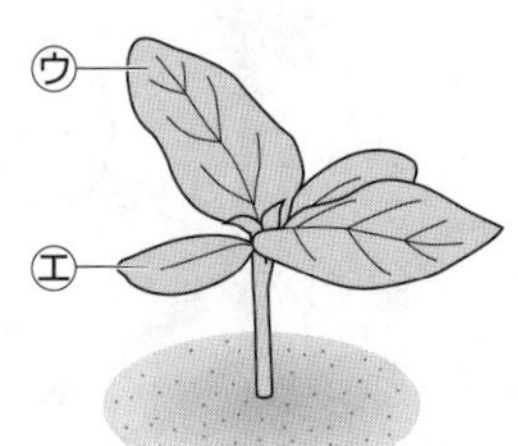

ヒマワリ

(2) ㋐と㋑で、先に出てくるのはどちらですか。

(　　　)

(3) ㋒と㋓で、先に出てくるのはどちらですか。

(　　　)

2 植物のつくりと育ち②

1 植物の体のつくりをしらべました。

(1) (　　)にあてはまる言葉を書きましょう。

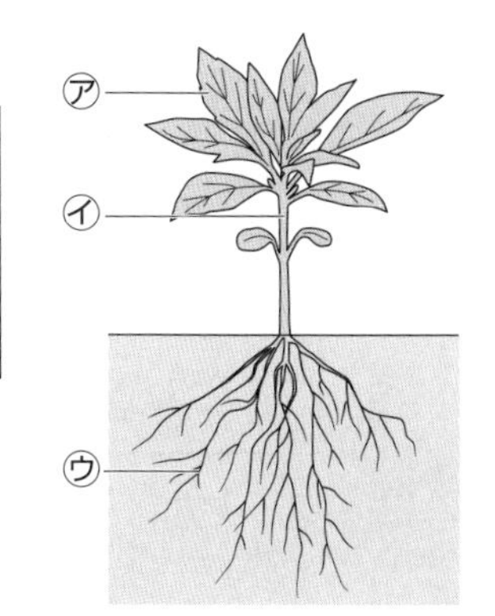

○植物は、色や形、大きさはちがっても、つくりは同じで、(　　　　)、(　　　　)、(　　　　)からできている。

(2) ㋐～㋒は何ですか。名前を答えましょう。

㋐(　　　　)
㋑(　　　　)
㋒(　　　　)

(3) ①～③は、㋐～㋒のどれのことか、記号で答えましょう。

①くきについていて、育つにつれて数がふえる。

(　　)

②土の中にのびて、広がっている。

(　　)

③葉や花がついている。

(　　)

2 植物の一生について、まとめました。

(　　)にあてはまる言葉を書きましょう。

①植物は、たねをまいたあと、はじめに(　　　　)が出る。
②草たけ(高さ)が高くなり、葉の数はふえ、くきが太くなり、やがてつぼみができて、(　　　　)がさく。
③(　　　　)がさいた後、(　　　　)ができて、かれる。
④実の中には、(　　　　)ができている。

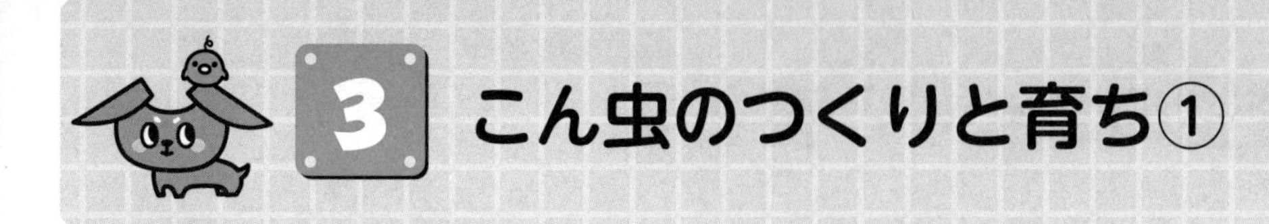

3 こん虫のつくりと育ち①

1 チョウの体のつくりをしらべました。

(1) (　)にあてはまる言葉を書きましょう。

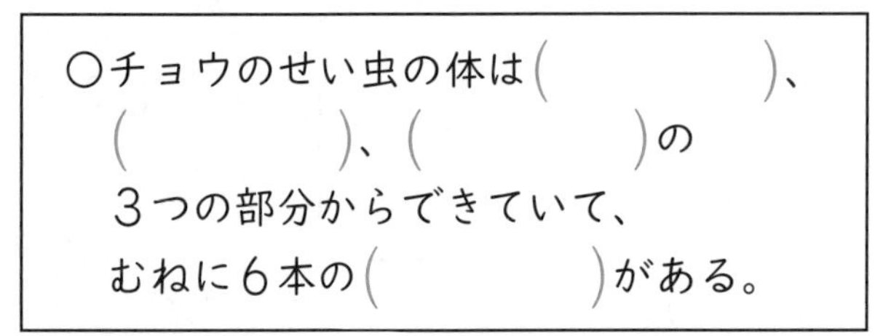

○チョウのせい虫の体は(　　　　)、(　　　　)、(　　　　)の3つの部分からできていて、むねに6本の(　　　　)がある。

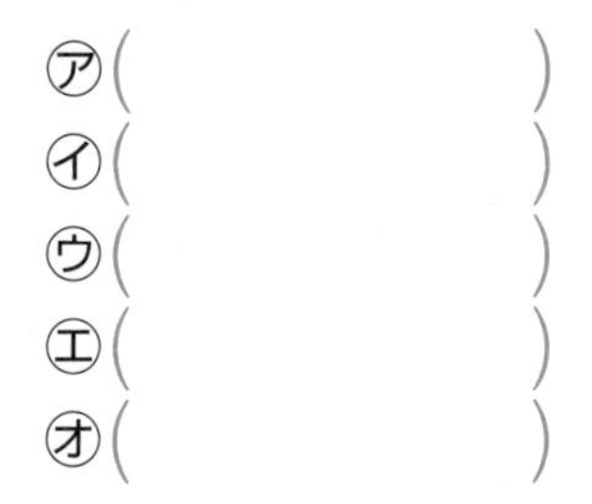

(2) ㋐～㋔は何ですか。名前を答えましょう。

㋐(　　　　)
㋑(　　　　)
㋒(　　　　)
㋓(　　　　)
㋔(　　　　)

(3) ①～②は、㋐～㋒のどれのことか、記号で答えましょう。

①あしやはねがついている。

(　　)

②ふしがあって、まげることができる。

(　　)

2 モンシロチョウの育ちについて、まとめました。

(1) ㋐～㋓を、育ちのじゅんにならべましょう。

㋐ 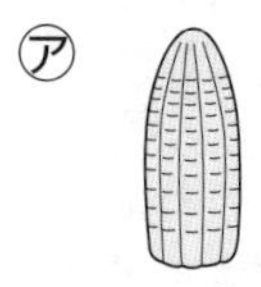 ㋑ 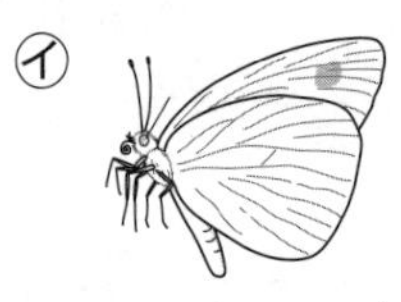 ㋒ 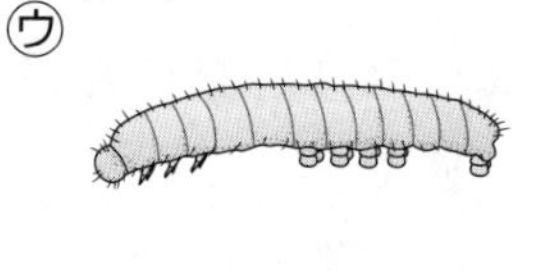 ㋓ 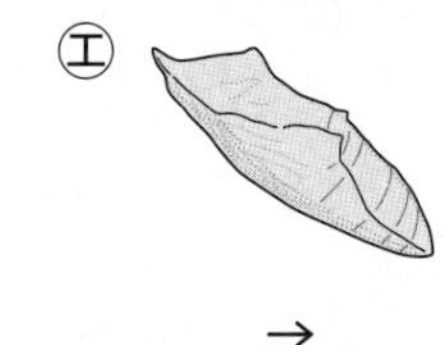

(　㋐　→　　→　　→　　)

(2) ㋑はせい虫といいます。㋐、㋒、㋓は何ですか。名前を答えましょう。

㋐(　　　　)
㋒(　　　　)
㋓(　　　　)

(3) 何も食べないのは、㋐～㋓のどれですか。すべて答えましょう。

(　　　　)

4 こん虫のつくりと育ち②

1 こん虫の体のつくりをしらべました。

(1) (　　)にあてはまる言葉を書きましょう。

①こん虫は、色や形、大きさはちがってもつくりは同じで、(　　　　　)、(　　　　　)、(　　　　　)の3つの部分からできている。
②こん虫の(　　　　　)には、目や口、しょっ角があり、(　　　　　)には6本のあしがある。

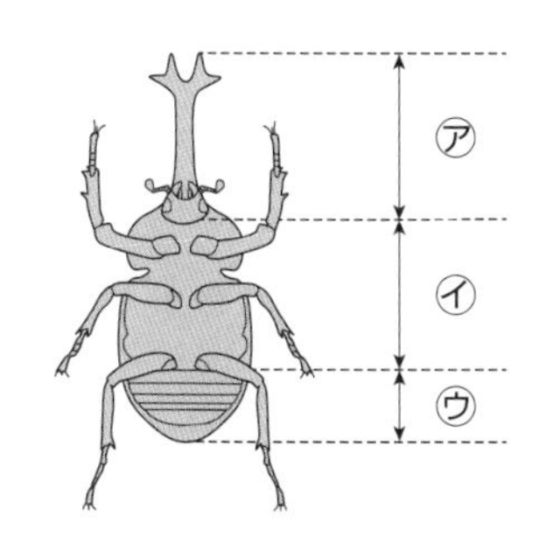

(2) 図の㋐～㋒は何ですか。名前を答えましょう。

㋐(　　　　　)
㋑(　　　　　)
㋒(　　　　　)

2 こん虫の育ちについて、まとめました。

(　　)にあてはまる言葉を書きましょう。

①チョウやカブトムシは、
たまご→(　　　　　)→(　　　　　)→せい虫
のじゅんに育つ。
②バッタやトンボは、
たまご→(　　　　　)→せい虫
のじゅんに育つ。
③チョウやカブトムシは(　　　　　)になるが、
バッタやトンボはならない。

3 こん虫のすみかと食べ物について、しらべました。

(　　)にあてはまる言葉を、あとの[　　]からえらんで書きましょう。

○こん虫は、(　　　　　)や(　　　　　)場所があるところをすみかにしている。

遊ぶ	池	かくれる	木	食べ物

5 風やゴムの力のはたらき

1 風の力のはたらきについて、しらべました。

(1) （　）にあてはまる言葉をえらんで、○でかこみましょう。

①風の力で、ものを動かすことが（　できる　・　できない　）。
②風を強くすると、風がものを動かすはたらきは
（　大きく　・　小さく　）なる。

(2) 「ほ」が風を受けて走る車に当てる風の強さを変えました。
弱い風を当てたときのようすを表しているのは、①、②のどちらですか。

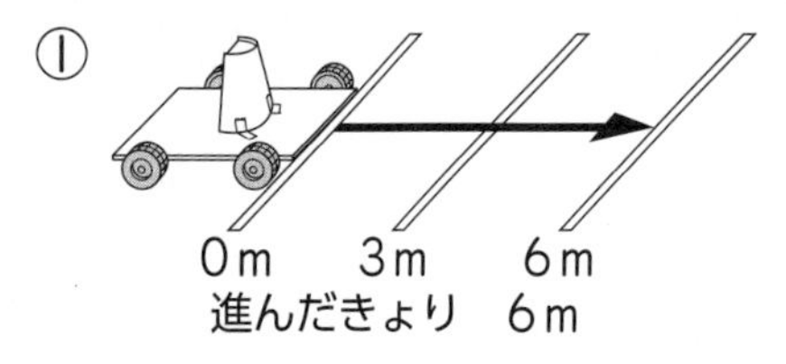

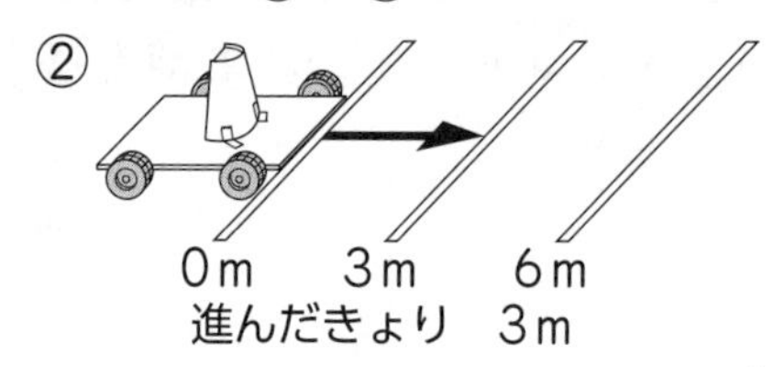

（　　　）

2 ゴムの力のはたらきについて、しらべました。

(1) （　）にあてはまる言葉をえらんで、○でかこみましょう。

①ゴムの力で、ものを動かすことが（　できる　・　できない　）。
②ゴムを長くのばすほど、ゴムがものを動かすはたらきは
（　大きく　・　小さく　）なる。

(2) ゴムの力で動く車を走らせました。わゴムを5cmのばして手をはなしたとき、車の動いたきょりは3m 60cmでした。
わゴムを10cmのばして手をはなしたときにはどうなると考えられますか。
正しいと思われるものに○をつけましょう。

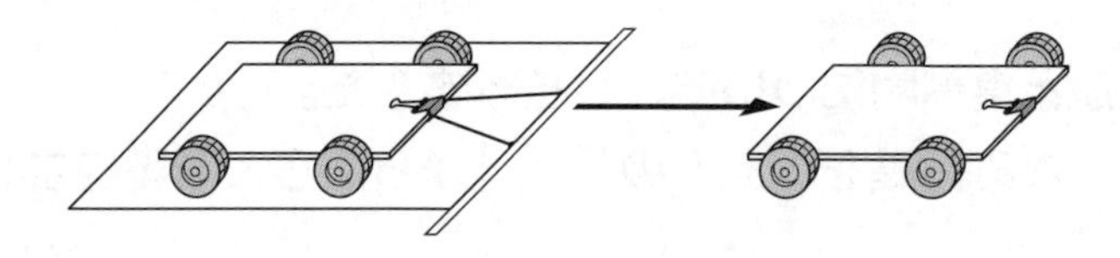

①（　　）5cmのばしたときと、車が動くきょりはかわらない。
②（　　）5cmのばしたときとくらべて、車がうごくきょりは長くなる。
③（　　）5cmのばしたときとくらべて、車がうごくきょりはみじかくなる。

6 かげのでき方と太陽の光

1 かげのでき方と太陽の動きやいちをしらべました。

(1) (　　)にあてはまる言葉を書きましょう。

太陽
南
東
西
かげ

①太陽の光のことを(　　　　)という。
②かげは、太陽の光をさえぎるものがあると、
　太陽の(　　　　　)がわにできる。
③太陽のいちが(　　　　　)から南の空の高い
　ところを通って(　　　　　)へとかわるにつれて、
　かげの向きは(　　　　　)から(　　　　　)へと
　かわる。

(2) 午前9時ごろ、木のかげが西のほうにできていました。
①このとき、太陽はどちらのほうにありますか。
(　　　　)
②午後5時ごろになると、木のかげはどちらのほうに
　できますか。
(　　　　)

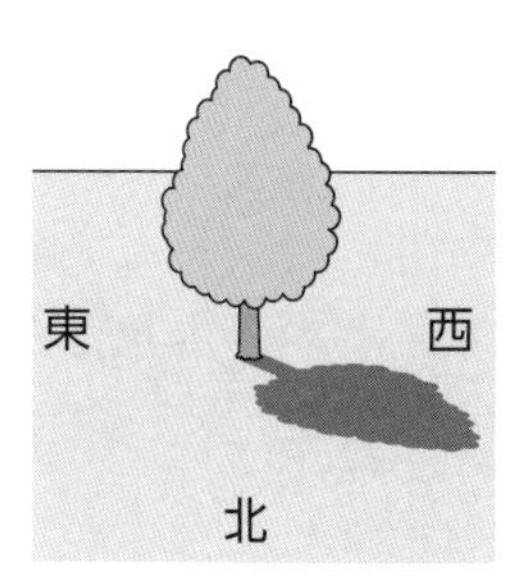

2 表は、日なたと日かげのちがいについて、しらべたけっかです。
(　　)にあてはまる言葉を、あとの□からえらんで書きましょう。

	日なた	日かげ
明るさ	日なたの地面は(　　　　)。	日かげの地面は(　　　　)。
しめりぐあい	(　　　　)いる。	(　　　　)いる。
午前9時の地面の温度	14℃	(　　　　)
正午の地面の温度	(　　　　)	16℃

明るい　　かわいて　　暗い　　しめって　　13℃　　16℃　　20℃

7 光のせいしつ

1 かがみを使って日光をはね返して、光のせいしつをしらべました。

(1) （　　）にあてはまる言葉を書きましょう。

①（　　　　　）ではね返した日光をものに当てると、
当たったものは（　　　　　）なり、あたたかくなる。
②かがみではね返した日光は、（　　　　　　）進む。

(2) 3まいのかがみを使って、日光をはね返してかべに当てて、はね返した日光を重ねたときのようすをしらべました。

①㋐～㋒で、2まいのかがみではね返した日光が重なっているのはどこですか。

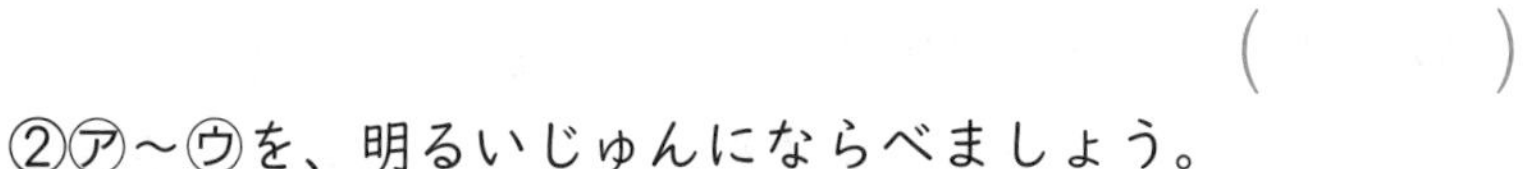

（　　　）

②㋐～㋒を、明るいじゅんにならべましょう。

（　　　→　　　→　　　）

③㋐～㋒のうち、いちばんあたたかいのはどこですか。

（　　　）

2 虫めがねで日光を集めて、紙に当てました。

(1) 集めた日光を当てた部分の明るさとあたたかさについて、正しいものに○をつけましょう。

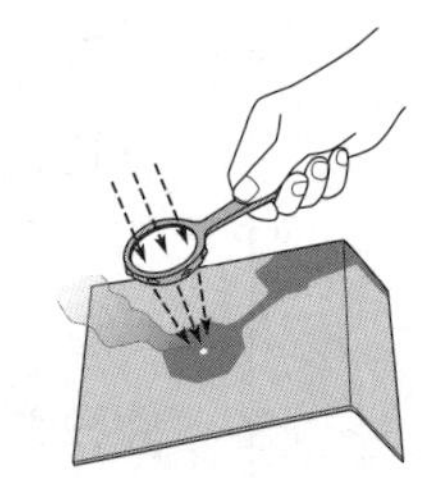

①（　　）明るい部分を大きくしたほうがあつくなる。
②（　　）明るい部分を小さくしたほうがあつくなる。
③（　　）明るい部分の大きさとあたたかさは、かんけいがない。

(2) （　　）にあてはまる言葉をえらんで、○でかこみましょう。

①虫めがねを使うと、日光を集めることが（　できる　・　できない　）。
②虫めがねを使って、日光を（　小さな　・　大きな　）部分に
集めると、とても明るく、あつくなる。

8 音のせいしつ

1 音のせいしつについて、しらべました。

(1) (　　)にあてはまる言葉を書きましょう。

①ものから音が出ているとき、ものは(　　　　　　)いる。
②ふるえを止めると、音は(　　　　　)。
③(　　　　　)音はふるえが大きく、
(　　　　　)音はふるえが小さい。

(2) 紙コップと糸を使って作った糸電話を使って、音がつたわるときのようすをしらべました。

①糸電話で話すとき、ピンとはっている糸を指でつまむと、どうなりますか。正しいものに○をつけましょう。

㋐(　　)糸をつまむ前と、音の聞こえ方はかわらない。
㋑(　　)糸をつまむ前より、音が大きくなる。
㋒(　　)糸をつまむ前に聞こえていた音が、聞こえなくなる。

②糸電話で話すとき、糸をたるませるとどうなりますか。正しいものに○をつけましょう。

㋐(　　)ピンとはっているときと、音の聞こえ方はかわらない。
㋑(　　)ピンとはっているときより、音が大きくなる。
㋒(　　)ピンとはっているときに聞こえていた音が、聞こえなくなる。

(3) たいこをたたいて、音を出しました。

①大きな音を出すには、強くたたきますか、弱くたたきますか。

(　　　　　　)

②たいこの音が２回聞こえました。２回目の音のほうが１回目の音より小さかったとき、より強くたいこをたたいたのは１回目ですか、２回目ですか。

(　　　　)

9 電気の通り道

1 豆電球とかん電池を使って、明かりがつくつなぎ方をしらべました。

(1) 図は、明かりをつけるための道具です。

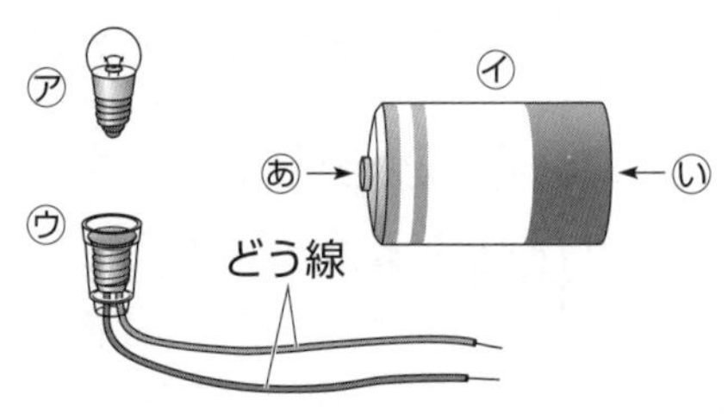

①㋐～㋒は何ですか。名前を書きましょう。

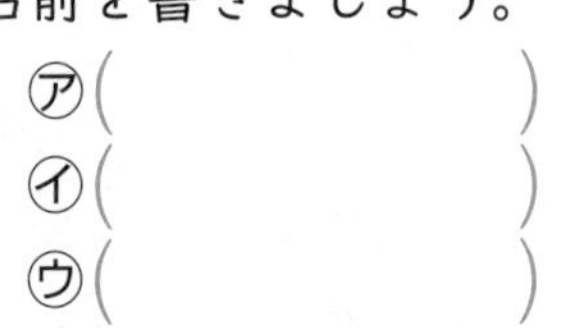

㋐(　　　　　　)
㋑(　　　　　　)
㋒(　　　　　　)

②㋑について、あ、いは何きょくか書きましょう。

あ(　　　　　　)
い(　　　　　　)

(2) (　　)にあてはまる言葉を書きましょう。

○豆電球と、かん電池の(　　　　　　)と(　　　　　　)が
どう線で「わ」のようにつながって、(　　　　　　)の通り道が
できているとき、豆電球の明かりがつく。
この電気の通り道を(　　　　　　)という。

(2) ①～③で、明かりがつくつなぎ方はどれですか。すべて答えましょう。

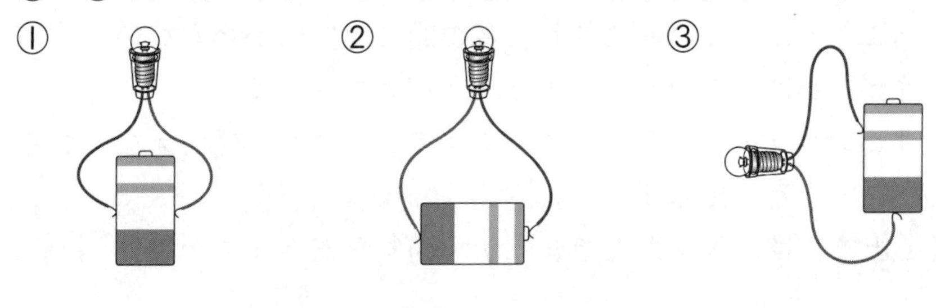

(　　　　)

2 電気を通すものと通さないものをしらべました。

(　　)にあてはまる言葉を書きましょう。

○鉄や銅などの(　　　　　　)は、電気を通す。
プラスチックや紙、木、ゴムは、電気を(　　　　　　)。

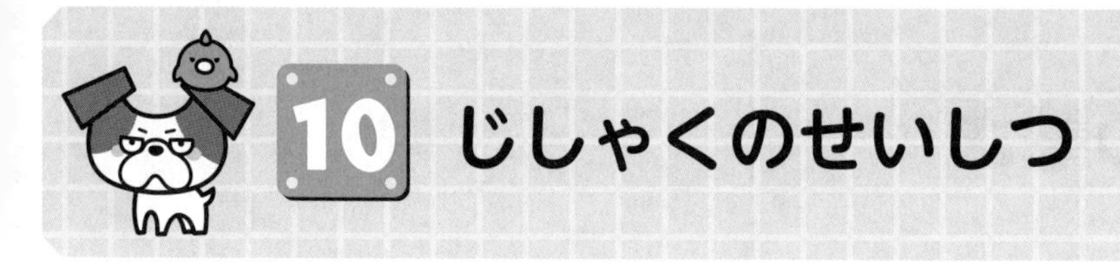

10 じしゃくのせいしつ

1 じしゃくのせいしつについて、しらべました。
（　）にあてはまる言葉を書きましょう。

①ものには、じしゃくにつくものとつかないものがある。
（　　　　）でできたものは、じしゃくにつく。
②じしゃくの力は、はなれていてもはたらく。
その力は、じしゃくに（　　　　）ほど強くはたらく。
③じしゃくの（　　　　）きょくどうしを近づけるとしりぞけ合う。
また、（　　　　）きょくどうしを近づけると引き合う。

2 じしゃくのきょくについて、しらべました。

(1) じしゃくには、2つのきょくがあります。何きょくと何きょくですか。

（　　　　）と（　　　　）

(2) たくさんのゼムクリップが入った箱の中にぼうじしゃくを入れて、ゆっくりと取り出しました。このときのようすで正しいものは、①～③のどれですか。

①
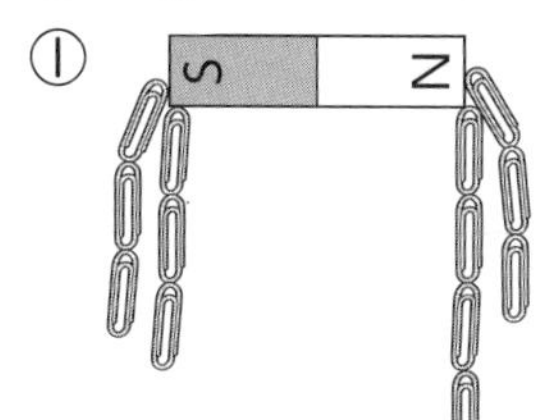

②
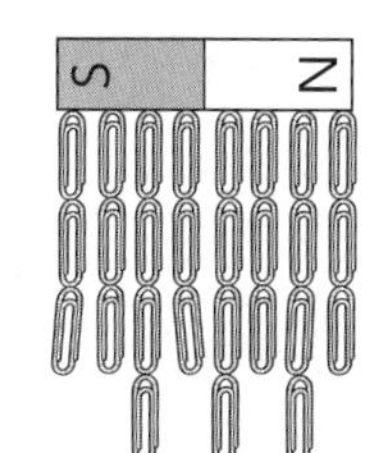

③
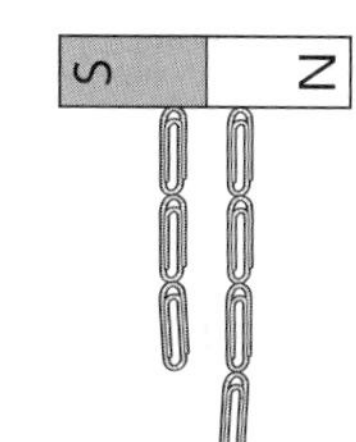

（　　　）

3 ①～⑥から、電気を通すもの、じしゃくにつくものをえらんで、（　）にすべて書きましょう。

① 空きかん(鉄)

② スプーン(鉄)

③ 空きかん(アルミニウム)

④ スプーン(プラスチック)

⑤ コップ(ガラス)

電気を通すもの（　　　　　　）
じしゃくにつくもの（　　　　　　）

11 ものの重さ

1 ものの形やしゅるいと重さについて、しらべました。
（　　）にあてはまる言葉を書きましょう。

①ものは、（　　　　　）をかえても、重さはかわらない。
②同じ体積のものでも、もののしゅるいがちがうと
重さは（　　　　　）。

2 ねんどの形をかえて、重さをはかりました。

(1) はじめ丸い形をしていたねんどを、平らな形にしました。
重さはかわりますか。かわりませんか。

（　　　　　）

(2) はじめ丸い形をしていたねんどを、細かく分けてから
全部の重さをはかったところ、150gでした。
はじめに丸い形をしていたとき、ねんどの重さは何gですか。

（　　　　　）

3 同じ体積の木、アルミニウム、鉄のおもりの重さをしらべました。

もののしゅるい	重さ(g)
木	18
アルミニウム	107
鉄	312

(1) いちばん重いのは、どのおもりですか。

（　　　　　）

(2) いちばん軽いのは、どのおもりですか。

（　　　　　）

(3) もののしゅるいがちがっても、同じ体積
ならば、重さも同じといえますか。
いえませんか。

（　　　　　）

答え

1 植物のつくりと育ち①

1 (1)①め、子葉
②葉
(2)②
★草たけ(高さ)は高くなっていきます。4月27日が3cm、5月15日が7cmなので、5月8日は3cmと7cmの間になります。

2 (1)㋐葉　㋑子葉　㋒葉　㋓子葉
(2)㋑
(3)㋓

2 植物のつくりと育ち②

1 (1)根、くき、葉
(2)㋐葉　㋑くき　㋒根
(3)①㋐　②㋒　③㋑

2 ①子葉
②花
③花、実
④たね

3 こん虫のつくりと育ち①

1 (1)頭、むね、はら、あし
(2)㋐頭　㋑むね　㋒はら　㋓しょっ角　㋔目
(3)①㋑　②㋒

2 (1)㋐→㋒→㋓→㋑
(2)㋐たまご　㋒よう虫　㋓さなぎ
(3)㋐、㋓

4 こん虫のつくりと育ち②

1 (1)①頭、むね、はら
②頭、むね
(2)㋐頭　㋑むね　㋒はら

2 ①よう虫、さなぎ
②よう虫
③さなぎ

3 食べ物、かくれる

5 風やゴムの力のはたらき

1 (1)①できる
②大きく
(2)②
★風が強いほうが、車が動くきょりが長いので、①が強い風、②が弱い風を当てたときのようすになります。

2 (1)①できる
②大きく
(2)②
★わゴムをのばす長さが5cmから10cmへと長くなるので、車が動くきょりも長くなります。

6 かげのでき方と太陽の光

1 (1)①日光
②反対
③東、西、西、東
(2)①東
②東

2

日なた	日かげ
日なたの地面は（　明るい　）。	日かげの地面は（　暗い　）。
（　かわいて　）いる。	（　しめって　）いる。
14℃	（　13℃　）
（　20℃　）	16℃

★地面の温度は、日かげより日なたのほうが高いこと、午前9時より正午のほうが高いことから、答えをえらびます。

7 光のせいしつ

1 (1)①かがみ、明るく
②まっすぐに
(2)①ウ　②イ→ウ→ア　③イ
★はね返した日光の数が多いほど、明るく、あたたかくなります。

2 (1)②
(2)①できる　②小さな

8 音のせいしつ

1 (1)①ふるえて
②止まる(つたわらない)
③大きい、小さい
(2)①ウ　②ウ
★糸をふるえがつたわらなくなるので、音も聞こえなくなります。
(3)①強くたたく。　②1回目

9 電気の通り道

1 (1)①ア豆電球　イかん電池　ウソケット
②あ＋きょく　い－きょく
(2)＋きょく、－きょく、電気、回路
(3)②
★かん電池の＋きょくから豆電球を通って、－きょくにつながっているのは、②だけです。

2 金ぞく、通さない

10 じしゃくのせいしつ

1 ①鉄
②近い
③同じ、ちがう

2 (1)Nきょく・Sきょく
(2)①
★きょくはもっとも強く鉄を引きつけます。ぼうじしゃくのきょくは、両はしにあるので、そこにゼムクリップがたくさんつきます。

3 電気を通すもの①、②、③
じしゃくにつくもの①、②
★金ぞくは電気を通します。金ぞくのうち、鉄だけがじしゃくにつきます。

11 ものの重さ

1 ①形
②ちがう

2 (1)かわらない。
(2)150g
★ものの形をかえても、重さがかわらないように、細かく分けても、全部の重さはかわりません。

3 (1)鉄(のおもり)
(2)木(のおもり)
(3)いえない。